"十二五"主要污染物总量减排目标 责任书

环境保护部污染物排放总量控制司 编

U0350280

中国环境科学出版社 · 北京

图书在版编目（CIP）数据

"十二五"主要污染物总量减排目标责任书／环境
保护部污染物排放总量控制司编. —北京：中国环境科
学出版社，2012.6
　　ISBN 978-7-5111-1038-1

　　Ⅰ．①十… Ⅱ．①环… Ⅲ．①污染物－总排污量控制
－中国－2011～2015 Ⅳ．①X506

中国版本图书馆CIP数据核字（2012）第127356号

责任编辑	郭媛媛
责任校对	扣志红
封面设计	覃雄伟
版式设计	覃雄伟

出版发行	中国环境科学出版社
	（100062　北京东城区广渠门内大街16号）
	网　　　址：http://www.cesp.com.cn
	电子邮箱：bjgl@cesp.com.cn
	联系电话：010-67112765（编辑管理部）
	发行热线：010-67125803，010-67113405（传真）
	印装质量热线：010-67113404
印　　刷	北京博海升彩色印刷有限公司
经　　销	各地新华书店
版　　次	2012年6月第1版
印　　次	2012年6月第1次印刷
开　　本	787×960　1／16
印　　张	21.5
字　　数	480千字
定　　价	120.00元

序

党中央、国务院一直高度重视环境保护。"十一五"期间，国家首次把节能减排作为经济社会发展的约束性指标，把环保总局升格为环境保护部，出台一系列加强节能减排和环境保护的政策举措，着力使经济社会发展与人口资源环境相协调。"十一五"环保规划全面实施，主要污染物减排任务超额完成，节能减排和环境保护成为贯彻落实科学发展观的一大亮点，成为倒逼经济发展方式转变的重要抓手，成为维护人民群众切身利益的民生工程。

"十二五"时期，随着工业化、城镇化进程加快和消费结构持续升级，我国能源需求呈刚性增长，受国内资源保障能力和环境容量制约以及全球性能源安全和应对气候变化影响，资源环境约束日趋强化，节能减排和环境保护形势仍然十分严峻，任务十分艰巨。

在新的发展阶段，国家以科学发展为主题，以转变经济发展方式为主线，明确要求把节能减排作为转方式调结构的重要抓手，努力构建有利于节约资源和保护环境的产业结构、生产方式和消费模式，提高生态文明水平，走可持续发展之路。第七次全国环境保护大会强调，做好新形势下的环境保护工作，要坚持在发展中保护、在保护中发展的战略思想，积极探索代价小、效益好、排放低、可持续的环境保护新道路，着力解决影响科学发展和损害群众健康的突出环境问题，推动经济社会长期平稳较快发展。

推动经济发展方式转变，保障和改善民生，必须坚持节能减排不动摇，统筹规划经济社会发展与资源节约、环境保护的各项工作。把优化产业结构与推进节能减排结合起来，把提升企业竞争力与强化企业节能减排结合起来，把扩大内需与发展环保产业结合起来，促进经济发展方式转变和经济增长。努力不欠新账，多还旧账，加大水污染、空气污染、土壤污染等治理力度，同步改善城市和乡村的环境质量，让广大人民群众呼吸上清洁的空气，喝上干净的水，吃上放心的食品。

众力并则万钧举，群智用则庶绩康。让我们在积极探索环境保护新道路的征程中，开拓创新，扎实进取，不断取得新成绩，为科学发展固本强基，为人民幸福增添保障。

前　言

在党中央、国务院的坚强领导下，"十一五"期间，各地区、各部门"定指标、分任务、打会战"，大力实施结构减排、工程减排、管理减排。5年累计，全国化学需氧量、二氧化硫排放总量分别下降12.45%、14.29%，超额实现了减排目标，扭转了"十五"后期主要污染物排放总量大幅上升的势头，推动了产业结构升级和技术进步，为保持经济平稳较快发展提供了有力支撑。目标超额完成，这是广大环保工作者和社会各界共同努力的成果，集中反映了过去5年全国环保工作取得的重要进展。

今后5年，我国经济仍将保持较快发展，能源资源消耗还要增长，减排指标在化学需氧量、二氧化硫的基础上增加了氨氮和氮氧化物，减排领域由工业和城镇扩大到交通和农村，4项污染物在消化增量的基础上再减少8%至10%，削减量占2010年排放基数的30%左右，任务非常艰巨。

2011年是"十二五"开局之年。国务院召开第七次全国环境保护大会，发布《关于加强环境保护重点工作的意见》、《"十二五"节能减排综合性工作方案》，召开节能减排工作领导小组会议和全国节能减排工作电视电话会议，对"十二五"节能减排工作进行总体部署。2011年，全国新增城镇污水日处理能力1100万吨，新投运脱硫机组装机容量6800万千瓦，主要耗能行业淘汰落后产能取得新进展，全国化学需氧量、氨氮、二氧化硫减排完成年度目标，氮氧化物排放量不降反升，没有完成减排目标，加大了后四年减排工作的压力，形势更为严峻。

签订目标责任书是贯彻落实党中央、国务院决策部署，强化减排目标责任考核，落实政府主导、企业主体责任的具体体现。受国务院委托，环境保护部分别与31个省、自治区、直辖市人民政府和新疆生产建设兵团，以及中国石油天然气集团公司、中国石油化工集团公司、国家电网公司、中国华能集团公司、中国大唐集团公司、中国华电集团公司、中国国电集团公司、中国电力投资集团公司8家中央企业签订《"十二五"主要污染物总量减排目标责任书》。目标责任书主要内容包括各地区和重点企业减排目标、主要任务、重点项目、保障措施等。列入目标责任书的"六厂（场）一车"（城镇污水处理厂、造纸厂、火电厂、钢铁厂、水泥厂、畜禽养殖场、机动车）重点减排项目共5561个，减排量占全国削减任务的三分之二以上。责任书的关键是要狠抓落实，各签约单位务必严格按照责任书的要求，加强领导，精心组织，采取有力措施，按时保质完成重点减排工程建设。

　　为了方便从事、关心、支持污染减排工作的同志了解、使用、监督，环境保护部污染物排放总量控制司组织对各签约单位目标责任书进行了汇编，希望对大家有所裨益，也欢迎社会各界对责任书落实情况进行监督。

　　谨以此书的出版，对战斗在污染减排工作第一线的同志们表示衷心的感谢，并致以崇高的敬意。

张力军

目　录

第二篇　中央企业"十二五"主要污染物总量减排目标责任书

第一篇　各省、自治区、直辖市、新疆生产建设兵团"十二五"主要污染物总量减排目标责任书

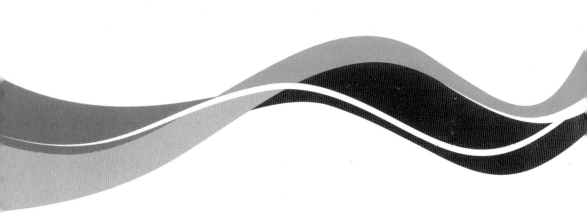

北京市"十二五"主要污染物总量减排目标责任书

为贯彻落实《国民经济和社会发展第十二个五年规划纲要》、《国务院关于印发"十二五"节能减排综合性工作方案的通知》（国发〔2011〕26号）、《国务院关于加强环境保护重点工作的意见》（国发〔2011〕35号），落实目标责任，强化监督管理，确保实现污染减排约束性目标，经国务院授权，环境保护部与北京市人民政府签订"十二五"主要污染物总量减排目标责任书。具体目标和要求如下：

一、2015年，全市化学需氧量和氨氮排放总量分别控制在18.3万吨、1.98万吨以内，比2010年的20.0万吨、2.20万吨分别减少8.7%、10.1%（其中工业和生活化学需氧量、氨氮排放量分别控制在9.8万吨、1.47万吨以内，比2010年分别减少9.8%和10.2%）；二氧化硫和氮氧化物排放总量分别控制在9.0万吨、17.4万吨以内，比2010年的10.4万吨、19.8万吨分别减少13.4%、12.3%。

二、北京市人民政府对本行政区污染减排负总责，应采取有效措施，确保总量削减目标和重点减排任务按期完成。

3

1. 2011年底前将国家下达的主要污染物排放总量控制指标和重点任务逐级分解到各级政府、有关部门和重点企业。

2. 将主要污染物排放总量控制目标纳入本行政区经济社会发展规划,制定年度减排计划并严格执行。

3. 严格控制新增污染物排放量,把主要污染物排放总量控制指标作为环评审批的前置条件,试行煤炭消费总量控制。严格控制新建造纸、印染、农药、氮肥、煤电、钢铁、水泥等项目,新建项目按照最严格的环保要求建设治污设施。新建燃煤机组要配套建设高效脱硫脱硝设施;新建新型干法水泥窑要采用低氮燃烧技术并配套建设烟气脱硝设施;新建的钢铁烧结机、石油石化设备、有色冶炼设备、炼焦炉、燃煤锅炉等重点污染源要安装烟气脱硫设施。

4. 把调整经济结构、转变经济发展方式放在更加突出的位置,国家下达的淘汰落后产能任务要按期完成,加大小锅炉、小火电、小化工等的淘汰力度。核准审批新建项目要求关停的产能必须按期淘汰。

5. 到2015年,重点建制镇基本实现生活污水集中处理,完善城镇污水收集管网,中心城区城镇污水处理率达到98%,新城城镇污水处理率达到90%。实施中心城区污水处理厂升级改造,提高脱氮除磷能力。城镇污水处理厂污泥基本实现无害化处理,再生水回用率达到75%。强化垃圾渗滤液治理,实现达标排放。加大造纸、化工等重点企业工艺技术改造和废水治理力度。60%以上规模化畜禽养殖场和养殖小区配套建设固体废物和废水贮存处理设施,实施废弃物资源化利用。

6. 到2015年,现役燃煤机组必须安装脱硫设施,不能稳定达标排放的要进行更新改造或淘汰,烟气脱硫设施要按照规定取消烟气旁路,20万千瓦以上燃煤机组全部实施脱硝改造;钢铁烧结机、球团设备及石油石化催化裂化装置全面实施烟气脱硫改造;现役新型干法水泥窑实施低氮燃烧技术改造,熟料生产规模在4000吨/日以上的生产线必须实施脱硝改造;全面推行机动车环保标志管理,基本淘汰2005年以前注册运营的"黄标车",加快提升车用燃油品质。

7. 加强污染减排统计、监测和考核体系建设,提高机动车和农业源减排监管能力。

8. 列入本责任书的重点减排项目(见附件)应按期建成,并确保稳定运行。

三、环境保护部每年对本责任书的执行情况进行考核,结果报国务院批准后向社会公布。北京市人民政府每年对各级政府、有关部门和重点企业污染减排情况进行考核，结果抄送环境保护部。

《北京市"十二五"主要污染物总量减排目标责任书》一式两份，环境保护部、北京市人民政府各保存一份。

环境保护部   北京市人民政府

二〇一一年十二月 日   二〇一一年十二月 日

附件：

北京市"十二五"主要污染物减排重点项目表

表1 城镇污水处理设施建设项目

序号	区县	项目名称	设计处理能力（万吨/日）	负荷率（%）	投运年份
1	通州	通州北运河城市段污水处理厂	1.8	60	2011
2	通州	通州永乐店污水处理厂	0.5	60	2012
3	昌平	昌平马池口污水处理厂	2.5	60	2013
4	昌平	昌平未来科技城再生水厂	4	60	2015
5	大兴	大兴黄村再生水厂	12	60	2014
6	顺义	顺义新城（马坡组团）再生水厂	4	60	2014
7	顺义	顺义新城温榆河水资源利用工程（二期）	2	60	2013
8	海淀	北京城市排水集团清河污水处理厂再生水回用工程	47（设计再生水能力）	—	2014
9	海淀	清河污水处理厂（三期）	15	60	2013
10	平谷	马坊镇污水处理厂	1.1	60	2012
11	通州	台湖镇污水处理厂	1	60	2013
12	朝阳	北京城市排水集团高碑店污水处理厂再生水回用工程	100（设计再生水能力）	—	2015
13	朝阳	北京城市排水集团北小河污水处理厂再生水回用工程	4（设计再生水能力）	—	2013
14	朝阳	北京城市排水集团酒仙桥污水处理厂再生水回用工程	12（设计再生水能力）	—	2014
15	朝阳	东坝污水处理厂	2	60	2014
16	朝阳	垡头污水处理厂	2	60	2014
17	丰台	丰台区河西再生水厂	5	60	2013
18	丰台	北京城市排水集团方庄污水处理厂再生水回用工程	3（设计再生水能力）	—	2011
19	丰台	北京城市排水集团吴家村污水处理厂再生水回用工程	4（设计再生水能力）	—	2013
20	丰台	卢沟桥污水处理厂再生水回用工程	10（设计再生水能力）	—	2012
21	石景山	五里坨污水处理厂	2	60	2014

注：负荷率是指污水处理厂建成投运一年后的负荷率。

表2 石油石化、化工行业废水治理项目

序号	区县	企业名称	项目内容	投运年份
1	房山	燕山石化分公司	污水处理厂深度处理工程	2014
2	房山	催化剂奥达分公司	污水处理系统升级完善	2013

表3 其他行业废水治理项目

序号	区县	企业名称	项目内容	投运年份
1	密云	北京汇源九龙绿色生态农业有限责任公司	生化处理	2011

表4 规模化畜禽养殖场（小区）污染治理项目

序号	区县	企业名称	治理措施	投运年份
1	昌平	北京三元绿荷奶牛养殖中心北郊五场	雨污分流＋干清粪＋废弃物资源化利用	2014
2	昌平	三元绿荷奶牛养殖中心南口二牛场	雨污分流＋干清粪＋废弃物资源化利用	2014
3	昌平	三元绿荷奶牛养殖中心北郊三牛场	雨污分流＋干清粪＋废弃物资源化利用	2014
4	昌平	三元绿荷奶牛养殖中心北区南口三牛场	雨污分流＋干清粪＋废弃物资源化利用	2014
5	大兴	北京三元绿荷养殖中心金星牛场	雨污分流＋干清粪＋废弃物资源化利用	2014
6	大兴	北京金维畜牧有限公司	雨污分流＋干清粪＋废弃物资源化利用	2014
7	大兴	北京义朋养殖场	雨污分流＋干清粪＋废弃物资源化利用	2012
8	海淀	北京三元绿荷奶牛养殖中心西郊二场	雨污分流＋干清粪＋废弃物资源化利用	2014
9	密云	北京润民养殖有限公司	雨污分流＋干清粪＋废弃物资源化利用	2014
10	顺义	北京北务广峰养殖场	雨污分流＋干清粪＋废弃物资源化利用	2015
11	顺义	小胡营牛场（北京京顺兴养殖场）	雨污分流＋干清粪＋废弃物资源化利用	2015
12	顺义	北京良山畜牧场（肉牛场）	雨污分流＋干清粪＋废弃物资源化利用	2014
13	顺义	北京顺新龙养殖有限责任公司	雨污分流＋干清粪＋废弃物资源化利用	2014
14	顺义	北京大唐牧业有限公司	雨污分流＋干清粪＋废弃物资源化利用	2014
15	顺义	北京顺鑫农业股份有限公司小店畜禽良种场（大孙各庄）	雨污分流＋干清粪＋废弃物资源化利用	2014
16	顺义	北京北郎中种猪场	雨污分流＋干清粪＋废弃物资源化利用	2014
17	顺义	北京顺义金鑫现代农业发展有限公司	雨污分流＋干清粪＋废弃物资源化利用	2014
18	通州	北京永乐店奶牛场第一牧场	雨污分流＋干清粪＋废弃物资源化利用	2014
19	通州	北京绿友畜牧养殖有限公司	雨污分流＋干清粪＋废弃物资源化利用	2014
20	延庆	北京德清源农业科技股份有限公司延庆养殖基地	雨污分流＋干清粪＋废弃物资源化利用	2012

表5 石油石化行业催化裂化装置二氧化硫治理项目

序号	区县	企业名称	项目内容	投运年份
1	房山	燕山石化分公司	污水处理厂深度处理工程	2014
2	房山	催化剂奥达分公司	污水处理系统升级完善	2013

天津市"十二五"主要污染物总量减排目标责任书

为贯彻落实《国民经济和社会发展第十二个五年规划纲要》、《国务院关于印发"十二五"节能减排综合性工作方案的通知》（国发〔2011〕26号）、《国务院关于加强环境保护重点工作的意见》（国发〔2011〕35号），落实目标责任，强化监督管理，确保实现污染减排约束性目标，经国务院授权，环境保护部与天津市人民政府签订"十二五"主要污染物总量减排目标责任书。具体目标和要求如下：

一、2015年，全市化学需氧量和氨氮排放总量分别控制在21.8万吨、2.50万吨以内，比2010年的23.8万吨、2.79万吨分别减少8.6%、10.5%（其中工业和生活化学需氧量、氨氮排放量分别控制在11.2万吨、1.95万吨以内，比2010年分别减少9.2%和10.4%）；二氧化硫和氮氧化物排放总量分别控制在21.6万吨、28.8万吨以内，比2010年的23.8万吨、34.0万吨分别减少9.4%、15.2%。

二、天津市人民政府对本行政区污染减排负总责，应采取有效措施，确保总量削减目标和重点减排任务按期完成。

1. 2011年底前将国家下达的主要污染物排放总量控制指标和重点任务逐级分解到各级政府、有关部门和重点企业。

2. 将主要污染物排放总量控制目标纳入本行政区经济社会发展规划，制定年度减排计划并严格执行。

3. 严格控制新增污染物排放量，把主要污染物排放总量控制指标作为环评审批的前置条件，试行煤炭消费总量控制。严格控制新建造纸、印染、农药、氮肥、煤电、钢铁、水泥等项目，新建项目按照最严格的环保要求建设治污设施。新建燃煤机组要配套建设高效脱硫脱硝设施；新建新型干法水泥窑要采用低氮燃烧技术并配套建设烟气脱硝设施；新建的钢铁烧结机、石油石化设备、有色冶炼设备、炼焦炉、燃煤锅炉等重点污染源要安装烟气脱硫设施。

4. 把调整经济结构、转变经济发展方式放在更加突出的位置，国家下达的淘汰落后产能任务要按期完成，加大小锅炉、小火电、小化工等的淘汰力度。核准审批新建项目要求关停的产能必须按期淘汰。

5. 到2015年，所有建制镇建成生活污水处理设施，完善城镇污水收集管网，城镇污水处理率达到90%。改造现有污水处理设施，提高脱氮能力。城镇污水处理厂污泥无害化处理处置率达到70%，再生水回用率达到20%。强化垃圾渗滤液治理，实现达标排放。加大造纸、印染、化工等重点企业工艺技术改造和废水治理力度。全市单位工业增加值化学需氧量和氨氮排放强度分别下降50%。85%以上规模化畜禽养殖场和养殖小区配套建设固体废物和废水贮存处理设施，实施废弃物资源化利用。

6. 到2015年，现役燃煤机组必须安装脱硫设施，不能稳定达标排放的要进行更新改造或淘汰，烟气脱硫设施要按照规定取消烟气旁路，20万千瓦以上燃煤机组全部实施脱硝改造；钢铁烧结机、球团设备及石油石化催化裂化装置全面实施烟气脱硫改造；现役新型干法水泥窑实施低氮燃烧技术改造，熟料生产规模在4000吨/日以上的生产线必须实施脱硝改造；全面推行机动车环保标志管理，基本淘汰2005年以前注册运营的"黄标车"，加快提升车用燃油品质。

7. 加强污染减排统计、监测和考核体系建设，提高机动车和农业源减排监管能力。

8. 列入本责任书的重点减排项目（见附件）应按期建成，并确保稳定运行。

三、环境保护部每年对本责任书的执行情况进行考核，结果报国务院批准后向社会公

布。天津市人民政府每年对各级政府、有关部门和重点企业污染减排情况进行考核，结果抄送环境保护部。

《天津市"十二五"主要污染物总量减排目标责任书》一式两份，环境保护部、天津市人民政府各保存一份。

环境保护部   天津市人民政府

二〇一一年十二月二十日   二〇一一年十二月二十日

附件：

天津市"十二五"主要污染物减排重点项目表

表1 城镇污水处理设施建设项目

序号	区县	项目名称	设计处理能力（万吨/日）	负荷率（%）	投运年份
1	北 辰	大张庄风电产业园污水处理厂（一期）	4	60	2012
2	北 辰	双青污水处理厂	5	60	2012
3	滨海新区	临港工业区第二污水处理厂	3	60	2015
4	滨海新区	港东新城污水处理厂	1.25	60	2014
5	滨海新区	中心渔港污水处理厂	1.25	60	2015
6	滨海新区	北塘再生水厂	4.5（回用水量）	—	2015
7	东 丽	张贵庄污水处理厂	20	60	2011
8	东 丽	张贵庄再生水厂	4（回用水量）	—	2015
9	东 丽	东郊污水处理厂再生水厂	5（回用水量）	—	2015
10	蓟 县	蓟县污水处理厂（扩建）	3	60	2015
11	津 南	双林污水处理厂	10	60	2015
12	津 南	咸水沽污水处理厂	3	60	2011
13	津 南	小站污水处理厂	1	60	2014
14	静 海	大邱庄综合污水处理厂（一期）	5	75	2014
15	静 海	团泊新城污水处理厂	1	60	2013
16	宁 河	宁河污水处理厂	2	60	2013
17	武 清	武清第四污水处理厂	1	60	2015
18	武 清	武清第二污水处理厂	1.5	60	2015
19	武 清	武清第五污水处理厂	1	60	2015
20	西 青	大寺污水处理厂	3	60	2015
21	西 青	咸阳路再生水厂	5（回用水量）	—	2015
22	西 青	纪庄子再生水厂	8（回用水量）	—	2015

注：负荷率是指污水处理厂建成投运一年后的负荷率。

表2 造纸行业废水治理项目

序号	区县	企业名称	项目内容	投运年份
1	西 青	恒安（天津）纸业有限公司	生化处理＋深度治理	2013
2	西 青	金雄（天津）包装有限公司	生化处理＋深度治理	2013
3	蓟 县	天津市蓟县东赵乡福利造纸厂	生化处理＋深度治理	2014
4	蓟 县	蓟县新华峰造纸有限公司	生化处理＋深度治理	2014
5	蓟 县	天津市蓟县金明造纸厂	生化处理＋深度治理	2013
6	静 海	天津市静海县和平纸加工厂	生化处理＋深度治理	2012
7	静 海	天津市静海县金泉纸业有限公司	生化处理＋深度治理	2012
8	静 海	天津市振华造纸厂	生化处理＋深度治理	2012

表3 印染行业废水治理项目

序号	区县	企业名称	项目内容	投运年份
1	西青	天津市上辛口染整厂	深度治理＋节水	2013
2	西青	天津市第二毛条厂	深度治理＋节水	2014
3	西青	天津市泰隆纺织技术有限公司	深度治理＋节水	2012
4	西青	天津市西青区杨柳青永强针织加工厂	深度治理＋节水	2013
5	武清	天津市捷恒染整有限公司	深度治理＋节水	2013
6	宁河	天津市宁潘福利针织厂	深度治理＋节水	2011
7	静海	天津市金芙蓉针织集团有限公司	深度治理＋节水	2013
8	静海	天津市金美达针织集团有限公司	深度治理＋节水	2011
9	静海	天津市鑫鑫印染厂	深度治理＋节水	2013
10	静海	天津市静海县良友印染厂	深度治理＋节水	2013
11	静海	天津市万豪纺织品有限公司	深度治理＋节水	2013
12	滨海新区	南港轻纺城污水处理厂	深度治理	2011
13	宝坻	天津市津宝林营印染厂	深度治理＋节水	2011
14	宝坻	天津市宝坻区牛家牌染整有限公司	深度治理＋节水	2013
15	宝坻	天津万宝线业有限公司	深度治理＋节水	2013
16	宝坻	天津市针织六厂	深度治理＋节水	2013
17	宝坻	天津市宝坻区袜五漂染制线厂	深度治理＋节水	2014
18	宝坻	天津市国营兴华制线厂	深度治理＋节水	2014
19	宝坻	天津市隆昌线业有限公司	深度治理＋节水	2014

表4 石油石化、化工行业废水治理项目

序号	区县	企业名称	项目内容	投运年份
1	滨海新区	中石化天津石化分公司	小乙烯污水回用工程	2013
2	西青	蓝星石化有限公司天津石油化工厂	气浮、隔油＋深度治理	2014

表5 其他行业废水治理项目

序号	区县	企业名称	项目内容	投运年份
1	滨海新区	天津高新区滨海科技园污水处理厂	3.75万吨/日工业废水深度治理	2015
2	宁河	宁河县现代产业区污水处理厂	2万吨/日工业废水深度治理	2012
3	静海	天津市富盛皮革制品有限公司	深度治理	2012
4	静海	静海开发区北区污水处理厂	1.5万吨/日工业废水深度治理	2015
5	蓟县	天津挂月集团有限公司	深度治理	2014
6	蓟县	上仓工业园污水处理厂	1万吨/日工业废水深度治理	2015

表6 规模化畜禽养殖场（小区）污染治理项目

序号	区县	企业名称	治理措施	投运年份
1	宝 坻	天津市嘉立荷牧业有限公司	雨污分流＋干清粪＋废弃物资源化利用	2015
2	滨海新区	嘉立荷第十四奶牛场	雨污分流＋干清粪＋废弃物资源化利用	2015
3	滨海新区	天津神驰农牧发展有限公司	雨污分流＋干清粪＋废弃物资源化利用	2015
4	东 丽	振兴畜牧养殖场	雨污分流＋干清粪＋废弃物资源化利用	2012
5	东 丽	玉群畜牧养殖场	雨污分流＋干清粪＋废弃物资源化利用	2012
6	静 海	天津市和力奶牛有限公司	雨污分流＋干清粪＋废弃物资源化利用	2015
7	静 海	东兴奶牛养殖有限公司	雨污分流＋干清粪＋废弃物资源化利用	2015
8	静 海	静海县文成奶牛养殖场	雨污分流＋干清粪＋废弃物资源化利用	2014
9	静 海	天津市静海县静双奶牛场	雨污分流＋干清粪＋废弃物资源化利用	2014
10	静 海	天津市腾达奶牛养殖场	雨污分流＋干清粪＋废弃物资源化利用	2014
11	静 海	蓄驰奶牛养殖有限公司	雨污分流＋干清粪＋废弃物资源化利用	2013
12	静 海	天津市兴达奶牛养殖场	雨污分流＋干清粪＋废弃物资源化利用	2013
13	宁 河	天津市宁河县启顺生猪养殖有限公司	雨污分流＋干清粪＋废弃物资源化利用	2013
14	宁 河	宁河县原种厂	雨污分流＋干清粪＋废弃物资源化利用	2013
15	宁 河	天津市宁河县鑫瑞畜牧养殖场	雨污分流＋干清粪＋废弃物资源化利用	2015
16	武 清	润华养殖场	雨污分流＋干清粪＋废弃物资源化利用	2015
17	武 清	朋成养殖场	雨污分流＋干清粪＋废弃物资源化利用	2014
18	武 清	神泽集团	雨污分流＋干清粪＋废弃物资源化利用	2014
19	武 清	金牛湾牛场	雨污分流＋干清粪＋废弃物资源化利用	2013
20	武 清	郎家仁养殖场	雨污分流＋干清粪＋废弃物资源化利用	2013
21	武 清	德兴隆养殖场	雨污分流＋干清粪＋废弃物资源化利用	2012

表7 电力行业二氧化硫治理项目

序号	区县	企业名称	机组编号	装机容量（MW）	综合脱硫效率（%）	投运年份
1	滨海新区	国网能源开发有限公司天津大港发电厂	1	328.5	90	2011
2	滨海新区	国网能源开发有限公司天津大港发电厂	2	328.5	90	2011

表8 电力行业氮氧化物治理项目

序号	区县	企业名称	机组编号	装机容量（MW）	综合脱硝效率（%）	投运年份
1	滨海新区	天津国投津能发电有限公司	1	1000	70	2012
2	滨海新区	天津国投津能发电有限公司	2	1000	70	2012
3	滨海新区	国网能源开发有限公司天津大港发电厂	1	328.5	70	2013
4	滨海新区	国网能源开发有限公司天津大港发电厂	2	328.5	70	2014
5	滨海新区	国网能源开发有限公司天津大港发电厂	3	328.5	70	2013
6	滨海新区	国网能源开发有限公司天津大港发电厂	4	328.5	70	2014
7	蓟 县	天津大唐国际盘山发电有限责任公司	3	600	70	2013

序号	区县	企业名称	机组编号	装机容量（MW）	综合脱硝效率（%）	投运年份
8	蓟县	天津大唐国际盘山发电有限责任公司	4	600	70	2014
9	蓟县	天津国华盘山发电有限责任公司	2	530	70	2012
10	蓟县	天津国华盘山发电有限责任公司	1	500	70	2012
11	西青	天津华能杨柳青热电有限责任公司	5	300	70	2014
12	西青	天津华能杨柳青热电有限责任公司	6	300	70	2013
13	西青	天津华能杨柳青热电有限责任公司	7	300	70	2012
14	西青	天津华能杨柳青热电有限责任公司	8	300	70	2013
15	东丽	天津军粮城发电有限公司	5	200	70	2014
16	东丽	天津军粮城发电有限公司	6	200	70	2014
17	东丽	天津军粮城发电有限公司	7	200	70	2013
18	东丽	天津军粮城发电有限公司	8	200	70	2013

表9 钢铁烧结机/球团二氧化硫治理项目

序号	区县	企业名称	生产设施编号	生产设施规模（m²或万吨）	综合脱硫效率（%）	投运年份
1	北辰	天重江天重工有限公司	1	105	70	2014
2	东丽	天津钢铁集团有限公司	1	265	70	2014
3	东丽	天津钢铁集团有限公司	2	360	70	2014
4	东丽	天津钢管制铁公司	1	105	70	2014
5	津南	天津荣程祥矿产有限公司	3	200	70	2014
6	静海	天津天丰钢铁有限公司	1	150	70	2014
7	宁河	天津天钢联合钢铁有限公司	1	90	70	2014

表10 石油石化行业催化裂化装置二氧化硫治理项目

序号	区县	企业名称	生产设施名称及编号	生产设施规模（万吨/年）	综合脱硫效率（%）	投运年份
1	滨海新区	中国石油化工股份有限公司天津分公司炼油部	蜡油催化裂化装置	130	70	2014

河北省"十二五"主要污染物总量减排目标责任书

为贯彻落实《国民经济和社会发展第十二个五年规划纲要》、《国务院关于印发"十二五"节能减排综合性工作方案的通知》（国发〔2011〕26号）、《国务院关于加强环境保护重点工作的意见》（国发〔2011〕35号），落实目标责任，强化监督管理，确保实现污染减排约束性目标，经国务院授权，环境保护部与河北省人民政府签订"十二五"主要污染物总量减排目标责任书。具体目标和要求如下：

一、2015年，全省化学需氧量和氨氮排放总量分别控制在128.3万吨、10.14万吨以内，比2010年的142.2万吨、11.61万吨分别减少9.8%、12.7%（其中工业和生活化学需氧量、氨氮排放量分别控制在40.7万吨、6.1万吨以内，比2010年分别减少10.8%和12.6%）；二氧化硫和氮氧化物排放总量分别控制在125.5万吨、147.5万吨以内，比2010年的143.8万吨、171.3万吨分别减少12.7%、13.9%。

二、河北省人民政府对本行政区污染减排负总责，应采取有效措施，确保总量削减目标和重点减排任务按期完成。

1. 2011年底前将国家下达的主要污染物排放总量控制指标和重点任务逐级分解到各级政府、有关部门和重点企业。

2. 将主要污染物排放总量控制目标纳入本行政区经济社会发展规划，制定年度减排计划并严格执行。

3. 严格控制新增污染物排放量，把主要污染物排放总量控制指标作为环评审批的前置条件，试行煤炭消费总量控制。严格控制新建造纸、印染、农药、氮肥、煤电、钢铁、水泥等项目，新建项目按照最严格的环保要求建设治污设施。新建燃煤机组要配套建设高效脱硫脱硝设施；新建新型干法水泥窑要采用低氮燃烧技术并配套建设烟气脱硝设施；新建的钢铁烧结机、石油石化设备、有色冶炼设备、炼焦炉、燃煤锅炉等重点污染源要安装烟气脱硫设施。

4. 把调整经济结构、转变经济发展方式放在更加突出的位置，国家下达的淘汰落后产能任务要按期完成，加大小锅炉、小火电、小化工等的淘汰力度。核准审批新建项目要求关停的产能必须按期淘汰。

5. 到2015年，所有县级行政区及重点建制镇建成生活污水集中处理设施，完善城镇污水收集管网，城镇污水处理率达到90%。改造现有污水处理设施，提高脱氮能力。城镇污水处理厂污泥无害化处理处置率达到60%，再生水回用率达到20%。强化垃圾渗滤液治理，实现达标排放。加大造纸、印染、化工、食品饮料等重点企业工艺技术改造和废水治理力度，单位工业增加值排放强度下降50%。80%以上规模化畜禽养殖场和养殖小区配套建设固体废物和废水贮存处理设施，实施废弃物资源化利用。

6. 到2015年，现役燃煤机组必须安装脱硫设施，不能稳定达标排放的要进行更新改造或淘汰，烟气脱硫设施要按照规定取消烟气旁路，20万千瓦以上燃煤机组全部实施脱硝改造；钢铁烧结机、球团设备及石油石化催化裂化装置全面实施烟气脱硫改造；现役新型干法水泥窑实施低氮燃烧技术改造，熟料生产规模在4000吨/日以上的生产线必须实施脱硝改造；全面推行机动车环保标志管理，基本淘汰2005年以前注册运营的"黄标车"，加快提升车用燃油品质。

7. 加强污染减排统计、监测和考核体系建设，提高机动车和农业源减排监管能力。

8. 列入本责任书的重点减排项目（见附件）应按期建成，并确保稳定运行。

三、环境保护部每年对本责任书的执行情况进行考核，结果报国务院批准后向社会公

布。河北省人民政府每年对各级政府、有关部门和重点企业污染减排情况进行考核，结果抄送环境保护部。

《河北省"十二五"主要污染物总量减排目标责任书》一式两份，环境保护部、河北省人民政府各保存一份。

环境保护部   河北省人民政府

二〇一一年十二月二十日   二〇一一年十二月二十日

附件：

河北省"十二五"主要污染物减排重点项目表

表1 城镇污水处理设施建设项目

序号	地市	项目名称	设计处理能力（万吨/日）	负荷率（%）	投运年份
1	石家庄	石家庄良村南污水处理厂（一期）	5	60	2012
2	石家庄	桥西污水处理厂一期升级改造	16	60	2013
3	石家庄	栾城县污水处理厂（二期）	2	60	2011
4	石家庄	无极县废水处理管理中心（扩建）	2	60	2011
5	石家庄	桥东污水处理厂升级改造	50	60	2011
6	保 定	松林店污水处理厂	1.25	60	2013
7	保 定	安新县三台镇污水处理厂（一期）	1	60	2014
8	保 定	安国市污水厂	3（回用水量）	—	2011
9	保 定	清苑县祥太水务有限责任公司	3（回用水量）	—	2013
10	沧 州	沧州市渤海新区污水处理厂	5	85	2011
11	沧 州	南大港产业园区污水处理厂	1	60	2013
12	沧 州	泊头市运西污水处理厂	2	60	2011
13	沧 州	沧州市运西污水处理厂及中水回用工程	6（回用水量）	—	2015
14	承 德	承德市上板城工业聚集区白河南污水处理厂	2	60	2013
15	邯 郸	成安县商城工业园区污水处理厂	5	60	2015
16	邯 郸	永年县广府生态文化园区污水处理厂	1	60	2012
17	邯 郸	邯郸市西污水再生水工程	10	—	2013
18	邯 郸	邯郸市东污水再生水工程	3	—	2013
19	衡 水	衡水市赵圈镇污水处理厂	1.5	60	2013
20	廊 坊	香河县安平镇污水处理厂	1.5	60	2013
21	廊 坊	霸州市胜芳镇第一污水处理厂（二期）	3	60	2011
22	廊 坊	文安县城区污水处理厂管网扩建工程	2	75	2014
23	秦皇岛	开发区龙海道污水处理厂（二期）	4	60	2012
24	秦皇岛	秦皇岛北戴河新区污水处理厂	10	60	2014
25	唐 山	唐山市丰南区黄各庄镇污水处理厂	2	60	2014
26	唐 山	唐山市古冶区林西污水处理厂	4	60	2012
27	唐 山	滦南县污水处理厂	4	60	2013
28	唐 山	乐亭县污水处理厂	1.5	60	2015
29	邢 台	沙河市白塔镇污水处理厂	2	60	2014
30	邢 台	七里河污水处理厂	2.5	60	2011
31	邢 台	邢台市污水处理厂	8（回用水量）	—	2011
32	张家口	察北管理区污水处理厂	2	60	2011
33	张家口	宣化县洋河南镇污水处理厂	0.17	60	2014
34	张家口	宣化县污水处理厂	1.5	60	2014

表2 造纸行业废水治理项目

序号	地市	企业名称	项目内容	投运年份
1	沧　州	河北省吴桥县宏光纸业有限公司	生化处理＋深度处理	2014
2	秦皇岛	秦皇岛凡南纸业有限公司	生化处理＋深度处理	2014
3	秦皇岛	河北省抚宁县凡南造纸厂	生化处理＋深度处理	2014
4	秦皇岛	秦皇岛前韩纸业有限公司	生化处理＋深度处理	2011
5	秦皇岛	抚宁县丰满纸板有限公司	生化处理＋深度处理	2011
6	秦皇岛	抚宁县宝丰纸业有限公司	生化处理＋深度处理	2013
7	唐　山	河北永新纸业有限公司	生化处理＋深度处理	2015
8	唐　山	唐山市冀滦纸业有限公司	生化处理＋深度处理	2015
9	唐　山	河北海丰实业集团唐山信诚浆纸有限公司	生化处理＋深度处理	2015
10	唐　山	唐山小泊洪宇纸业有限公司	生化处理＋深度处理	2014
11	唐　山	唐山市丰南区盛达纸业有限公司	生化处理＋深度处理	2013
12	唐　山	玉田县京玉纸业有限公司	生化处理＋深度处理	2013
13	唐　山	唐山市昌盛纸业有限公司	生化处理＋深度处理	2013
14	唐　山	玉田县盛达造纸厂	生化处理＋深度处理	2013
15	唐　山	玉田县腾达纸业有限公司	生化处理＋深度处理	2013
16	唐　山	玉田县中艺纸业有限公司	生化处理＋深度处理	2013
17	唐　山	唐山峰越纸业有限公司	生化处理＋深度处理	2013
18	保　定	保定钞票纸业有限公司	深度治理＋节水	2013
19	保　定	容城县容兴纸业有限公司	深度治理＋节水	2011

表3 印染行业废水治理项目

序号	地市	企业名称	项目内容	投运年份
1	张家口	张北县通达绒毛有限责任公司	深度治理＋节水	2014
2	邢　台	河北省四通绒毛有限公司	深度治理＋节水	2013
3	邢　台	河北宁纺集团有限责任公司	深度治理＋节水	2012
4	邢　台	河北天茂印染有限公司	深度治理＋节水	2012
5	邢　台	河北省清河县东宝绒毛制品有限公司	深度治理＋节水	2014
6	邢　台	河北省昭友绒毛纺织有限公司	深度治理＋节水	2013
7	邢　台	河北宏业羊绒有限公司	深度治理＋节水	2014
8	沧　州	沧州万格纺织有限公司	物化＋生化	2013
9	衡　水	阜城县华兴服装有限公司	深度治理＋节水	2013
10	保　定	容城县东方纺织用品有限责任公司	深度治理＋节水	2012
11	保　定	河北省保定太行毛纺集团有限公司	深度治理＋节水	2014
12	保　定	徐水县长兴洗毛厂	深度治理＋节水	2014

表4 石油石化、化工行业废水治理项目

序号	地市	企业名称	项目内容	投运年份
1	石家庄	石家庄炼化分公司	化纤污水处理厂提标改造工程	2013
2	石家庄	石家庄炼化分公司	炼油污水处理厂异地改造工程	2014
3	石家庄	柏坡正元化肥有限公司	蒸氨回收＋深度治理	2012
4	沧州	瀛海（沧州）香料有限公司	生化法改造	2013
5	沧州	河间市瀛洲化工有限公司	物化＋生化	2014
6	沧州	河北华戈染料化学股份有限公司	四效蒸发、氧化废水处理技改	2013
7	沧州	河北省东光化工有限公司	废水深度水解治理	2014
8	沧州	中海石油中捷石化有限公司	气浮、隔油＋生化处理	2013
9	沧州	河北大港石化有限公司	气浮、隔油＋生化处理	2015
10	沧州	河北鑫泉焦化有限公司	深度治理	2015
11	沧州	中国石油天然气股份有限公司华北石化分公司	气浮、隔油＋生化处理	2014
12	邯郸	河北硅谷化工有限公司	深度治理	2014
13	衡水	景衡化工产品有限公司	清洁生产＋深度处理	2014
14	衡水	衡水京华化工有限公司	物化＋生化	2011
15	衡水	晋煤冀州银海化肥有限责任公司	生化后全部循环利用	2011
16	衡水	衡水优维精细化工有限公司	深度治理	2015
17	廊坊	河北凯跃化工集团有限公司	水解酸化＋厌氧＋接触氧化	2013
18	廊坊	廊坊维达化工有限公司	生化处理	2012
19	廊坊	廊坊北鑫化工有限公司	生化法	2014
20	张家口	万全力华化工有限责任公司	铁碳微电解＋复合生物厌氧＋流离生化	2011
21	张家口	万全宏宇化工有限责任公司	脱盐＋生化	2011

表5 其他行业废水治理项目

序号	地市	企业名称	项目内容	投运年份
1	石家庄	河北威远生物化工股份有限公司生物药业三厂	生化＋深度治理	2014
2	石家庄	神威药业有限公司	厌氧＋好氧	2011
3	石家庄	赵县兴柏淀粉糖业有限责任公司	厌氧＋好氧	2011
4	保定	河北汇源食品饮料有限公司	生物接触氧化	2013
5	沧州	盐山县天和兴生物制品有限公司	A/O	2015
6	沧州	大成万达（天津）有限公司沧州分公司	预处理＋水解酸化＋CASS	2015
7	邯郸	邯钢集团有限责任公司	物化＋生化	2014
8	邯郸	邯郸市宝龙啤酒有限责任公司	深度治理	2013
9	邯郸	国能成安生物发电有限公司	深度治理＋节水	2015
10	邯郸	邯郸市卓立精细板材有限公司	深度治理	2015
11	衡水	饶阳县牧兴肉联厂	生化物化综合处理	2012

序号	地市	企业名称	项目内容	投运年份
12	衡 水	河北省武邑县食品公司	厌氧＋好氧	2014
13	衡 水	饶阳县老四食品厂	物理化学处理法	2012
14	衡 水	景县风祥绿豆淀粉厂	深度治理	2011
15	衡 水	景县前七海升淀粉厂	深度治理	2011
16	廊 坊	廊坊昊宇酿酒有限公司	生化法	2014
17	秦皇岛	昌黎地王酿酒有限公司	深度治理	2015
18	秦皇岛	秦皇岛正龙食品有限公司	生物接触氧化	2015
19	秦皇岛	昌黎县昌隆酿酒厂	深度治理	2015
20	秦皇岛	秦皇岛龙势昌食品有限公司	生物接触氧化	2015
21	秦皇岛	秦皇岛清水桥食品有限公司	生物接触氧化	2015
22	秦皇岛	秦皇岛左右酒业有限公司	水解酸化＋生物接触氧化法	2015
23	邢 台	河北玉珠淀粉有限公司	UASB厌氧＋组合式好氧	2015
24	邢 台	威县俊兴皮业有限公司	接触氧化法	2013
25	邢 台	中钢集团邢台机械轧辊有限公司	废水处理回用	2011
26	邢 台	河北千喜鹤肉类产业有限公司	深度治理＋节水	2011

表6 规模化畜禽养殖场（小区）污染治理项目

序号	地市	企业名称	治理措施	投运年份
1	石家庄	河北海燕农牧有限公司	雨污分流＋干清粪＋废弃物资源化利用	2014
2	邢 台	大曹庄管理区宏达奶牛养殖场	干清粪＋废弃物资源化利用	2015
3	邢 台	新河县邢秋奶牛场	雨污分流＋干清粪＋废弃物资源化利用	2012
4	邢 台	大曹庄管理区润源奶牛养殖场	干清粪＋废弃物资源化利用	2014
5	邢 台	临城县华都种牛场	沼气工程＋废弃物资源化利用	2012
6	邢 台	临城县绿岭肉牛养殖场	沼气工程＋废弃物资源化利用	2012
7	邢 台	邢台县皇寺镇谭村杨龙肉牛养殖场	废弃物资源化利用	2012
8	邢 台	邢台绿竹林养殖有限公司	沼气工程＋废弃物资源化利用	2014
9	唐 山	丰南镇小岔河养殖场	雨污分流＋干清粪＋废弃物资源化利用	2012
10	唐 山	钱营镇中益奶牛中心	雨污分流＋干清粪＋废弃物资源化利用	2011
11	唐 山	玉田县中元奶牛养殖场	雨污分流＋干清粪＋废弃物资源化利用	2011
12	唐 山	丰南区钱营镇清泉奶牛养殖公司	雨污分流＋干清粪＋废弃物资源化利用	2012
13	唐 山	钱营镇后程各庄养牛场	雨污分流＋干清粪＋废弃物资源化利用	2013
14	唐 山	唐山市古冶区犇鑫牧场	雨污分流＋干清粪＋废弃物资源化利用	2011
15	唐 山	唐山腾龙畜禽养殖有限公司	雨污分流＋干清粪＋废弃物资源化利用	2012
16	唐 山	唐山市古冶区国宇奶牛养殖牧场	雨污分流＋干清粪＋废弃物资源化利用	2013
17	唐 山	芦台开发区佳乐养殖场	雨污分流＋干清粪＋废弃物资源化利用	2015
18	衡 水	衡水昊远奶牛养殖有限公司	雨污分流＋干清粪＋废弃物资源化利用	2014
19	衡 水	张海龙养殖场	雨污分流＋干清粪＋废弃物资源化利用	2013
20	衡 水	鑫佳园养殖合作社	雨污分流＋干清粪＋废弃物资源化利用	2015
21	衡 水	王飞养牛场	雨污分流＋干清粪＋废弃物资源化利用	2013

序号	地市	企业名称	治理措施	投运年份
22	衡水	武强县第六扶贫奶牛场	雨污分流＋干清粪＋废弃物资源化利用	2014
23	衡水	饶阳县牧丰养殖有限公司	雨污分流＋干清粪＋废弃物资源化利用	2014
24	衡水	枣强县鸿运奶牛养殖专业合作社	雨污分流＋干清粪＋废弃物资源化利用	2011
25	衡水	故城县阳光奶牛养殖厂	雨污分流＋干清粪＋废弃物资源化利用	2013
26	衡水	饶阳县玖龙奶牛养殖场	雨污分流＋干清粪＋废弃物资源化利用	2011
27	衡水	何伟奶牛养殖基地	雨污分流＋干清粪＋废弃物资源化利用	2013
28	衡水	王爱军养牛场	雨污分流＋干清粪＋废弃物资源化利用	2014
29	衡水	武强县第十扶贫奶牛养殖基地	雨污分流＋干清粪＋废弃物资源化利用	2015
30	衡水	故城县兴牧奶牛养殖合作社	雨污分流＋干清粪＋废弃物资源化利用	2015
31	衡水	故城县深润泰奶牛养殖合作社	雨污分流＋干清粪＋废弃物资源化利用	2015
32	衡水	张荣娟养殖场	雨污分流＋干清粪＋废弃物资源化利用	2011
33	衡水	衡水兴农畜牧养殖有限公司	雨污分流＋干清粪＋废弃物资源化利用	2015
34	邯郸	邯郸市亿泰种猪有限公司	雨污分流＋干清粪＋废弃物资源化利用	2013
35	邯郸	成安县庄盛苑农牧发展有限公司	雨污分流＋干清粪＋废弃物资源化利用	2011
36	邯郸	肥乡县泓昊昌肉鸡养殖有限公司	雨污分流＋干清粪＋废弃物资源化利用	2015
37	邯郸	成安县雪辰养殖有限公司	雨污分流＋干清粪＋废弃物资源化利用	2011
38	邯郸	旭晨奶牛养殖有限公司	雨污分流＋干清粪＋废弃物资源化利用	2015
39	邯郸	邯郸市康惠畜牧科技有限责任公司	雨污分流＋干清粪＋废弃物资源化利用	2012
40	邯郸	成安县讯超养殖有限公司	雨污分流＋干清粪＋废弃物资源化利用	2014
41	邯郸	成安县永乐养殖场	雨污分流＋干清粪＋废弃物资源化利用	2012
42	沧州	盐山县益民养殖有限公司肉牛养殖基地	雨污分流＋干清粪＋废弃物资源化利用	2015
43	沧州	河北绿奥乳业有限公司	雨污分流＋干清粪＋废弃物资源化利用	2012
44	沧州	沧州华茂养牛有限公司	雨污分流＋干清粪＋废弃物资源化利用	2014
45	沧州	青县牛头农业开发养殖有限责任公司	雨污分流＋干清粪＋废弃物资源化利用	2015
46	沧州	肃宁河北田野奶牛发展有限公司	雨污分流＋干清粪＋废弃物资源化利用	2014
47	沧州	肃宁天宇养殖有限公司	雨污分流＋干清粪＋废弃物资源化利用	2012

表7 电力行业氮氧化物治理项目

序号	地市	企业名称	机组编号	装机容量（MW）	综合脱硝效率（%）	投运年份
1	承德	国电承德热电有限公司	1	330	70	2012
2	承德	国电承德热电有限公司	2	330	70	2013
3	保定	河北国华定洲发电有限责任公司	1	600	70	2014
4	保定	河北国华定洲发电有限责任公司	2	600	70	2014
5	保定	河北国华定洲发电有限责任公司	4	600	70	2012
6	邯郸	大唐河北发电有限公司马头热电分公司	9	300	70	2013
7	邯郸	大唐河北发电有限公司马头热电分公司	10	300	70	2013
8	邯郸	河北邯峰发电有限责任公司	1	660	70	2013
9	邯郸	河北邯峰发电有限责任公司	2	660	70	2014
10	邯郸	国电河北龙山发电有限责任公司	1	600	70	2013

序号	地市	企业名称	机组编号	装机容量（MW）	综合脱硝效率（%）	投运年份
11	邯郸	国电河北龙山发电有限责任公司	2	600	70	2014
12	衡水	河北衡丰发电有限责任公司	1	300	70	2013
13	衡水	河北衡丰发电有限责任公司	2	300	70	2012
14	衡水	衡水恒兴发电有限责任公司	3	300	70	2013
15	衡水	衡水恒兴发电有限责任公司	4	300	70	2012
16	廊坊	三河发电有限责任公司	1	350	70	2014
17	廊坊	三河发电有限责任公司	2	350	70	2013
18	秦皇岛	秦皇岛发电有限责任公司	3	320	70	2014
19	秦皇岛	秦皇岛发电有限责任公司	4	320	70	2013
20	秦皇岛	秦热发电有限责任公司	1	300	70	2014
21	秦皇岛	秦热发电有限责任公司	2	300	70	2012
22	沧州	沧州华润热电有限公司	1	300	70	2013
23	沧州	沧州华润热电有限公司	2	300	70	2014
24	沧州	河北国华沧东发电有限责任公司	1	600	70	2015
25	沧州	河北国华沧东发电有限责任公司	2	600	70	2014
26	沧州	河北国华沧东发电有限责任公司	4	660	70	2014
27	唐山	首钢京唐钢铁联合有限责任公司热电分厂	1	300	70	2014
28	唐山	首钢京唐钢铁联合有限责任公司热电分厂	2	300	70	2015
29	唐山	河北大唐国际丰润热电有限责任公司	1	300	70	2014
30	唐山	河北大唐国际丰润热电有限责任公司	2	300	70	2015
31	唐山	河北大唐国际唐山热电有限责任公司	1	300	70	2014
32	唐山	河北大唐国际唐山热电有限责任公司	2	300	70	2015
33	唐山	河北大唐国际王滩发电有限责任公司	1	600	70	2015
34	唐山	河北大唐国际王滩发电有限责任公司	2	600	70	2013
35	邢台	邢台国泰发电有限责任公司	10	300	70	2015
36	邢台	邢台国泰发电有限责任公司	11	300	70	2014
37	张家口	大唐国际发电股份有限公司张家口发电厂	1	300	70	2014
38	张家口	大唐国际发电股份有限公司张家口发电厂	2	300	70	2014
39	张家口	大唐国际发电股份有限公司张家口发电厂	3	300	70	2013
40	张家口	大唐国际发电股份有限公司张家口发电厂	4	300	70	2014
41	张家口	大唐国际发电股份有限公司张家口发电厂	5	300	70	2013
42	张家口	大唐国际发电股份有限公司张家口发电厂	6	300	70	2013
43	张家口	大唐国际发电股份有限公司张家口发电厂	7	300	70	2015
44	张家口	大唐国际发电股份有限公司张家口发电厂	8	300	70	2013
45	张家口	国电怀安热电有限公司	1	300	70	2012
46	张家口	国电怀安热电有限公司	2	300	70	2013
47	张家口	河北建投宣化热电有限责任公司	1	300	70	2014
48	张家口	河北建投宣化热电有限责任公司	2	300	70	2015
49	石家庄	华能国际电力股份有限公司上安电厂	1	300	70	2015
50	石家庄	华能国际电力股份有限公司上安电厂	2	300	70	2015
51	石家庄	华能国际电力股份有限公司上安电厂	3	300	70	2013

序号	地市	企业名称	机组编号	装机容量（MW）	综合脱硝效率（%）	投运年份
52	石家庄	华能国际电力股份有限公司上安电厂	4	300	70	2015
53	石家庄	华能国际电力股份有限公司上安电厂	5	600	70	2014
54	石家庄	华能国际电力股份有限公司上安电厂	6	600	70	2012
55	石家庄	河北华电石家庄裕华热电有限公司	1	300	70	2014
56	石家庄	河北华电石家庄裕华热电有限公司	2	300	70	2013
57	石家庄	河北西柏坡发电有限责任公司	1	300	70	2014
58	石家庄	河北西柏坡发电有限责任公司	2	300	70	2014
59	石家庄	河北西柏坡发电有限责任公司	3	300	70	2015
60	石家庄	河北西柏坡发电有限责任公司	4	300	70	2015
61	石家庄	河北西柏坡第二发电有限责任公司	5	600	70	2013
62	石家庄	河北西柏坡第二发电有限责任公司	6	600	70	2013

表8 钢铁烧结机/球团二氧化硫治理项目

序号	地市	企业名称	生产设施编号	生产设施规模（m²或万吨）	综合脱硫效率（%）	投运年份
1	石家庄	石家庄佳正实业有限公司	1	118	70	2014
2	石家庄	辛集市澳森钢铁有限公司	1	192	70	2012
3	石家庄	河北敬业钢铁有限公司	2	230	70	2011
4	唐 山	首钢京唐钢铁联合有限责任公司	1	500	70	2012
5	唐 山	首钢京唐钢铁联合有限责任公司	2	500	70	2013
6	唐 山	唐山钢铁股份有限公司	1	210	70	2012
7	唐 山	唐山钢铁股份有限公司	2	210	70	2014
8	唐 山	唐山钢铁股份有限公司	3	265	70	2014
9	唐 山	唐山钢铁股份有限公司	4	180	70	2015
10	唐 山	唐山不锈钢有限责任公司	1	90	70	2014
11	唐 山	唐山不锈钢有限责任公司	2	90	70	2014
12	唐 山	唐山不锈钢有限责任公司	3	90	70	2014
13	唐 山	唐山市春兴特种钢有限公司	1	180	70	2013
14	唐 山	唐山佳鑫钢铁有限公司	1	90	70	2014
15	唐 山	唐山兴隆钢铁有限公司	1	90	70	2013
16	唐 山	唐山中厚板材有限公司	1	210	70	2013
17	唐 山	唐山中厚板材有限公司	2	210	70	2014
18	唐 山	河北津西钢铁股份有限公司	1	195	70	2012
19	唐 山	河北津西钢铁股份有限公司	2	265	70	2013
20	唐 山	唐山港陆钢铁有限公司	1	100	70	2014
21	唐 山	唐山港陆钢铁有限公司	2	100	70	2013
22	唐 山	唐山市清泉钢铁集团有限公司	2	120	70	2012
23	唐 山	唐山福丰钢铁有限公司	1	96	70	2013
24	唐 山	唐山贝氏体钢铁（集团）有限公司	1	112	70	2014
25	唐 山	唐山国丰钢铁有限公司	8	230	70	2015

序号	地市	企业名称	生产设施编号	生产设施规模（m²或万吨）	综合脱硫效率（%）	投运年份
26	唐 山	唐山国丰钢铁有限公司	9	230	70	2015
27	唐 山	唐山长城钢铁集团燕山钢铁有限公司	2	90	70	2012
28	唐 山	唐山长城钢铁集团荣信钢铁有限公司	4	100	70	2013
29	唐 山	唐山长城钢铁集团九江线材有限公司	1	90	70	2014
30	唐 山	唐山长城钢铁集团九江线材有限公司	2	90	70	2014
31	秦皇岛	昌黎县顺先实业有限公司	1	112	70	2013
32	秦皇岛	秦皇岛安丰钢铁有限公司	1	180	70	2014
33	秦皇岛	秦皇岛安丰钢铁有限公司	2	180	70	2015
34	秦皇岛	昌黎县宏兴实业有限公司	2	112	70	2014
35	秦皇岛	秦皇岛首秦金属材料有限公司	1	170	70	2015
36	秦皇岛	秦皇岛首秦金属材料有限公司	2	170	70	2014
37	邯 郸	邯郸钢铁集团有限责任公司	1	90	70	2012
38	邯 郸	邯郸钢铁集团有限责任公司	2	435	70	2015
39	邯 郸	邯郸钢铁集团有限责任公司	3	90	70	2014
40	邯 郸	河北纵横钢铁集团有限公司	1	100	70	2012
41	邯 郸	天津天铁冶金集团有限公司	1	126	70	2013
42	邯 郸	天津天铁冶金集团有限公司	6	350	70	2014
43	邯 郸	河北新金钢铁有限公司	2	200	70	2014
44	邯 郸	河北新金钢铁有限公司	3	200	70	2014
45	邯 郸	河北新武安钢铁集团鑫汇冶金有限公司	1	200	70	2014
46	邯 郸	中普（邯郸）钢铁有限公司	1	180	70	2013
47	邯 郸	中普（邯郸）钢铁有限公司	2	180	70	2014
48	邯 郸	中普（邯郸）钢铁有限公司	5	265	70	2015
49	邢 台	邢台钢铁有限责任公司	1	180	70	2014
50	邢 台	德龙钢铁有限公司	1	132	70	2015
51	邢 台	邢台龙海钢铁集团有限公司	1	100	70	2012
52	邢 台	邢台龙海钢铁集团有限公司	2	198	70	2014
53	邢 台	邢台龙海钢铁集团有限公司	3	100	70	2012
54	邢 台	邢台金丰球铁科技有限公司	1	110	70	2013
55	保 定	保定亚新钢铁有限公司	1	92	70	2014
56	保 定	涞源县奥宇钢铁有限公司	1	108	70	2013
57	张家口	宣化钢铁集团有限责任公司	8	360	70	2014
58	张家口	宣化钢铁集团有限责任公司	9	360	70	2014
59	张家口	张家口市鑫烨机械制造有限公司	1	90	70	2014
60	张家口	张家口德泰全特种钢铁集团有限公司	1	90	70	2015
61	张家口	张家口德泰全特种钢铁集团有限公司	2	90	70	2014
62	承 德	河北钢铁集团股份有限公司承德分公司	2	360	70	2012
63	承 德	河北钢铁集团股份有限公司承德分公司	3	360	70	2012
64	承 德	河北钢铁集团股份有限公司承德分公司	4	180	70	2011
65	承 德	河北钢铁集团股份有限公司承德分公司	5	180	70	2012
66	承 德	河北钢铁集团股份有限公司承德分公司	6	180	70	2012

序号	地市	企业名称	生产设施编号	生产设施规模（m²或万吨）	综合脱硫效率（%）	投运年份
67	承德	承德兆丰钢铁集团有限公司	4	100	70	2012
68	承德	承德盛丰钢有限公司	4	200	70	2013
69	廊坊	廊坊市洸远金属制品有限公司（原胜宝制管有限公司）	1	120	70	2014
70	廊坊	文安县新钢钢铁有限公司	1	180	70	2014
71	廊坊	文安县新钢钢铁有限公司	3	180	70	2014
72	廊坊	霸州市新利钢铁有限公司	1	180	70	2012
73	廊坊	霸州市新利钢铁有限公司	2	216	70	2013

表9 石油石化行业催化裂化装置二氧化硫治理项目

序号	地市	企业名称	生产设施名称及编号	生产设施规模（万吨/年）	综合脱硫效率（%）	投运年份
1	沧州	中国石油华北石化公司	二催化	120	70	2014
2	沧州	中国石油华北石化公司	三催化	160	70	2014
3	沧州	中国石化集团沧州炼油厂	催化裂化装置	120	70	2014
4	石家庄	中国石油化工股份有限公司石家庄炼化分公司	第一催化裂化装置	90	70	2014

表10 水泥行业氮氧化物治理项目

序号	地市	企业名称	生产设施编号	熟料生产规模（吨/日）	综合脱硝效率（%）	投运年份
1	石家庄	鹿泉市金隅鼎鑫水泥有限公司	3	4000	30	2014
2	石家庄	鹿泉市金隅鼎鑫水泥有限公司	4	4000	30	2014
3	石家庄	鹿泉市金隅鼎鑫水泥有限公司	5	4000	30	2014
4	石家庄	鹿泉市曲寨水泥有限公司	3	4000	30	2014
5	承德	承德天宝水泥有限公司	1	5000	30	2013
6	承德	康达（承德）水泥有限公司	1	4000	30	2013
7	张家口	涿鹿金隅水泥有限公司	1	4000	30	2013
8	秦皇岛	秦皇岛浅野水泥有限公司	1	4000	30	2014
9	唐山	冀东水泥滦县公司	1	4000	30	2014
10	唐山	唐山耀东水泥有限公司	1	4000	30	2014
11	保定	顺平县金强水泥有限公司	1	4000	30	2014
12	邢台	临城县奎山冀东水泥有限公司	1	4000	30	2013
13	邯郸	河北太行水泥股份有限公司	3	4500	30	2015
14	邯郸	河北宙石水泥有限公司	1	4500	30	2015

表11 其他行业二氧化硫治理项目

序号	地市	企业名称	行业	项目内容和规模	综合脱硫效率（%）	投运年份
1	石家庄	石家庄新世纪煤化实业集团有限公司	焦化	栲胶＋PDS喷射再生湿法脱硫塔	70	2011
2	石家庄	河北常恒能源技术开发有限公司	焦化	HPF湿法脱硫	70	2012

山西省"十二五"主要污染物总量减排目标责任书

为贯彻落实《国民经济和社会发展第十二个五年规划纲要》、《国务院关于印发"十二五"节能减排综合性工作方案的通知》（国发〔2011〕26号）、《国务院关于加强环境保护重点工作的意见》（国发〔2011〕35号），落实目标责任，强化监督管理，确保实现污染减排约束性目标，经国务院授权，环境保护部与山西省人民政府签订"十二五"主要污染物总量减排目标责任书。具体目标和要求如下：

一、2015年，全省化学需氧量和氨氮排放总量分别控制在45.8万吨、5.21万吨以内，比2010年的50.7万吨、5.93万吨分别减少9.6%、12.2%（其中工业和生活化学需氧量、氨氮排放量分别控制在27.9万吨、4.08万吨以内，比2010年分别减少10.6%和12.4%）；二氧化硫和氮氧化物排放总量分别控制在127.6万吨、106.9万吨以内，比2010年的143.8万吨、124.1万吨分别减少11.3%、13.9%。

二、山西省人民政府对本行政区污染减排负总责，应采取有效措施，确保总量削减目标和重点减排任务按期完成。

1. 2011年底前将国家下达的主要污染物排放总量控制指标和重点任务逐级分解到各级政府、有关部门和重点企业。

2. 将主要污染物排放总量控制目标纳入本行政区经济社会发展规划，制定年度减排计划并严格执行。

3. 严格控制新增污染物排放量，把主要污染物排放总量控制指标作为环评审批的前置条件。严格控制新建造纸、印染、农药、氮肥、煤电、钢铁、水泥等项目，新建项目按照最严格的环保要求建设治污设施。新建燃煤机组要配套建设高效脱硫脱硝设施；新建新型干法水泥窑要采用低氮燃烧技术并配套建设烟气脱硝设施；新建的钢铁烧结机、石油石化设备、有色冶炼设备、炼焦炉、燃煤锅炉等重点污染源要安装烟气脱硫设施。

4. 把调整经济结构、转变经济发展方式放在更加突出的位置，按期完成国家下达的淘汰落后产能任务，审批核准新建项目要求关停的产能必须按期淘汰。

5. 到2015年，所有县级行政区建成生活污水集中处理设施，积极推进重点建制镇生活污水集中处理设施建设，完善城镇污水收集管网，城镇污水处理率达到80%。改造现有污水处理设施，提高脱氮除磷能力，积极开展城镇污水处理厂污泥无害化处理处置，再生水回用率达到20%。强化垃圾渗滤液治理，实现达标排放。积极推行清洁生产，加大造纸、化工、石化等重点企业工艺技术改造和废水治理力度。全省单位工业增加值化学需氧量和氨氮排放强度分别下降50%。60%以上规模化畜禽养殖场和养殖小区配套建设固体废物和废水贮存处理设施，实施废弃物资源化利用。

6. 到2015年，现役燃煤机组必须安装脱硫设施，不能稳定达标排放的要进行更新改造或淘汰，烟气脱硫设施要按照规定取消烟气旁路，30万千瓦以上燃煤机组全部实施脱硝改造；钢铁烧结机、球团设备及石油石化催化裂化装置全面实施烟气脱硫改造；现役新型干法水泥窑实施低氮燃烧技术改造，熟料生产规模在4000吨/日以上的生产线必须实施脱硝改造；全面推行机动车环保标志管理，基本淘汰2005年以前注册运营的"黄标车"，加快提升车用燃油品质。

7. 加强污染减排统计、监测和考核体系建设，提高机动车和农业源减排监管能力。

8. 列入本责任书的重点减排项目（见附件）应按期建成，并确保稳定运行。

三、环境保护部每年对本责任书的执行情况进行考核，结果报国务院批准后向社会公布。山西省人民政府每年对各级政府、有关部门和重点企业污染减排情况进行考核，结果抄送环境保护部。

《山西省"十二五"主要污染物总量减排目标责任书》一式两份，环境保护部、山西省人民政府各保存一份。

环境保护部   山西省人民政府

二〇一一年十二月二十日   二〇一一年十二月二十日

附件：

山西省"十二五"主要污染物减排重点项目表

表1 城镇污水处理设施建设项目

序号	地市	项目名称	设计处理能力（万吨/日）	负荷率（%）	投运年份
1	太原	阳曲县污水处理厂	0.5	60	2011
2	太原	太原市城南污水处理厂	20	60	2013
3	太原	晋源地区污水处理厂（一期）	4	60	2014
4	大同	大同市御东污水处理厂	6	60	2014
5	大同	大同市西郊污水处理厂（扩容）	5	60	2014
6	大同	大同市东郊污水处理厂（扩容）	4	60	2013
7	晋城	晋城市第二污水处理厂（北石店）	4	60	2013
8	晋城	陵川县污水处理厂	1	60	2011
9	晋中	山西国际电力集团正阳污水净化有限公司二厂	3（回用水量）	—	2015
10	晋中	介休义安循环经济工业园区污水处理厂	2	60	2013
11	临汾	临汾市污水处理厂提质扩容	7	60	2014
12	临汾	临汾市污水处理厂	3（回用水量）	—	2013
13	临汾	隰县污水处理厂	0.5	60	2012
14	临汾	临汾市第二污水处理厂	2（回用水量）	—	2014
15	吕梁	孝义市城南污水处理厂	2	60	2014
16	吕梁	兴县城市污水处理厂	0.75	60	2011
17	吕梁	交城县生活污水处理厂	1	60	2011
18	朔州	朔州市第二污水处理厂	4	60	2015
19	朔州	朔州市平鲁区污水处理厂扩建工程	1	60	2015
20	朔州	朔州市第一污水处理厂深度处理回用工程	3（回用水量）	—	2014
21	朔州	山阴县污水处理厂污水深度处理回用工程	0.8（回用水量）	—	2013
22	忻州	忻州市污水处理厂	3（回用水量）	—	2015
23	阳泉	阳泉市污水处理厂扩建工程	8	60	2015
24	运城	万荣县污水处理厂	2	60	2012
25	运城	绛县污水处理厂	1.5	60	2011
26	运城	垣曲县污水处理厂	3	60	2012
27	运城	平陆县污水处理厂	1	60	2011
28	运城	运城市富斯特污水处理有限公司扩建工程	5	60	2014
29	长治	长治市长北污水处理厂	7.5	60	2012
30	长治	屯留县污水处理厂	2	60	2012
31	长治	平顺县污水处理厂	1	60	2011
32	长治	沁县污水处理厂	0.8	60	2011
33	长治	沁源县污水处理厂	1	60	2011

注：负荷率是指污水处理厂建成投运一年后的负荷率。

表2 造纸行业废水治理项目

序号	地市	企业名称	项目内容	投运年份
1	太 原	太原市齐兴伟业造纸有限公司	深度治理	2012
2	临 汾	临汾江茂源纸业有限公司	生化处理＋深度治理	2013
3	临 汾	山西华达纸业有限公司	生化处理＋深度治理	2013
4	运 城	新绛县汾河造纸厂	生化处理＋深度治理	2012
5	运 城	山西合盛工贸有限公司	生化处理＋深度治理	2012
6	运 城	山西鸿昌农工贸科技有限公司	生化处理＋深度治理	2013
7	运 城	山西志峰农科贸有限公司	生化处理＋深度治理	2013

表3 印染行业废水治理项目

序号	地市	企业名称	项目内容	投运年份
1	晋 城	山西绿洲纺织有限责任公司	深度治理＋节水	2013
2	运 城	临猗华晋纺织印染有限公司	深度治理＋节水	2013
3	运 城	永济市凯通印染有限公司	深度治理＋节水	2013
4	运 城	永济市彩佳印染有限公司	深度治理＋节水	2013

表4 石油石化、化工行业废水治理项目

序号	地市	企业名称	项目内容	投运年份
1	晋 城	山西兰花煤化工有限责任公司	深度治理	2014
2	晋 城	山西晋丰煤化工有限责任公司	深度治理	2013
3	晋 城	山西天泽集团永丰化肥有限公司	深度治理	2013
4	吕 梁	山西省交口县道尔煤业福利有限责任公司	气浮、隔油＋生化处理	2014
5	吕 梁	山西焦煤集团五麟煤焦开发有限责任公司	气浮、隔油＋生化处理	2014
6	吕 梁	山西红沟煤化工有限公司	气浮、隔油＋生化处理	2014
7	吕 梁	山西亚太焦化冶镁有限公司	气浮、隔油＋生化处理	2014
8	吕 梁	孝义市金玺煤焦有限公司	气浮、隔油＋生化处理	2013
9	吕 梁	柳林县浩博煤焦有限责任公司	气浮、隔油＋生化处理	2013
10	吕 梁	吕梁东义集团煤气化有限公司	深度治理	2013
11	忻 州	山西河曲县众鑫化工有限公司	深度治理	2015
12	忻 州	山西云马焦化有限责任公司	气浮、隔油＋生化处理	2015
13	长 治	天脊煤化工集团有限公司	深度治理	2014

表5 其他行业废水治理项目

序号	地市	企业名称	项目内容	投运年份
1	晋 中	华润雪花啤酒山西有限公司	深度治理	2011

序号	地市	企业名称	项目内容	投运年份
2	晋 中	介休维群生物工程公司	深度治理	2012
3	临 汾	山西金星啤酒有限公司	深度治理	2012
4	吕 梁	孝义市惠农淀粉有限责任公司	深度治理	2012
5	朔 州	朔州中粮糖业有限公司	深度治理	2011
6	朔 州	山西燕京啤酒有限公司	深度治理后回用	2012
7	运 城	山西省平陆县汇强果业有限公司	深度治理	2013
8	运 城	万荣中鲁果汁有限公司	深度治理	2012

表6 规模化畜禽养殖场（小区）污染治理项目

序号	地市	企业名称	治理措施	投运年份
1	太 原	太原市晋源区润源养殖有限公司	雨污分流＋干清粪＋废弃物资源化利用	2013
2	太 原	古交市明鑫养殖有限公司	雨污分流＋干清粪＋废弃物资源化利用	2013
3	晋 城	晋城市康鑫养殖合作社	沼气综合利用	2012
4	晋 城	高平市华康猪业有限公司	沼气综合利用	2012
5	晋 城	高平市易农种猪场有限公司	沼气综合利用	2012
6	晋 城	泽州县川底乡马坪头村小庙岭种猪场	沼气综合利用	2013
7	晋 城	泽州县晋宏亚华祖代种猪场	沼气综合利用	2012
8	晋 城	高平市凯永养殖有限公司	沼气综合利用	2013
9	晋 中	榆次得天缘种猪场	雨污分流＋干清粪＋废弃物资源化利用	2012
10	晋 中	平遥国青同盈有限公司	雨污分流＋干清粪＋废弃物资源化利用	2012
11	临 汾	安泽县和川镇东喜农民专业合作社养殖场	雨污分流＋干清粪＋废弃物资源化利用	2013
12	临 汾	临汾市龙腾达养殖有限公司	雨污分流＋干清粪＋废弃物资源化利用	2013
13	临 汾	襄汾县景毛李东利民生猪养殖农民专业合作社	雨污分流＋干清粪＋废弃物资源化利用	2013
14	朔 州	怀仁县犇康牧场	雨污分流＋干清粪＋废弃物资源化利用	2012
15	朔 州	山阴县佳联农业发展公司奶业分公司	雨污分流＋干清粪＋废弃物资源化利用	2012
16	朔 州	山西古城乳业农牧有限公司	雨污分流＋干清粪＋废弃物资源化利用	2012
17	朔 州	山西天鹏农牧有限公司	雨污分流＋干清粪＋废弃物资源化利用	2012
18	朔 州	朔州市绿乳优种繁育有限公司	雨污分流＋干清粪＋废弃物资源化利用	2013
19	忻 州	山西河滩奶牛育种有限公司	雨污分流＋干清粪＋废弃物资源化利用	2015
20	忻 州	忻州市万生苑畜禽养殖有限公司	雨污分流＋干清粪＋废弃物资源化利用	2015
21	忻 州	定襄县犇腾乳业有限公司	雨污分流＋干清粪＋废弃物资源化利用	2015
22	大 同	大同市青云生态农牧开发有限公司	雨污分流＋干清粪＋废弃物资源化利用	2013
23	阳 泉	平定县冠森综合养殖有限公司	雨污分流＋干清粪＋废弃物资源化利用	2015
24	阳 泉	平定县康盛养殖有限公司	雨污分流＋干清粪＋废弃物资源化利用	2015
25	阳 泉	阳泉华亿瘦肉型种猪养殖场	雨污分流＋干清粪＋废弃物资源化利用	2015
26	运 城	稷山县绿牧养猪科技有限公司	雨污分流＋干清粪＋废弃物资源化利用	2014
27	运 城	永济市北梯专业合作社猪场	雨污分流＋干清粪＋废弃物资源化利用	2012
28	运 城	山西泰茂园牧业	雨污分流＋干清粪＋废弃物资源化利用	2013

序号	地市	企业名称	治理措施	投运年份
29	运城	平陆县锦元养殖有限责任公司	雨污分流＋干清粪＋废弃物资源化利用	2012
30	长治	长治县双印养殖有限公司	雨污分流＋干清粪＋废弃物资源化利用	2012
31	长治	长治县洁思养殖有限公司	雨污分流＋干清粪＋废弃物资源化利用	2012

表7 电力行业二氧化硫治理项目

序号	地市	企业名称	机组编号	装机容量（MW）	项目类型	综合脱硫效率（%）	投运年份
1	晋城	阳城国际发电有限公司	5	350	改建	90	2012
2	晋城	阳城国际发电有限公司	6	350	改建	90	2012
3	晋城	大唐阳城发电有限公司	7	600	改建	90	2012
4	晋城	大唐阳城发电有限公司	8	600	改建	90	2012
5	忻州	忻州广宇煤电有限公司	1	135	改建	85	2012
6	忻州	忻州广宇煤电有限公司	2	135	改建	85	2012

表8 电力行业氮氧化物治理项目

序号	地市	企业名称	机组编号	装机容量（MW）	综合脱硝效率（%）	投运年份
1	太原	国电山西太原第一热电厂	11	300	70	2013
2	太原	国电山西太原第一热电厂	12	300	70	2015
3	太原	国电山西太原第一热电厂	13	300	70	2012
4	太原	国电山西太原第一热电厂	14	300	70	2012
5	太原	大唐太原第二热电厂	10	300	70	2013
6	太原	大唐太原第二热电厂	11	300	70	2014
7	太原	山西兴能发电有限责任公司	1	300	70	2013
8	太原	山西兴能发电有限责任公司	2	300	70	2013
9	大同	国电电力发展股份有限公司大同发电公司	9	600	70	2012
10	大同	国电电力发展股份有限公司大同发电公司	10	600	70	2013
11	大同	国电电力发展股份有限公司大同发电公司	7	600	70	2013
12	大同	国电电力发展股份有限公司大同发电公司	8	600	70	2013
13	大同	同煤大唐塔山发电有限责任公司	1	600	70	2012
14	大同	同煤大唐塔山发电有限责任公司	2	600	70	2012
15	大同	山西大唐国际云冈热电有限责任公司	3	300	70	2013
16	大同	山西大唐国际云冈热电有限责任公司	4	300	70	2013
17	阳泉	山西阳光发电有限责任公司	1	300	70	2013
18	阳泉	山西阳光发电有限责任公司	2	300	70	2013
19	阳泉	山西阳光发电有限责任公司	3	300	70	2014
20	阳泉	山西阳光发电有限责任公司	4	300	70	2014
21	长治	武乡和信发电有限公司	1	600	70	2014
22	长治	武乡和信发电有限公司	2	600	70	2014

序号	地市	企业名称	机组编号	装机容量（MW）	综合脱硝效率（%）	投运年份
23	长 治	山西漳山发电有限责任公司	1	300	70	2013
24	长 治	山西漳山发电有限责任公司	2	300	70	2013
25	长 治	山西漳山发电有限责任公司	3	600	70	2011
26	晋 城	阳城国际发电有限公司	1	350	70	2013
27	晋 城	阳城国际发电有限公司	2	350	70	2013
28	晋 城	阳城国际发电有限公司	3	350	70	2013
29	晋 城	阳城国际发电有限公司	4	350	70	2014
30	晋 城	阳城国际发电有限公司	5	350	70	2014
31	晋 城	阳城国际发电有限公司	6	350	70	2014
32	晋 城	大唐阳城发电有限公司	7	600	70	2012
33	晋 中	华能榆社发电有限责任公司	3	300	70	2013
34	晋 中	华能榆社发电有限责任公司	4	300	70	2014
35	晋 中	国电榆次热电有限公司	1	330	70	2013
36	晋 中	国电榆次热电有限公司	2	330	70	2012
37	临 汾	山西兆光发电有限责任公司	1	300	70	2013
38	临 汾	山西兆光发电有限责任公司	2	300	70	2013
39	临 汾	山西兆光发电有限责任公司	3	600	70	2013
40	临 汾	山西兆光发电有限责任公司	4	600	70	2013
41	临 汾	山西临汾热电公司	1	300	70	2012
42	朔 州	国网能源控股有限责任公司神头第二发电厂	1	500	70	2013
43	朔 州	国网能源控股有限责任公司神头第二发电厂	2	500	70	2012
44	朔 州	大唐国际神头发电有限责任公司	3	500	70	2013
45	朔 州	大唐国际神头发电有限责任公司	4	500	70	2014
46	吕 梁	山西华光发电有限责任公司	3	600	70	2013
47	吕 梁	山西华光发电有限责任公司	4	600	70	2012
48	运 城	山西大唐国际运城发电有限公司	1	600	70	2014
49	运 城	山西大唐国际运城发电有限公司	2	600	70	2013
50	运 城	山西漳泽电力股份有限公司蒲州发电分公司	1	300	70	2013
51	运 城	山西漳泽电力股份有限公司蒲州发电分公司	2	300	70	2014
52	运 城	山西华泽铝电有限公司	3	300	70	2014
53	运 城	山西华泽铝电有限公司	4	300	70	2014
54	运 城	山西漳泽电力股份有限公司河津发电分公司	1	350	70	2014
55	运 城	山西漳泽电力股份有限公司河津发电分公司	2	350	70	2013
56	忻 州	山西鲁能河曲发电有限公司	1	600	70	2013
57	忻 州	山西鲁能河曲发电有限公司	2	600	70	2012
58	忻 州	大同煤矿集团同华发电有限公司	1	660	70	2013
59	忻 州	大同煤矿集团同华发电有限公司	2	660	70	2013

表9 钢铁烧结机/球团二氧化硫治理项目

序号	地市	企业名称	生产设施编号	生产设施规模（m²或万吨）	综合脱硫效率（%）	投运年份
1	太原	山西美锦钢铁有限公司	1	132	70	2013
2	太原	太原钢铁集团公司	3	450	70	2011
3	长治	首钢长治钢铁有限公司	4	200	70	2013
4	长治	首钢长治钢铁有限公司	5	200	70	2013
5	长治	山西长信工业有限公司	1	180	70	2014
6	长治	黎城太行钢铁有限公司	1	100	70	2014
7	长治	黎城金元钢铁有限公司	1	100	70	2014
8	长治	兴宝钢铁有限公司	1	100	70	2014
9	晋城	晋城市福盛钢铁有限公司	3	180	70	2013
10	晋城	晋城市福盛钢铁有限公司	4	180	70	2013
11	晋中	山西省安泰集团股份有限公司冶炼分公司	1	100	70	2014
12	晋中	山西省安泰集团股份有限公司冶炼分公司	2	100	70	2014
13	晋中	介休市新泰钢铁有限公司	3	180	70	2012
14	临汾	临汾志强钢铁有限公司	4	180	70	2011
15	临汾	浮山县方兴钢铁有限公司	1	180	70	2014
16	临汾	襄汾县星原钢铁集团有限公司	1	90	70	2012
17	临汾	襄汾县星原钢铁集团有限公司	2	90	70	2013
18	临汾	襄汾县星原钢铁集团有限公司	3	90	70	2014
19	临汾	襄汾县鑫盛冶炼有限公司	1	90	70	2013
20	临汾	襄汾县新金山特钢有限公司	1	90	70	2013
21	临汾	襄汾县新金山特钢有限公司	2	90	70	2013
22	临汾	襄汾县新兴冶炼有限公司	1	90	70	2011
23	临汾	山西建邦集团铸造有限公司	1	90	70	2011
24	临汾	山西华强钢铁有限公司	1	90	70	2011
25	临汾	山西通才工贸有限公司	1	90	70	2011
26	临汾	山西通才工贸有限公司	2	90	70	2011
27	临汾	山西立恒钢铁有限公司	1	90	70	2011
28	临汾	山西立恒钢铁有限公司	2	90	70	2011
29	临汾	山西中宇钢铁有限公司	1	105	70	2014
30	临汾	山西中宇钢铁有限公司	2	105	70	2014
31	临汾	山西中宇钢铁有限公司	3	90	70	2013
32	临汾	山西中宇钢铁有限公司	4	90	70	2013
33	吕梁	中阳钢铁有限公司	1	200	70	2012
34	吕梁	中阳钢铁有限公司	2	200	70	2012
35	吕梁	文水县海威钢铁有限公司	1	200	70	2013
36	吕梁	文水县海威钢铁有限公司	2	200	70	2013
37	运城	海鑫钢铁集团有限公司	1	100	70	2014
38	运城	海鑫钢铁集团有限公司	2	200	70	2014

序号	地市	企业名称	生产设施编号	生产设施规模（m²或万吨）	综合脱硫效率（%）	投运年份
39	运 城	海鑫钢铁集团有限公司	3	360	70	2014
40	运 城	河津市华鑫源钢铁有限公司	1	100	70	2014
41	运 城	山西永恒工贸有限公司	1	90	70	2013
42	运 城	山西华丰冶炼集团有限公司	1	90	70	2013
43	运 城	新绛县祥益工贸有限公司	1	90	70	2014
44	运 城	新绛县宇丰冶炼有限公司	1	90	70	2014

内蒙古自治区"十二五"主要污染物总量减排目标责任书

为贯彻落实《国民经济和社会发展第十二个五年规划纲要》、《国务院关于印发"十二五"节能减排综合性工作方案的通知》（国发〔2011〕26号）、《国务院关于加强环境保护重点工作的意见》（国发〔2011〕35号），落实目标责任，强化监督管理，确保实现污染减排约束性目标，经国务院授权，环境保护部与内蒙古自治区人民政府签订"十二五"主要污染物总量减排目标责任书。具体目标和要求如下：

一、2015年，全区化学需氧量和氨氮排放总量分别控制在85.9万吨、4.92万吨以内，比2010年的92.1万吨、5.45万吨分别减少6.7%、9.7%（其中工业和生活化学需氧量、氨氮排放量分别控制在25.4万吨、3.79万吨以内，比2010年分别减少7.5%和9.5%）；二氧化硫和氮氧化物排放总量分别控制在134.4万吨、123.8万吨以内，比2010年的139.7万吨、131.4万吨分别减少3.8%、5.8%。

二、内蒙古自治区人民政府对本行政区污染减排负总责，应采取有效措施，确保总量削减目标和重点减排任务按期完成。

1. 2011年底前将国家下达的主要污染物排放总量控制指标和重点任务逐级分解到各级政府、有关部门和重点企业。

2. 将主要污染物排放总量控制目标纳入本行政区经济社会发展规划，制定年度减排计划并严格执行。

3. 严格控制新增污染物排放量，把主要污染物排放总量控制指标作为环评审批的前置条件。新上建设项目要严格执行国家新的产业政策目录规定和新的污染物排放标准，并采用先进的生产工艺，新建项目按照最严格的环保要求建设治污设施。新建燃煤机组要配套建设高效脱硫脱硝设施；新建新型干法水泥窑要采用低氮燃烧技术并配套建设烟气脱硝设施；新建的钢铁烧结机、石油石化设备、有色冶炼设备、炼焦炉、燃煤锅炉等重点污染源要安装烟气脱硫设施。

4. 把调整经济结构、转变经济发展方式放在更加突出的位置，国家下达的淘汰落后产能任务要按期完成，加大小锅炉、小火电、小化工等的淘汰力度。核准审批新建项目要求关停的产能必须按期淘汰。

5. 到2015年，所有县级行政区和工业集中、人口密集、便于对城镇污水进行集中治理的重点建制镇建成生活污水集中处理设施，完善城镇污水收集管网，城镇污水处理率达到80%。改造现有污水处理设施，提高脱氮除磷能力。城镇污水处理厂污泥无害化处理处置率达到50%，再生水回用率达到15%。强化垃圾渗滤液治理，实现达标排放。加大造纸、化工、食品饮料等重点企业工艺技术改造和废水治理力度，单位工业增加值排放强度下降50%。80%以上规模化畜禽养殖场和养殖小区配套建设固体废物和废水贮存处理设施，实施废弃物资源化利用。

6. 到2015年，现役燃煤机组必须安装脱硫设施，不能稳定达标排放的要进行更新改造或淘汰，烟气脱硫设施要按照规定取消烟气旁路，30万千瓦以上燃煤机组全部实施脱硝改造；钢铁烧结机、球团设备及石油石化催化裂化装置全面实施烟气脱硫改造；现役新型干法水泥窑实施低氮燃烧技术改造，熟料生产规模在4000吨/日以上的生产线必须实施脱硝改造；全面推行机动车环保标志管理，基本淘汰2005年以前注册运营的"黄标车"，加快提升车用燃油品质。

7. 加强污染减排统计、监测和考核体系建设，提高机动车和农业源减排监管能力。

8. 列入本责任书的重点减排项目（见附件）应按期建成，并确保稳定运行。

三、环境保护部每年对本责任书的执行情况进行考核，结果报国务院批准后向社会公布。内蒙古自治区人民政府每年对各级政府、有关部门和重点企业污染减排情况进行考核，结果抄送环境保护部。

《内蒙古自治区"十二五"主要污染物总量减排目标责任书》一式两份，环境保护部、内蒙古自治区人民政府各保存一份。

环境保护部　　　　　　　　　　　　内蒙古自治区人民政府

二〇一一年十二月二十日　　　　　　二〇一一年十二月二十日

附件：

内蒙古自治区"十二五"主要污染物减排重点项目表

表1 城镇污水处理设施建设项目

序号	地区	项目名称	设计处理能力（万吨/日）	负荷率（%）	投运年份
1	呼和浩特	和林格尔县城关镇污水处理厂	1	60	2011
2	呼和浩特	托克托县双河镇污水处理厂	1	60	2011
3	呼和浩特	土默特左旗察素齐镇污水处理厂	1	60	2012
4	呼和浩特	清水河县城关镇污水处理厂	1	60	2012
5	呼和浩特	武川县可可以力更镇污水处理厂	1	60	2011
6	巴彦淖尔	磴口县污水处理厂	1.5	60	2011
7	巴彦淖尔	乌拉特后旗城镇污水处理厂	0.6	60	2011
8	包 头	土右旗污水处理厂	1	60	2011
9	包 头	达尔罕茂明安联合旗污水处理厂	0.8	60	2011
10	鄂尔多斯	鄂托克前旗污水处理厂	0.75	60	2011
11	鄂尔多斯	鄂托克旗污水处理厂	1	60	2011
12	鄂尔多斯	杭锦旗污水处理厂	0.5	60	2011
13	鄂尔多斯	乌审旗污水处理厂	1.2	60	2011
14	鄂尔多斯	东胜区南郊污水处理及再生水厂	5（回用水量）	—	2012
15	鄂尔多斯	准格尔旗大路新区工业基地污水厂	2.5	60	2011
16	呼伦贝尔	鄂伦春自治旗阿里河镇污水处理厂	0.6	60	2012
17	呼伦贝尔	陈巴尔虎旗巴彦库仁镇污水处理厂	0.7	60	2012
18	呼伦贝尔	新巴尔虎左旗阿木古郎镇污水处理厂	0.5	60	2012
19	呼伦贝尔	新巴尔虎右旗阿拉坦额莫勒污水处理厂	0.5	60	2012
20	呼伦贝尔	海拉尔污水处理厂二期	5	75	2011
21	呼伦贝尔	额尔古纳市污水处理厂	1	60	2012
22	呼伦贝尔	阿荣旗那吉镇污水处理工程	2	60	2012
23	呼伦贝尔	根河市污水处理工程	1.5	60	2012
24	乌兰察布	卓资县污水处理厂	1.2	60	2011
25	乌兰察布	化德县污水处理厂	1	60	2013
26	乌兰察布	商都县污水处理厂	1.5	60	2014
27	乌兰察布	兴和县污水处理厂	1	60	2011
28	乌兰察布	凉城县污水处理厂	0.8	60	2012
29	乌兰察布	察哈尔右翼中旗污水处理厂	1	60	2011
30	乌兰察布	察哈尔右翼后旗污水处理厂	2	60	2012
31	乌兰察布	四子王旗污水处理厂	1	60	2011
32	乌兰察布	丰镇市污水处理厂	2	60	2012
33	乌兰察布	察哈尔右翼前旗污水处理厂	1	60	2011
34	锡林郭勒盟	阿巴嘎旗污水处理厂	0.5	60	2012
35	锡林郭勒盟	苏尼特左旗污水处理厂	0.5	60	2012

序号	地区	项目名称	设计处理能力（万吨/日）	负荷率（%）	投运年份
36	锡林郭勒盟	苏尼特右旗污水处理厂	1	60	2011
37	锡林郭勒盟	东乌珠穆沁旗污水处理厂	1	60	2011
38	锡林郭勒盟	西乌珠穆沁旗污水处理厂	0.5	60	2011
39	锡林郭勒盟	太仆寺旗污水处理厂	1	60	2011
40	锡林郭勒盟	镶黄旗污水处理厂	0.45	60	2012
41	锡林郭勒盟	正镶白旗污水处理厂	1	60	2011
42	锡林郭勒盟	正蓝旗污水处理厂	1.2	60	2011
43	锡林郭勒盟	多伦县污水处理厂	1.3	60	2012
44	兴安盟	科尔沁右翼前旗污水处理厂	1.2	60	2013
45	兴安盟	乌兰浩特市利境污水处理厂	2	60	2011
46	兴安盟	科尔沁右翼中旗南顶乌苏污水处理厂	1	60	2011
47	兴安盟	扎赉特旗利民污水处理厂	1.5	60	2011
48	兴安盟	突泉县污水处理厂	1.5	60	2011
49	赤峰	赤峰市资源型城市经济转型开发试验区污水处理厂	5	75	2011
50	赤峰	赤峰市中心城区污水处理厂	15（回用水量）	—	2014
51	通辽	科尔沁区木里图污水处理厂	5	75	2015
52	通辽	通辽经济技术开发区污水处理厂	5	75	2012
53	通辽	科尔沁区木里图工业园区污水处理厂（二期）	5	75	2015
54	通辽	科尔沁区木里图污水处理厂	5（回用水量）	—	2015

注：负荷率是指污水处理厂建成投运一年后的负荷率。

表2 造纸行业废水治理项目

序号	地区	企业名称	项目内容	投运年份
1	巴彦淖尔	内蒙古金星浆纸业有限责任公司	碱回收＋生化处理＋深度处理	2014
2	巴彦淖尔	中冶美利内蒙古浆纸股份有限公司	碱回收＋生化处理＋深度处理	2014
3	巴彦淖尔	五原县大民财纸业有限责任公司	碱回收＋生化处理＋深度处理	2015
4	呼伦贝尔	呼伦贝尔市海拉尔区红星纸板厂	生化处理＋深度处理	2015
5	通辽	科左后旗佳兴纸业有限公司	生化处理＋深度处理	2015
6	通辽	科左后旗旭源纸制品厂	生化处理＋深度处理	2015
7	赤峰	敖汉旗元发纸业有限公司	生化处理＋深度处理	2015
8	赤峰	敖汉旗双兴塑纸有限责任公司	生化处理＋深度处理	2015
9	赤峰	敖汉旗孟克造纸有限公司	生化处理＋深度处理	2015

表3 印染行业废水治理项目

序号	地区	企业名称	项目内容	投运年份
1	呼和浩特	内蒙古丰蒂妮羊绒制品有限公司	生物接触氧化	2011
2	呼伦贝尔	呼伦贝尔能源重化工工业园区污水厂	百乐克	2013

表4 石油石化、化工行业废水治理项目

序号	地区	企业名称	项目内容	投运年份
1	乌兰察布	内蒙古察右前旗永胜化肥有限责任公司	深度治理	2014

表5 其他行业废水治理项目

序号	地区	企业名称	项目内容	投运年份
1	巴彦淖尔	联邦制药（内蒙古）有限公司	深度治理	2015
2	赤峰	林西冷山糖业有限责任公司	滤渣＋絮凝＋曝气氧化＋土地处理系统	2011
3	通辽	内蒙古洪源糖业有限公司	SBR工艺设施	2012
4	通辽	扎鲁特旗天源商贸有限责任公司	SBR工艺设施	2014
5	通辽	扎鲁特旗宏发食品有限公司	SBR工艺设施	2014
6	通辽	扎鲁特旗罕山肉业有限公司	SBR工艺设施	2013
7	乌兰察布	内蒙古博天糖业有限公司	厌氧/好氧生物组合工艺设施	2011
8	锡林郭勒盟	正镶白旗振华实业有限公司	A/O工艺设施	2011
9	锡林郭勒盟	永白淀粉有限责任公司	A/O工艺设施	2011
10	锡林郭勒盟	苏尼特肉业有限责任公司	A/O工艺设施	2015
11	锡林郭勒盟	苏尼特右旗草原羊肉公司	A/O工艺设施	2015
12	兴安盟	博天糖业股份有限公司乌兰浩特分公司	UASB＋SBR工艺设施	2011
13	兴安盟	内蒙古安达牧业有限公司	UASB＋SBR工艺设施	2013
14	兴安盟	突泉县华泰酒业有限责任公司	UASB＋SBR工艺设施	2014
15	兴安盟	内蒙古草原兴牧肉类有限公司	UASB＋SBR工艺设施	2012
16	兴安盟	扎赉特旗广益食品有限责任公司	NLB一体化装置处理工艺设施	2011
17	兴安盟	马头琴酒业公司	厌氧＋好氧处理工艺设施	2013

表6 规模化畜禽养殖场（小区）污染治理项目

序号	地区	企业名称	治理措施	投运年份
1	呼和浩特	呼和浩特市青创农牧业开发有限公司海丰牧场	雨污分流＋干清粪＋废弃物资源化利用	2011
2	呼和浩特	内蒙古荣裕农牧业发展有限公司	雨污分流＋干清粪＋废弃物资源化利用	2011
3	呼和浩特	内蒙古思远牧业有限责任公司	雨污分流＋干清粪＋废弃物资源化利用	2011
4	呼和浩特	内蒙古蒙鑫农牧业发展有限责任公司	雨污分流＋干清粪＋废弃物资源化利用	2011
5	呼和浩特	呼和浩特天意农牧业有限公司	雨污分流＋干清粪＋废弃物资源化利用	2011
6	呼和浩特	内蒙古和林县云洋奶牛牧场	雨污分流＋干清粪＋废弃物资源化利用	2011
7	呼和浩特	呼和浩特茂盛源奶业有限公司	雨污分流＋干清粪＋废弃物资源化利用	2011
8	呼和浩特	内蒙古特牧耳养殖有限公司	雨污分流＋干清粪＋废弃物资源化利用	2011
9	呼和浩特	托克托县新亮牧场	雨污分流＋干清粪＋废弃物资源化利用	2011

序号	地区	企业名称	治理措施	投运年份
10	呼和浩特	和林格尔现代牧业有限公司	雨污分流＋干清粪＋废弃物资源化利用	2015
11	阿拉善盟	阿左旗吉兰太宏远养殖有限责任公司	雨污分流＋干清粪＋废弃物资源化利用	2011
12	赤　峰	敖汉惠丰种禽有限责任公司	雨污分流＋干清粪＋废弃物资源化利用	2014
13	通　辽	京纯养殖场	雨污分流＋干清粪＋废弃物资源化利用	2015
14	通　辽	现代牧业（通辽）有限公司养殖场	雨污分流＋干清粪＋废弃物资源化利用	2015
15	通　辽	荣树林育肥牛场	雨污分流＋干清粪＋废弃物资源化利用	2015
16	通　辽	田荣和育肥牛场	雨污分流＋干清粪＋废弃物资源化利用	2015
17	通　辽	科左后旗阿古拉镇色音胡都嘎嘎查育肥牛基地	雨污分流＋干清粪＋废弃物资源化利用	2015
18	通　辽	玉利育肥牛场	雨污分流＋干清粪＋废弃物资源化利用	2015
19	通　辽	开鲁县景杨奶牛养殖有限责任公司	雨污分流＋干清粪＋废弃物资源化利用	2015
20	通　辽	通辽市嘎达苏种畜场	雨污分流＋干清粪＋废弃物资源化利用	2015
21	通　辽	新华肉牛有限公司	雨污分流＋干清粪＋废弃物资源化利用	2015
22	通　辽	张文柱奶牛养殖场	雨污分流＋干清粪＋废弃物资源化利用	2014
23	通　辽	科左中旗新三维肉牛养殖有限公司	雨污分流＋干清粪＋废弃物资源化利用	2014
24	乌　海	红墩绿源农业科技有限责任公司	雨污分流＋干清粪＋废弃物资源化利用	2013
25	乌　海	虎旺庄养殖有限责任公司	雨污分流＋干清粪＋废弃物资源化利用	2014
26	乌　海	瑞德农业公司	雨污分流＋干清粪＋废弃物资源化利用	2015
27	乌　海	双清农牧业公司	雨污分流＋干清粪＋废弃物资源化利用	2012
28	乌　海	伟益农业科技公司	雨污分流＋干清粪＋废弃物资源化利用	2012
29	乌　海	致富养殖公司	雨污分流＋干清粪＋废弃物资源化利用	2013
30	乌　海	八音宝养殖公司	雨污分流＋干清粪＋废弃物资源化利用	2012
31	乌兰察布	察右前旗土镇赵家村奶牛养殖场	雨污分流＋干清粪＋废弃物资源化利用	2012
32	乌兰察布	察右前旗海宝奶牛生态牧场	雨污分流＋干清粪＋废弃物资源化利用	2013
33	乌兰察布	内蒙古商都县中谷良种奶牛有限公司	雨污分流＋干清粪＋废弃物资源化利用	2012
34	乌兰察布	兴和县红旺养猪厂	雨污分流＋干清粪＋废弃物资源化利用	2014
35	乌兰察布	兴和县陆明亮猪厂	雨污分流＋干清粪＋废弃物资源化利用	2014
36	乌兰察布	兴和县鹏亚养牛厂	雨污分流＋干清粪＋废弃物资源化利用	2011
37	乌兰察布	凉城县海高养殖有限责任公司	雨污分流＋干清粪＋废弃物资源化利用	2015
38	乌兰察布	集宁区鹏程种猪养殖场	雨污分流＋干清粪＋废弃物资源化利用	2013
39	乌兰察布	集宁区雪原奶牛养殖场	雨污分流＋干清粪＋废弃物资源化利用	2012
40	锡林郭勒盟	内蒙古超大畜牧有限责任公司	雨污分流＋干清粪＋废弃物资源化利用	2015
41	兴安盟	蒙犇公司	雨污分流＋干清粪＋废弃物资源化利用	2014
42	兴安盟	内蒙古森林特种野猪养殖基地	雨污分流＋干清粪＋废弃物资源化利用	2013
43	兴安盟	鑫玺种猪繁育有限公司	雨污分流＋干清粪＋废弃物资源化利用	2014
44	兴安盟	扎赉特旗蒙猪牧业有限公司	生物发酵床	2011

表7 电力行业二氧化硫治理项目

序号	地区	企业名称	机组编号	装机容量（MW）	项目类型	综合脱硫效率（%）	投运年份
1	呼伦贝尔	华能伊敏煤电有限责任公司	3	600	新建	90	2014
2	呼伦贝尔	华能伊敏煤电有限责任公司	4	600	新建	90	2014
3	兴安盟	内蒙古京科发电有限公司	1	330	新建	90	2012

表8 电力行业氮氧化物治理项目

序号	地区	企业名称	机组编号	装机容量（MW）	综合脱硝效率（%）	投运年份
1	呼和浩特	金桥热电厂	1	300	70	2013
2	呼和浩特	金桥热电厂	2	300	70	2014
3	呼和浩特	内蒙古大唐国际托克托发电有限责任公司	1	600	70	2013
4	呼和浩特	内蒙古大唐国际托克托发电有限责任公司	2	600	70	2014
5	呼和浩特	内蒙古大唐国际托克托发电有限责任公司	3	600	70	2015
6	呼和浩特	内蒙古大唐国际托克托发电有限责任公司	4	600	70	2012
7	呼和浩特	内蒙古大唐国际托克托发电有限责任公司	5	600	70	2015
8	呼和浩特	内蒙古大唐国际托克托发电有限责任公司	6	600	70	2014
9	呼和浩特	内蒙古大唐国际托克托发电有限责任公司	7	600	70	2012
10	呼和浩特	内蒙古大唐国际托克托发电有限责任公司	8	600	70	2013
11	呼和浩特	内蒙古大唐国际托克托发电有限责任公司	11	300	70	2013
12	呼和浩特	内蒙古大唐国际托克托发电有限责任公司	12	300	70	2014
13	呼和浩特	内蒙古国电能源投资有限公司金山热电厂	1	300	70	2012
14	呼和浩特	内蒙古国电能源投资有限公司金山热电厂	2	300	70	2013
15	包头	包头第一热电厂	1	300	70	2013
16	包头	包头第一热电厂	2	300	70	2014
17	包头	北方联合电力有限责任公司包头第二热电厂	3	300	70	2013
18	包头	北方联合电力有限责任公司包头第二热电厂	4	300	70	2014
19	包头	包头第三热电厂	1	300	70	2013
20	包头	包头第三热电厂	2	300	70	2014
21	包头	包头东华热电有限公司	1	300	70	2013
22	包头	包头东华热电有限公司	2	300	70	2014
23	包头	华电包头公司	1	600	70	2013
24	包头	华电包头公司	2	600	70	2014
25	包头	东方希望包头稀土铝业有限责任公司（自备电厂）	5	350	70	2014
26	包头	东方希望包头稀土铝业有限责任公司（自备电厂）	6	350	70	2014
27	通辽	通辽第二发电有限责任公司	5	600	70	2013
28	通辽	通辽霍林河坑口发电有限责任公司	1	600	70	2013
29	通辽	通辽霍林河坑口发电有限责任公司	2	600	70	2015
30	通辽	元宝山发电有限责任公司	2	600	70	2015

序号	地区	企业名称	机组编号	装机容量（MW）	综合脱硝效率（%）	投运年份
31	通 辽	元宝山发电有限责任公司	3	600	70	2013
32	通 辽	元宝山发电有限责任公司	4	600	70	2014
33	巴彦淖尔	内蒙古磴口金牛煤电有限公司	1	300	70	2013
34	巴彦淖尔	内蒙古磴口金牛煤电有限公司	2	300	70	2014
35	巴彦淖尔	乌拉山电厂	1	300	70	2015
36	巴彦淖尔	乌拉山电厂	2	300	70	2015
37	巴彦淖尔	北方临河电厂	1	300	70	2015
38	巴彦淖尔	北方临河电厂	2	300	70	2015
39	锡林郭勒盟	内蒙古国电能源锡林热电厂	1	300	70	2014
40	锡林郭勒盟	内蒙古国电能源锡林热电厂	2	300	70	2014
41	锡林郭勒盟	上都发电有限责任公司	1	600	70	2013
42	锡林郭勒盟	上都发电有限责任公司	2	600	70	2013
43	锡林郭勒盟	上都发电有限责任公司	3	600	70	2014
44	锡林郭勒盟	上都发电有限责任公司	4	600	70	2014
45	锡林郭勒盟	白音华金山发电有限公司	1	600	70	2014
46	锡林郭勒盟	白音华金山发电有限公司	2	600	70	2012
47	乌兰察布	岱海电厂	1	600	70	2013
48	乌兰察布	岱海电厂	2	600	70	2014
49	乌兰察布	新丰热电厂	1	300	70	2013
50	乌兰察布	新丰热电厂	2	300	70	2015
51	乌兰察布	京隆发电厂	1	600	70	2012
52	乌兰察布	京隆发电厂	2	600	70	2013
53	乌 海	北方联合电力海勃湾发电厂	5	330	70	2013
54	乌 海	北方联合电力海勃湾发电厂	6	330	70	2014
55	鄂尔多斯	达拉特发电厂	1	330	70	2015
56	鄂尔多斯	达拉特发电厂	2	330	70	2015
57	鄂尔多斯	达拉特发电厂	3	330	70	2015
58	鄂尔多斯	达拉特发电厂	4	330	70	2015
59	鄂尔多斯	达拉特发电厂	5	330	70	2015
60	鄂尔多斯	达拉特发电厂	6	330	70	2015
61	鄂尔多斯	达拉特发电厂	7	600	70	2013
62	鄂尔多斯	达拉特发电厂	8	600	70	2014
63	鄂尔多斯	内蒙古国华准格尔发电有限责任公司	1	330	70	2013
64	鄂尔多斯	内蒙古国华准格尔发电有限责任公司	2	330	70	2013
65	鄂尔多斯	内蒙古国华准格尔发电有限责任公司	3	330	70	2012
66	鄂尔多斯	内蒙古国华准格尔发电有限责任公司	4	330	70	2012
67	鄂尔多斯	内蒙古国电投资有限公司准大发电厂	1	300	70	2012
68	鄂尔多斯	内蒙古国电投资有限公司准大发电厂	2	300	70	2015
69	鄂尔多斯	鄂尔多斯电力有限责任公司	1	330	70	2012
70	鄂尔多斯	鄂尔多斯电力有限责任公司	2	330	70	2013
71	鄂尔多斯	鄂尔多斯电力有限责任公司	3	330	70	2012

序号	地区	企业名称	机组编号	装机容量（MW）	综合脱硝效率（%）	投运年份
72	鄂尔多斯	鄂尔多斯电力有限责任公司	4	330	70	2013
73	阿拉善盟	内蒙古国电能源投资有限公司乌斯太热电厂	1	300	70	2012
74	阿拉善盟	内蒙古国电能源投资有限公司乌斯太热电厂	2	300	70	2015
75	呼伦贝尔	华能伊敏煤电有限责任公司	1	500	35	2015
76	呼伦贝尔	华能伊敏煤电有限责任公司	2	500	35	2015
77	呼伦贝尔	华能伊敏煤电有限责任公司	3	600	70	2013
78	呼伦贝尔	华能伊敏煤电有限责任公司	4	600	70	2014
79	呼伦贝尔	内蒙古国华呼伦贝尔发电有限公司	1	600	70	2011
80	呼伦贝尔	内蒙古国华呼伦贝尔发电有限公司	2	600	70	2011
81	兴安盟	内蒙古京科发电有限公司	1	300	70	2013
82	锡林郭勒盟	上都发电有限责任公司	3	600	70	2014
83	锡林郭勒盟	上都发电有限责任公司	4	600	70	2014

表9 钢铁烧结机/球团二氧化硫治理项目

序号	地区	企业名称	生产设施编号	生产设施规模（m²或万吨）	综合脱硫效率（%）	投运年份
1	呼和浩特	内蒙古托克托县蒙丰特钢有限公司		120	70	2013
2	包头	包钢（集团）公司	四烧1#	265	70	2012
3	包头	包钢（集团）公司	四烧2#	265	70	2012
4	乌海	内蒙古黄河工贸集团万腾钢铁有限责任公司		90	70	2014
5	兴安盟	方大集团乌兰浩特钢铁有限责任公司	1#	110	70	2013
6	阿拉善盟	阿拉善盟泰宇冶炼有限公司	1#	90	70	2014
7	阿拉善盟	阿拉善盟泰宇冶炼有限公司	2#	90	70	2014

表10 水泥行业氮氧化物治理项目

序号	地区	企业名称	生产设施编号	熟料生产规模（吨/日）	综合脱硝效率（%）	投运年份
1	呼和浩特	冀东水泥	1	5000	30	2013
2	呼和浩特	天皓水泥	1	4500	30	2013

表11 其他行业二氧化硫治理项目

序号	地区	企业名称	行业	项目内容和规模	综合脱硫效率（%）	投运年份
1	鄂尔多斯	鄂尔多斯市神冶兰炭制品有限责任公司	焦化	15万吨炼焦炉焦炉煤气脱硫	90	2013
2	鄂尔多斯	鄂尔多斯市神冶兰炭制品有限责任公司	焦化	15万吨炼焦炉焦炉煤气脱硫	90	2013
3	阿拉善盟	内蒙古泰升实业集团有限公司	焦化	96万吨炼焦炉焦炉煤气脱硫	90	2014
4	阿拉善盟	中盐吉兰太盐化集团制碱事业部	纯碱	脱硫工程	90	2011
5	巴彦淖尔	巴彦淖尔紫金有色金属有限公司	有色	硫酸尾气治理工程	70	2011
6	巴彦淖尔	巴彦淖尔市飞尚铜业有限公司	有色	硫酸尾气治理工程	70	2011

辽宁省"十二五"主要污染物总量减排目标责任书

为贯彻落实《国民经济和社会发展第十二个五年规划纲要》、《国务院关于印发"十二五"节能减排综合性工作方案的通知》（国发〔2011〕26号）、《国务院关于加强环境保护重点工作的意见》（国发〔2011〕35号），落实目标责任，强化监督管理，确保实现污染减排约束性目标，经国务院授权，环境保护部与辽宁省人民政府签订"十二五"主要污染物总量减排目标责任书。具体目标和要求如下：

一、2015年，全省化学需氧量和氨氮排放总量分别控制在124.7万吨、10.01万吨以内，比2010年的137.3万吨、11.25万吨分别减少9.2%、11.0%（其中工业和生活化学需氧量、氨氮排放量分别控制在42.1万吨、6.69万吨以内，比2010年分别减少10.4%和11.5%）；二氧化硫和氮氧化物排放总量分别控制在104.7万吨、88.0万吨以内，比2010年的117.2万吨、102.0万吨分别减少10.7%、13.7%。

二、辽宁省人民政府对本行政区污染减排负总责，应采取有效措施，确保总量削减目标和重点减排任务按期完成。

1. 2011年底前将国家下达的主要污染物排放总量控制指标和重点任务逐级分解到各级政府、有关部门和重点企业。

2. 将主要污染物总量排放控制目标纳入本行政区经济社会发展规划，制定年度减排计划并严格执行。

3. 严格控制新增污染物排放量，把主要污染物排放总量控制指标作为环评审批的前置条件。严格控制新建造纸、印染、农药、氮肥、糠醛、煤电、钢铁、水泥等项目，新建项目按照最严格的环保要求建设治污设施。新建燃煤机组要配套建设高效脱硫脱硝设施；新建新型干法水泥窑要采用低氮燃烧技术并配套建设烟气脱硝设施；新建的钢铁烧结机、石油石化设备、有色冶炼设备、炼焦炉、燃煤锅炉等重点污染源要安装烟气脱硫设施。

4. 把调整经济结构、转变经济发展方式放在更加突出的位置，国家下达的淘汰落后产能任务要按期完成，加大小锅炉、小火电、小化工等的淘汰力度。核准审批新建项目要求关停的产能必须按期淘汰。

5. 到2015年，所有县级行政区和重点建制镇建成生活污水集中处理设施，完善城镇污水收集管网，城镇污水处理率达到85%。改造现有污水处理设施，提高脱氮除磷能力。城镇污水处理厂污泥无害化处理处置率达到50%，再生水回用率达到20%。强化垃圾渗滤液治理，实现达标排放。加大造纸、印染、化工、食品饮料等重点企业工艺技术改造和废水治理力度，单位工业增加值排放强度下降50%。80%以上规模化畜禽养殖场和养殖小区配套建设固体废物和废水贮存处理设施，实施废弃物资源化利用。

6. 到2015年，现役燃煤机组必须安装脱硫设施，不能稳定达标排放的要进行更新改造或淘汰，烟气脱硫设施要按照规定取消烟气旁路，30万千瓦以上燃煤机组全部实施脱硝改造；钢铁烧结机、球团设备及石油石化催化裂化装置全面实施烟气脱硫改造；现役新型干法水泥窑实施低氮燃烧技术改造，熟料生产规模在4000吨/日以上的生产线必须实施脱硝改造；全面推行机动车环保标志管理，基本淘汰2005年以前注册运营的"黄标车"，加快提升车用燃油品质。

7. 加强污染减排统计、监测和考核体系建设，提高机动车和农业源减排监管能力。

8. 列入本责任书的重点减排项目（见附件）应按期建成，并确保稳定运行。

三、环境保护部每年对本责任书的执行情况进行考核，结果报国务院批准后向社会公布。辽宁省人民政府每年对各级政府、有关部门和重点企业污染减排情况进行考核，结果抄送环境保护部。

《辽宁省"十二五"主要污染物总量减排目标责任书》一式两份，环境保护部、辽宁省人民政府各保存一份。

环境保护部   辽宁省人民政府

二〇一一年十二月二十日   二〇一一年十二月二十日

附件：

辽宁省"十二五"主要污染物减排重点项目表

表1 城镇污水处理设施建设项目

序号	地市	项目名称	设计处理能力（万吨/日）	负荷率（%）	投运年份
1	沈 阳	于洪区沙岭污水处理厂	2	75	2014
2	沈 阳	浑南产业区污水处理厂	2	75	2014
3	沈 阳	棋盘山开发区满堂污水处理站	1	60	2013
4	沈 阳	化工园区污水处理厂	1	60	2013
5	大 连	大连虎滩新区污水处理厂	3	75	2014
6	大 连	大连松木岛污水处理厂	2.5	60	2014
7	大 连	大连长兴岛南部污水处理厂	2	60	2014
8	大 连	大连旅顺北路污水处理厂	1	60	2013
9	大 连	大连小平岛污水处理厂	0.8	60	2012
10	丹 东	丹东前阳污水处理有限公司	2	60	2013
11	抚 顺	望花再生水厂	5（回用水量）	—	2014
12	阜 新	阜新市清源污水处理厂	7（回用水量）	—	2014
13	葫芦岛	凡和（葫芦岛）水务投资有限公司	8（回用水量）	—	2011
14	葫芦岛	葫芦岛市北港工业园区污水厂	2	60	2013
15	葫芦岛	杨杖子开发区污水处理厂	1	75	2012
16	葫芦岛	南票区污水处理厂	1	75	2012
17	铁 岭	新城区污水处理厂	3	60	2014
18	铁 岭	高新区污水处理厂	1	75	2012
19	营 口	盖州市污水处理厂	5	60	2011
20	营 口	营口市南部第一污水处理厂	7	60	2014
21	营 口	营口市东部污水处理厂	10（回用水量）	—	2015
22	营 口	盖州市第二污水处理厂（仙人岛）	0.5	60	2012

注：负荷率是指污水处理厂建成投运一年后的负荷率。

表2 造纸行业废水治理项目

序号	地市	企业名称	项目内容	投运年份
1	朝 阳	朝阳市阳光纸业有限公司	生化处理＋深度治理	2014
2	大 连	大连丰源纸业有限公司	碱回收＋生化处理＋深度治理	2015
3	大 连	大连亨通纸业有限公司	生化处理＋深度治理	2015
4	大 连	大连宝发纸业有限公司	碱回收＋生化处理＋深度治理	2014
5	丹 东	丹东市洪阳纸业有限公司	生化处理＋深度治理	2011
6	丹 东	东港良茂纸业有限公司	生化处理＋深度治理	2013
7	丹 东	丹东市新华纸业有限公司	生化处理＋深度治理	2011

序号	地市	企业名称	项目内容	投运年份
8	丹 东	辽宁鳌成集团有限公司	生化处理+深度治理	2013
9	丹 东	宽甸满族自治县金刚山造纸有限公司	生化处理+深度治理	2012
10	盘 锦	盘锦春成纸业有限公司	生化处理+深度治理	2013
11	锦 州	黑山永丰造纸有限公司	碱回收+生化处理+深度治理	2013
12	锦 州	锦州市太和区新北造纸厂	生化处理+深度治理	2014
13	铁 岭	昌图县大户纸业有限责任公司	生化处理+深度治理	2015
14	铁 岭	铁岭方正纸箱有限责任公司	碱回收+生化处理+深度治理	2014
15	铁 岭	铁岭正大纸箱有限责任公司	碱回收+生化处理+深度治理	2014
16	营 口	营口市聚银商贸有限责任公司造纸分公司	物化处理+酸化水解+生物接触氧化	2011
17	营 口	盖州市辰东纸业有限公司	生化处理+深度治理	2015

表3 印染行业废水治理项目

序号	地市	企业名称	项目内容	投运年份
1	营 口	大石桥市金凯印染有限责任公司	深度治理+节水	2015

表4 石油石化、化工行业废水治理项目

序号	地市	企业名称	项目内容	投运年份
1	本 溪	辽宁北方煤化工（集团）股份有限公司	深度水解+生化处理	2012
2	本 溪	焦化酚氰处理改造工程（北钢）	SH-A节能型强化生物脱氮除碳脱色	2012
3	丹 东	丹东石油化工有限公司	气浮、隔油+生化处理	2012
4	锦 州	北宁市新区化工厂	深度处理	2012
5	葫芦岛	锦西天然气化工有限责任公司	生化处理	2011
6	葫芦岛	锦西石化渤海集团公司	气浮、隔油+生化处理	2011
7	葫芦岛	中石油锦西石化分公司	气浮、隔油+生化处理	2011
8	大 连	大化集团有限责任公司（硝铵厂）	生化+深度水解	2012
9	抚 顺	中石油抚顺石化分公司石油二厂	生化处理	2013
10	抚 顺	中石油抚顺石化分公司洗涤剂化工厂	气浮、隔油+生化处理	2014
11	抚 顺	中石油抚顺石化分公司石油三厂	气浮、隔油+生化处理	2014
12	鞍 山	辽宁华油石化有限公司	气浮、隔油+生化处理	2013

表5 其他行业废水治理项目

序号	地市	企业名称	项目内容	投运年份
1	本 溪	本溪海大制药有限公司	UASBAMBR工艺设施	2011
2	鞍 山	辽宁仁泰食品集团有限公司	SBR工艺设施	2012
3	鞍 山	鞍山六和食品有限公司	SBR工艺设施	2012

序号	地市	企业名称	项目内容	投运年份
4	鞍 山	星河肉禽有限公司	SBR工艺设施	2012
5	丹 东	凤城老窖酒业	生物＋化学工艺设施	2013
6	朝 阳	辽宁塔城陈醋酿造有限公司	生物＋化学工艺设施	2012

表6 规模化畜禽养殖场（小区）污染治理项目

序号	地市	企业名称	治理措施	投运年份
1	沈 阳	辽宁辉山控股（集团）有限公司法库地区各饲养场	雨污分流＋干清粪＋废弃物资源化利用	2014
2	沈 阳	沈阳市沈北新区马刚现代奶牛养殖场	雨污分流＋干清粪＋废弃物资源化利用	2013
3	鞍 山	恒利奶牛场	雨污分流＋干清粪＋废弃物资源化利用	2014
4	鞍 山	辽宁华首原种猪有限公司	雨污分流＋干清粪＋废弃物资源化利用	2013
5	鞍 山	台安县百鹏养殖场	雨污分流＋干清粪＋废弃物资源化利用	2013
6	鞍 山	台安县王晓春养牛场	雨污分流＋干清粪＋废弃物资源化利用	2013
7	鞍 山	岫岩满族自治县俊祥育肥牛场	雨污分流＋干清粪＋废弃物资源化利用	2013
8	鞍 山	岫岩满族自治县腾龙养殖有限公司	雨污分流＋干清粪＋废弃物资源化利用	2011
9	鞍 山	玉佳牧业	雨污分流＋干清粪＋废弃物资源化利用	2012
10	本 溪	本溪市木兰花乳业有限公司	雨污分流＋干清粪＋废弃物资源化利用	2013
11	朝 阳	北票市金牛牧业有限公司	雨污分流＋干清粪＋废弃物资源化利用	2013
12	朝 阳	兴源牧业	雨污分流＋干清粪＋废弃物资源化利用	2013
13	朝 阳	宏达牧业有限公司	雨污分流＋干清粪＋废弃物资源化利用	2012
14	朝 阳	朝阳县泓信牧业有限责任公司	雨污分流＋干清粪＋废弃物资源化利用	2012
15	朝 阳	于富养牛场	雨污分流＋干清粪＋废弃物资源化利用	2012
16	朝 阳	北票市建文畜禽养殖场	雨污分流＋干清粪＋废弃物资源化利用	2011
17	朝 阳	朝阳恒星畜牧养殖有限公司	雨污分流＋干清粪＋废弃物资源化利用	2011
18	大 连	大连韩伟养鸡有限公司	雨污分流＋干清粪＋废弃物资源化利用	2014
19	大 连	大连华丰安格斯肉牛育肥场	雨污分流＋干清粪＋废弃物资源化利用	2014
20	大 连	大连洪家畜牧有限公司	雨污分流＋干清粪＋废弃物资源化利用	2013
21	大 连	大连盛丰牧业有限公司	雨污分流＋干清粪＋废弃物资源化利用	2012
22	大 连	大连延达农业发展有限公司	雨污分流＋干清粪＋废弃物资源化利用	2012
23	大 连	庄河市青堆镇丽鑫养牛场	雨污分流＋干清粪＋废弃物资源化利用	2012
24	丹 东	凤城市瑞达农牧基地	雨污分流＋干清粪＋废弃物资源化利用	2013
25	丹 东	凤城市大堡机场养牛场	雨污分流＋干清粪＋废弃物资源化利用	2012
26	丹 东	宽甸良种奶牛发展有限公司	雨污分流＋干清粪＋废弃物资源化利用	2012
27	丹 东	凤城市大堡镇大堡村牛场	雨污分流＋干清粪＋废弃物资源化利用	2013
28	丹 东	凤城市凤凰山养牛场	雨污分流＋干清粪＋废弃物资源化利用	2011
29	丹 东	凤城市凤山区凤山村养牛场	雨污分流＋干清粪＋废弃物资源化利用	2011
30	丹 东	平安农牧基地	雨污分流＋干清粪＋废弃物资源化利用	2013
31	抚 顺	辉山乳业养殖场	雨污分流＋干清粪＋废弃物资源化利用	2015
32	抚 顺	抚顺巨原牧业有限公司	雨污分流＋干清粪＋废弃物资源化利用	2014

序号	地市	企业名称	治理措施	投运年份
33	阜 新	沈阳乳业有限责任公司彰武现代化养牛场	雨污分流＋干清粪＋废弃物资源化利用	2014
34	阜 新	红帽子原种猪场	雨污分流＋干清粪＋废弃物资源化利用	2013
35	阜 新	建设镇新德村荣达养殖小区	雨污分流＋干清粪＋废弃物资源化利用	2013
36	葫芦岛	建昌县古桥岭肉牛养殖基地	雨污分流＋干清粪＋废弃物资源化利用	2013
37	锦 州	辉山乳业养殖场	雨污分流＋干清粪＋废弃物资源化利用	2014
38	盘 锦	金昌奶牛养殖场	雨污分流＋干清粪＋废弃物资源化利用	2011
39	铁 岭	铁岭月新牧业有限公司	雨污分流＋干清粪＋废弃物资源化利用	2013
40	铁 岭	铁岭顺华原种猪场	雨污分流＋干清粪＋废弃物资源化利用	2011

表7 电力行业氮氧化物治理项目

序号	地市	企业名称	机组编号	装机容量（MW）	综合脱硝效率（%）	投运年份
1	沈 阳	国电康平发电有限公司	1	600	70	2013
2	沈 阳	国电康平发电有限公司	2	600	70	2014
3	大 连	华能国际电力股份有限公司大连电厂	1	350	70	2013
4	大 连	华能国际电力股份有限公司大连电厂	2	350	70	2013
5	大 连	华能国际电力股份有限公司大连电厂	3	350	70	2012
6	大 连	华能国际电力股份有限公司大连电厂	4	350	70	2012
7	大 连	国电电力大连庄河发电有限责任公司	1	600	70	2012
8	大 连	国电电力大连庄河发电有限责任公司	2	600	70	2013
9	抚 顺	辽宁东方发电有限公司	1	350	70	2013
10	抚 顺	辽宁东方发电有限公司	2	350	70	2012
11	丹 东	华能丹东电厂	1	350	70	2012
12	丹 东	华能丹东电厂	2	350	70	2013
13	营 口	华能国际电力股份有限公司营口电厂	1	320	70	2013
14	营 口	华能国际电力股份有限公司营口电厂	2	320	70	2013
15	营 口	华能国际电力股份有限公司营口电厂	3	600	70	2013
16	营 口	华能国际电力股份有限公司营口电厂	4	600	70	2013
17	阜 新	中电投阜新发电有限公司	3	350	70	2012
18	阜 新	中电投阜新发电有限公司	4	350	70	2014
19	辽 阳	辽宁沈煤红阳热电有限公司	1	300	70	2013
20	辽 阳	辽宁沈煤红阳热电有限公司	2	300	70	2014
21	铁 岭	辽宁清河发电有限责任公司	9	600	70	2013
22	铁 岭	辽宁调兵山煤矸石发电有限责任公司	1	300	70	2013
23	铁 岭	辽宁调兵山煤矸石发电有限责任公司	2	300	70	2014
24	铁 岭	辽宁华电铁岭发电有限公司	1	300	70	2015
25	铁 岭	辽宁华电铁岭发电有限公司	2	300	70	2015
26	铁 岭	辽宁华电铁岭发电有限公司	3	300	70	2015
27	铁 岭	辽宁华电铁岭发电有限公司	4	300	70	2015

序号	地市	企业名称	机组编号	装机容量（MW）	综合脱硝效率（%）	投运年份
28	铁 岭	辽宁华电铁岭发电有限公司	5	600	70	2013
29	铁 岭	辽宁华电铁岭发电有限公司	6	600	70	2012
30	葫芦岛	绥中发电有限责任公司	1	800	70	2015
31	葫芦岛	绥中发电有限责任公司	2	800	70	2013
32	葫芦岛	绥中发电有限责任公司	3	1000	70	2011

表8 钢铁烧结机/球团二氧化硫治理项目

序号	地市	企业名称	生产设施编号	生产设施规模（m²或万吨）	综合脱硫效率（%）	投运年份
1	鞍 山	鞍山钢铁集团公司	新烧1#机	265	70	2012
2	鞍 山	鞍山钢铁集团公司	三烧	360	70	2013
3	鞍 山	鞍山钢铁集团公司	二烧	360	70	2014
4	鞍 山	鞍山钢铁集团公司	新烧2#机	265	70	2015
5	鞍 山	鞍钢集团矿业公司	东鞍山烧结厂	360	70	2013
6	鞍 山	后英集团海城钢铁有限公司大屯分公司	1	180	70	2012
7	鞍 山	后英集团海城钢铁有限公司大屯分公司	2	105	70	2012
8	鞍 山	海城市恒盛铸业有限公司	1	105	70	2012
9	鞍 山	海城市恒盛铸业有限公司	2	105	70	2013
10	抚 顺	抚顺新钢铁有限责任公司	YL-001	2×90	70	2013
11	本 溪	本溪北营钢铁（集团）股份有限公司	S04	300	70	2012
12	本 溪	本溪北营钢铁（集团）股份有限公司	S05	360	70	2012
13	本 溪	本溪钢铁（集团）有限责任公司	1	265	70	2012
14	本 溪	本溪钢铁（集团）有限责任公司	2	265	70	2013
15	本 溪	本溪钢铁（集团）有限责任公司	3	360	70	2014
16	本 溪	北方连铸曲轴有限公司		245	70	2012
17	锦 州	锦州锦兴钢厂		150	70	2013
18	营 口	鞍钢股份有限公司鲅鱼圈钢铁分公司	1	328	70	2012
19	营 口	鞍钢股份有限公司鲅鱼圈钢铁分公司	2	328	70	2013
20	朝 阳	鞍钢集团朝阳鞍凌钢铁有限公司		265	70	2013

表9 石油石化行业催化裂化装置二氧化硫治理项目

序号	地市	企业名称	生产设施名称及编号	生产设施规模（万吨/年）	综合脱硫效率（%）	投运年份
1	大 连	大连石化分公司	催化	140	70	2014
2	大 连	大连石化分公司	重油催化裂化	350	70	2013

序号	地市	企业名称	生产设施名称及编号	生产设施规模（万吨/年）	综合脱硫效率（%）	投运年份
3	大连	大连西太平洋石油化工有限公司	催化裂化	300	70	2013
4	葫芦岛	锦西石化分公司	催化	100	70	2012
5	葫芦岛	锦西石化分公司	重油催化	180	70	2013
6	抚顺	抚顺石化分公司	石油二厂催化	120	70	2014
7	抚顺	抚顺石化分公司	石油二厂重油催化	150	70	2014
8	盘锦	中国石油辽河石化分公司	催化再生烟气脱硫		70	2012

表10 水泥行业氮氧化物治理项目

序号	地市	企业名称	生产设施编号	熟料生产规模（吨/日）	综合脱硝效率（%）	投运年份
1	阜新	阜新市大鹰水泥制造有限责任公司	1	4000	30	2012
2	辽阳	辽阳千山水泥有限责任公司	1	4000	30	2013
3	辽阳	辽阳天瑞水泥有限公司	1	4000	30	2013
4	辽阳	辽宁银盛水泥集团有限公司	1	4000	30	2013
5	辽阳	辽宁富山水泥有限公司	1	4000	30	2014
6	大连	大连小野田水泥	1	4000	30	2011
7	大连	长兴岛天瑞水泥	1	5000	30	2013
8	大连	长兴岛天瑞水泥		5000	30	2014
9	大连	大连水泥集团大连水泥厂	1	4000	30	2013
10	大连	大连金刚天马水泥	1	4000	30	2013
11	大连	大连永盛水泥	1	4000	30	2013
12	大连	大连山水水泥	1	4000	30	2013

表11 其他行业二氧化硫治理项目

序号	地市	企业名称	行业	项目内容和规模	综合脱硫效率（%）	投运年份
1	鞍山	鞍钢化工总厂	焦炭	脱硫脱氰，4座5米焦炉	90	2014
2	抚顺	抚顺金新化工有限责任公司	焦炭	炼焦煤气脱硫	90	2015

吉林省"十二五"主要污染物总量减排目标责任书

为贯彻落实《国民经济和社会发展第十二个五年规划纲要》、《国务院关于印发"十二五"节能减排综合性工作方案的通知》（国发〔2011〕26号）、《国务院关于加强环境保护重点工作的意见》（国发〔2011〕35号），落实目标责任，强化监督管理，确保实现污染减排约束性目标，经国务院授权，环境保护部与吉林省人民政府签订"十二五"主要污染物总量减排目标责任书。具体目标和要求如下：

一、2015年，全省化学需氧量和氨氮排放总量分别控制在76.1万吨、5.25万吨以内，比2010年的83.4万吨、5.87万吨分别减少8.8%、10.5%（其中工业和生活化学需氧量、氨氮排放量分别控制在26.1万吨、3.49万吨以内，比2010年分别减少9.4%和10.9%）；二氧化硫和氮氧化物排放总量分别控制在40.6万吨、54.2万吨以内，比2010年的41.7万吨、58.2万吨分别减少2.7%、6.9%。

二、吉林省人民政府对本行政区污染减排负总责，应采取有效措施，确保总量削减目标和重点减排任务按期完成。

1. 2011年底前将国家下达的主要污染物排放总量控制指标和重点任务逐级分解到各级政府、有关部门和重点企业。

2. 将主要污染物排放总量控制目标纳入本行政区经济社会发展规划，制定年度减排计划并严格执行。

3. 严格控制新增污染物排放量，把主要污染物排放总量控制指标作为环评审批的前置条件。严格控制新建造纸、农药、氮肥、煤电、钢铁、水泥等项目，新建项目按照最严格的环保要求建设治污设施。新建燃煤机组要配套建设高效脱硫脱硝设施；新建新型干法水泥窑要采用低氮燃烧技术并配套建设烟气脱硝设施；新建的钢铁烧结机、石油石化设备、有色冶炼设备、炼焦炉、燃煤锅炉等重点污染源要安装烟气脱硫设施。

4. 把调整经济结构、转变经济发展方式放在更加突出的位置，国家下达的淘汰落后产能任务要按期完成，加大小锅炉、小火电等的淘汰力度。核准审批新建项目要求关停的产能必须按期淘汰。

5. 到2015年，所有县级行政区和重点建制镇建成生活污水集中处理设施，完善城镇污水收集管网，城镇污水处理率达到75%。改造现有污水处理设施，提高脱氮除磷能力。城镇污水处理厂污泥无害化处理处置率达到50%，再生水回用率达到15%。强化垃圾渗滤液治理，实现达标排放。加大造纸、印染、化工、糠醛、食品饮料等重点企业工艺技术改造和废水治理力度，单位工业增加值排放强度下降50%。80%以上规模化畜禽养殖场和养殖小区配套建设固体废物和废水贮存处理设施，实施废弃物资源化利用。

6. 到2015年，现役燃煤机组必须安装脱硫设施，不能稳定达标排放的要进行更新改造或淘汰，烟气脱硫设施要按照规定取消烟气旁路，30万千瓦以上燃煤机组全部实施脱硝改造；钢铁烧结机、球团设备及石油石化催化裂化装置全面实施烟气脱硫改造；现役新型干法水泥窑实施低氮燃烧技术改造，熟料生产规模在4000吨/日以上的生产线必须实施脱硝改造；全面推行机动车环保标志管理，基本淘汰2005年以前注册运营的"黄标车"，加快提升车用燃油品质。

7. 加强污染减排统计、监测和考核体系建设，提高机动车和农业源减排监管能力。

8. 列入本责任书的重点减排项目（见附件）应按期建成，并确保稳定运行。

三、环境保护部每年对本责任书的执行情况进行考核，结果报国务院批准后向社会公布。吉林省人民政府每年对各级政府、有关部门和重点企业污染减排情况进行考核，结果抄送环境保护部。

《吉林省"十二五"主要污染物总量减排目标责任书》一式两份，环境保护部、吉林省人民政府各保存一份。

环境保护部　　　　　　　　　　　吉林省人民政府

二〇一一年十二月二十日　　　　　　二〇一一年十二月廿日

附件：

吉林省"十二五"主要污染物减排重点项目表

表1 城镇污水处理设施建设项目

序号	地市	项目名称	设计处理能力（万吨/日）	负荷率（%）	投运年份
1	长 春	两甲污水处理厂	10	60	2014
2	长 春	北部污水处理厂	5	60	2012
3	长 春	西部污水处理厂	5	60	2013
4	长 春	北郊污水处理厂	1（回用水量）	—	2011
5	长 春	东南污水处理厂	10	60	2012
6	通 化	集安市污水处理厂	2	60	2011
7	通 化	通化县污水处理厂	1.5	60	2011
8	白 山	临江市污水处理厂	2.5	60	2014
9	白 山	靖宇县污水处理厂	2.5	60	2011
10	白 山	长白县污水处理厂	2	60	2011
11	松 原	长岭镇污水处理厂	1.5	60	2011
12	白 城	镇赉县污水处理厂	1.5	60	2011
13	延 边	图们市态和污水处理厂	2	60	2011
14	延 边	龙井市龙新污水处理厂	2.5	60	2011
15	延 边	和龙市污水处理厂	4	60	2011
16	延 边	汪清县污水处理厂	2.5	60	2011
17	延 边	安图县污水处理厂	1.5	60	2011
18	延 边	朝阳川镇污水处理厂	5	60	2013
19	吉 林	吉林市污水处理厂	2.1（回用水量）	—	2012
20	四 平	梨树县郭家店镇污水处理厂	2.5	60	2013

注：负荷率是指污水处理厂建成投运一年后的负荷率。

表2 造纸行业废水治理项目

序号	地市	企业名称	项目内容	投运年份
1	长 春	德惠市创业日化有限公司	生化处理＋深度治理	2013
2	长 春	德惠市永丰纸业有限公司	生化处理＋深度治理	2014
3	辽 源	辽源市西安竞秀纸制品加工厂	深度治理	2011
4	通 化	通化黎明包装材料有限公司	沉淀＋气浮	2012
5	通 化	通化利源包装材料有限公司	生化处理＋深度治理	2013
6	白 山	白山市琦祥纸业有限公司	生化处理＋深度治理	2013
7	白 山	白山市金辉福利纸业有限责任公司	深度治理	2013

表3 石油石化、化工行业废水治理项目

序号	地市	企业名称	项目内容	投运年份
1	吉 林	吉林石化公司污水处理厂	深度治理升级改造	2015
2	松 原	中化吉林长山化工有限公司	深度处理	2012
3	松 原	吉林省松原石油化工有限责任公司	气浮、隔油+生化处理	2011
4	延 边	延边利安石化有限公司	气浮、隔油+生化处理	2015

表4 其他行业废水治理项目

序号	地市	企业名称	项目内容	投运年份
1	长 春	吉林派帝饮品股份有限公司	生化处理	2011
2	长 春	长春金锣肉制品有限公司	深度处理+中水回用	2012
3	长 春	吉林德大有限公司	深度治理+中水回用	2013
4	长 春	长春吉粮天裕生物工程有限公司	深度治理+中水回用	2013
5	长 春	农安县农安镇淞泉酒业有限公司	生化+深度处理	2012
6	吉 林	吉林市白翎羽绒制品有限公司	混凝气浮+水解酸化工艺	2011
7	吉 林	吉林市江源酒精有限公司	生化+深度处理	2012
8	吉 林	吉林沱牌农产品开发有限公司	厌氧好氧工艺+中水回用	2011
9	通 化	通化万通药业股份有限公司	水解酸化+CASS生化处理	2011
10	通 化	集安益盛药业股份公司	酸化+深度处理	2012
11	通 化	修正药业集团股份有限公司	水解酸化+UASB处理	2011
12	四 平	四平市昌源禽业有限公司	生化处理	2011
13	松 原	嘉吉生化有限公司	深度处理	2012
14	白 城	通榆县益发合大豆制品有限责任公司	生物接触氧化	2011

表5 规模化畜禽养殖场（小区）污染治理项目

序号	地市	企业名称	治理措施	投运年份
1	长 春	弓棚建平养殖场	干清粪	2011
2	长 春	吉林省屹邦牧业有限公司	雨污分流+干清粪+废弃物资源化利用	2014
3	长 春	农安县圣农牧业有限公司	雨污分流+干清粪+废弃物资源化利用	2013
4	长 春	农安县人和养殖场	雨污分流+干清粪+废弃物资源化利用	2012
5	长 春	长春市天成牧业有限公司集约化养鸡场	雨污分流+干清粪+废弃物资源化利用	2015
6	长 春	五棵树互惠种猪繁育场	雨污分流+干清粪+废弃物资源化利用	2011
7	白 城	大安市鑫达牧业有限公司	雨污分流+干清粪+废弃物资源化利用	2014
8	吉 林	丰满区鑫旺生态养猪场	雨污分流+干清粪+废弃物资源化利用	2011
9	四 平	巨丰牧业养殖场	雨污分流+干清粪+废弃物资源化利用	2012
10	松 原	前郭县新源牧业有限公司	雨污分流+干清粪+废弃物资源化利用	2012
11	松 原	扶余县陶赖昭镇南江村	干清粪+废弃物资源化利用	2012

序号	地市	企业名称	治理措施	投运年份
12	通 化	通化市恒远牧业开发有限公司	雨污分流＋干清粪＋废弃物资源化利用	2011
13	通 化	通化市东昌区永丰牧业有限公司	雨污分流＋干清粪＋废弃物资源化利用	2012
14	通 化	通化市西岔牧业	沼气池发酵＋废弃物资源化利用	2011
15	通 化	柳河县万兴牧业有限公司	粪污一体＋厌氧发酵＋废弃物资源化利用	2012
16	通 化	通化市东昌区兴成牧业有限公司	雨污分流＋干清粪＋废弃物资源化利用	2013
17	延 边	延吉仁和禽业有限公司	雨污分流＋干清粪＋废弃物资源化利用	2011
18	延 边	敦化市惠农养殖有限公司	雨污分流＋干清粪＋废弃物资源化利用	2014
19	延 边	珲春吉兴牧业有限公司	雨污分流＋干清粪＋废弃物资源化利用	2012

表6 电力行业二氧化硫治理项目

序号	地市	企业名称	机组编号	装机容量（MW）	项目类型	综合脱硫效率（%）	投运年份
1	长 春	长春热电发展有限公司	3	200	新建	90	2012
2	长 春	长春热电发展有限公司	4	200	新建	90	2012
3	吉 林	国电吉林热电厂	8	125	新建	90	2012
4	吉 林	国电吉林热电厂	9	125	新建	90	2012
5	吉 林	国电吉林热电厂	11	200	新建	90	2014
6	四 平	国电双辽发电有限公司	1、2	600	新建	90	2013
7	四 平	国电双辽发电有限公司	3、4	600	新建	90	2011

表7 电力行业氮氧化物治理项目

序号	地市	企业名称	机组编号	装机容量（MW）	综合脱硝效率（%）	投运年份
1	长 春	华能九台发电厂	1	660	70	2013
2	长 春	华能九台发电厂	2	660	70	2014
3	四 平	双辽发电有限责任公司	1	300	70	2013
4	四 平	双辽发电有限责任公司	2	300	70	2013
5	四 平	双辽发电厂	3	300	70	2014
6	四 平	双辽发电厂	4	300	70	2015
7	辽 源	大唐辽源发电厂	3	300	70	2013
8	辽 源	大唐辽源发电厂	4	300	70	2014
9	白 山	白山热电有限责任公司	1	300	70	2013
10	白 山	白山热电有限责任公司	2	300	70	2014
11	延 边	大唐珲春发电厂	3	330	70	2015
12	延 边	大唐珲春发电厂	4	330	70	2015
13	白 城	白城发电公司	1	660	70	2013
14	白 城	白城发电公司	2	660	70	2014
15	吉 林	国电吉林江南热电有限公司	1	330	70	2012

表8 钢铁烧结机/球团二氧化硫治理项目

序号	地市	企业名称	生产设施编号	生产设施规模（m²或万吨）	综合脱硫效率（%）	投运年份
1	通 化	通化钢铁股份有限公司	4	260	70	2012
2	吉 林	吉林恒联精密铸造科技有限公司	1	90	70	2012
3	四 平	四平现代钢铁有限公司	1	95	70	2014
4	四 平	四平现代钢铁有限公司	2	95	70	2013

表9 水泥行业氮氧化物治理项目

序号	地市	企业名称	生产设施编号	熟料生产规模（吨/日）	综合脱硝效率（%）	投运年份
1	长 春	吉林亚泰水泥有限公司	5	5000	30	2013
2	长 春	吉林亚泰水泥有限公司	6	5000	30	2014
3	辽 源	辽源渭津金刚水泥有限公司	1	4000	30	2014
4	白 山	金刚（集团）白山水泥有限公司	1	4000	30	2014
5	延 边	吉林德全水泥有限公司	2	4000	30	2014

表10 其他行业二氧化硫治理项目

序号	地市	企业名称	行业	项目内容和规模	综合脱硫效率（%）	投运年份
1	延 边	和龙市双龙钼业有限公司	有色	有色冶炼烟气脱硫	70	2013
2	白 山	吉林东圣焦化有限公司	焦化	焦炉煤气脱硫系统改造	90	2011

黑龙江省"十二五"主要污染物总量减排目标责任书

为贯彻落实《国民经济和社会发展第十二个五年规划纲要》、《国务院关于印发"十二五"节能减排综合性工作方案的通知》（国发〔2011〕26号）、《国务院关于加强环境保护重点工作的意见》（国发〔2011〕35号），落实目标责任，强化监督管理，确保实现污染减排约束性目标，经国务院授权，环境保护部与黑龙江省人民政府签订"十二五"主要污染物总量减排目标责任书。具体目标和要求如下：

一、2015年，全省化学需氧量和氨氮排放总量分别控制在147.3万吨、8.47万吨以内，比2010年的161.2万吨、9.45万吨分别减少8.6%、10.4%（其中工业和生活化学需氧量、氨氮排放量分别控制在43.4万吨、5.49万吨以内，比2010年分别减少9.3%和10.6%）；二氧化硫和氮氧化物排放总量分别控制在50.3万吨、73.0万吨以内，比2010年的51.3万吨、75.3万吨分别减少2.0%、3.1%。

二、黑龙江省人民政府对本行政区污染减排负总责，应采取有效措施，确保总量削减目标和重点减排任务按期完成。

1. 2011年底前将国家下达的主要污染物排放总量控制指标和重点任务逐级分解到各级政府、有关部门和重点企业。

2. 将主要污染物排放总量控制目标纳入本行政区经济社会发展规划，制定年度减排计划并严格执行。

3. 严格控制新增污染物排放量，把主要污染物排放总量控制指标作为环评审批的前置条件。严格控制新建造纸、印染、农药、氮肥、糠醛、煤电、钢铁、水泥等项目，新建项目按照最严格的环保要求建设治污设施。新建燃煤机组要配套建设高效脱硫脱硝设施；新建新型干法水泥窑要采用低氮燃烧技术并配套建设烟气脱硝设施；新建的钢铁烧结机、石油石化设备、有色冶炼设备、炼焦炉、燃煤锅炉等重点污染源要安装烟气脱硫设施。

4. 把调整经济结构、转变经济发展方式放在更加突出的位置，国家下达的淘汰落后产能任务要按期完成，加大小锅炉、小火电等的淘汰力度。核准审批新建项目要求关停的产能必须按期淘汰。

5. 到2015年，所有县级行政区和重点建制镇建成生活污水集中处理设施，完善城镇污水收集管网，城镇污水处理率达到75%。改造现有污水处理设施，提高脱氮除磷能力。城镇污水处理厂污泥无害化处理处置率达到50%，再生水回用率达到10%。强化垃圾渗滤液治理，实现达标排放。加大造纸、印染、化工、糠醛、食品饮料等重点企业工艺技术改造和废水治理力度，全省单位工业增加值化学需氧量和氨氮排放强度下降50%。60%以上规模化畜禽养殖场和养殖小区配套建设固体废物和废水贮存处理设施，实施废弃物资源化利用。

6. 到2015年，现役20万千瓦以上燃煤机组必须安装脱硫设施，不能稳定达标排放的要进行更新改造或淘汰，烟气脱硫设施要按照规定取消烟气旁路，30万千瓦以上燃煤机组全部实施脱硝改造；钢铁烧结机、球团设备及石油石化催化裂化装置全面实施烟气脱硫改造；现役新型干法水泥窑实施低氮燃烧技术改造，熟料生产规模在4000吨/日以上的生产线必须实施脱硝改造；全面推行机动车环保标志管理，基本淘汰2005年以前注册运营的"黄标车"，加快提升车用燃油品质。

7. 加强污染减排统计、监测和考核体系建设，提高机动车和农业源减排监管能力。

8. 列入本责任书的重点减排项目（见附件）应按期建成，并确保稳定运行。

三、环境保护部每年对本责任书的执行情况进行考核，结果报国务院批准后向社会公布。黑龙江省人民政府每年对各级政府、有关部门和重点企业污染减排情况进行考核，结果抄送环境保护部。

《黑龙江省"十二五"主要污染物总量减排目标责任书》一式两份，环境保护部、黑龙江省人民政府各保存一份。

环境保护部   黑龙江省人民政府

二〇一一年十二月二十日   二〇一一年十二月二十日

附件：

黑龙江省"十二五"主要污染物减排重点项目表

表1 城镇污水处理设施建设项目

序号	地市	项目名称	设计处理能力（万吨/日）	负荷率（%）	投运年份
1	哈尔滨	依兰县污水处理厂	1	60	2012
2	哈尔滨	呼兰区污水处理工程	5	60	2011
3	哈尔滨	尚志市污水处理厂	4	60	2012
4	哈尔滨	五常市污水处理厂	3	60	2012
5	哈尔滨	宾县污水处理厂	2	60	2012
6	哈尔滨	巴彦县污水处理厂	1	60	2012
7	哈尔滨	木兰县污水处理厂	2	60	2012
8	哈尔滨	通河县污水处理厂	1	60	2012
9	哈尔滨	方正县污水处理厂	0.6	60	2012
10	哈尔滨	何家沟群力污水处理厂	15	60	2011
11	哈尔滨	平房污水处理厂	15	60	2011
12	哈尔滨	松北区松浦污水处理厂	10	60	2012
13	哈尔滨	信义沟污水处理厂	10	60	2011
14	齐齐哈尔	龙江县污水处理厂	2	60	2011
15	齐齐哈尔	依安县污水处理厂	1	60	2011
16	齐齐哈尔	泰来县污水处理厂	1	60	2011
17	齐齐哈尔	甘南县污水处理厂	2	60	2012
18	齐齐哈尔	克山县污水处理厂	1.5	60	2012
19	齐齐哈尔	克东县污水处理厂	1	60	2013
20	齐齐哈尔	拜泉县污水处理厂	2	60	2011
21	齐齐哈尔	齐齐哈尔市中心城区污水处理厂	20	75	2015
22	牡丹江	牡丹江市污水处理厂扩建	10	75	2013
23	牡丹江	东宁县污水处理厂	2	60	2011
24	牡丹江	林口县污水处理厂	2	60	2011
25	牡丹江	绥芬河市污水处理厂	2	60	2011
26	牡丹江	宁安市污水处理厂	2	60	2011
27	大 庆	陈家大院污水处理厂	6	60	2012
28	大 庆	肇州县污水处理厂	2	60	2012
29	大 庆	肇源县污水处理厂	2	60	2012
30	大 庆	杜蒙县污水处理厂	2	60	2012
31	大 庆	林甸县污水处理厂	2	60	2012
32	大 庆	经开区污水处理厂	3	60	2014
33	双鸭山	双鸭山市污水处理厂	10	75	2013
34	双鸭山	友谊县污水处理厂	1	60	2011
35	双鸭山	宝清县污水处理厂	2	60	2011

序号	地市	项目名称	设计处理能力（万吨/日）	负荷率（%）	投运年份
36	双鸭山	饶河县污水处理厂	1	60	2011
37	伊春	铁力市污水处理厂	3	60	2013
38	伊春	伊春市排水及污水处理工程	4	60	2013
39	伊春	嘉荫县污水处理厂	0.6	60	2013
40	伊春	铁力市朗乡镇污水治理工程	0.5	60	2014
41	伊春	铁力市桃山镇污水治理工程	0.5	60	2014
42	伊春	铁力市双丰镇污水治理工程	0.5	60	2014
43	七台河	七台河市中心区污水厂	5	60	2012
44	七台河	勃利县污水处理厂	2	60	2012
45	鸡西	鸡东县污水处理厂	3	60	2012
46	鸡西	密山市污水处理厂	3	60	2013
47	鸡西	城子河污水处理厂	2	60	2013
48	鸡西	恒山污水处理厂	2.44	60	2013
49	鸡西	麻山污水处理厂	0.5	60	2013
50	鸡西	滴道污水处理厂	1	60	2013
51	鸡西	梨树污水处理厂	2	60	2013
52	鹤岗	鹤岗市东部污水厂	3	60	2013
53	鹤岗	绥滨县污水处理厂	1.5	60	2014
54	鹤岗	萝北县污水处理厂	1	60	2014
55	农垦总局	宝泉岭分局污水处理项目	1.5	60	2013
56	农垦总局	红兴隆分局污水处理项目	1.2	60	2013
57	农垦总局	建三江分局污水处理项目	2	60	2013
58	农垦总局	九三分局污水处理项目	1	60	2013
59	佳木斯	桦川县污水处理厂	1	60	2012
60	佳木斯	佳木斯西区污水处理厂	10	60	2012
61	佳木斯	桦南县污水处理厂	2	60	2012
62	佳木斯	汤原县污水处理厂	1	60	2012
63	佳木斯	抚远县污水处理厂	1	60	2012
64	黑河	北安市污水处理厂	3	60	2011
65	黑河	逊克县污水处理厂	1	60	2013
66	黑河	孙吴县污水处理厂	1	60	2013
67	绥化	望奎县污水处理厂	2	60	2012
68	绥化	兰西县污水处理厂	2	60	2012
69	绥化	青冈县污水处理厂	2	60	2012
70	绥化	庆安县污水处理厂	2	60	2012
71	绥化	明水县污水处理厂	2	60	2012
72	绥化	绥棱县污水处理厂	2	60	2012
73	绥化	安达市污水处理厂	5	60	2012
74	绥化	海伦市污水处理厂	2	60	2012
75	大兴安岭	塔河县污水处理厂	1	60	2012
76	大兴安岭	漠河县污水处理厂	1	60	2012

序号	地市	项目名称	设计处理能力（万吨/日）	负荷率（%）	投运年份
77	大兴安岭	呼玛县污水处理厂	1	60	2012

注：负荷率是指污水处理厂建成投运一年后的负荷率。

表2 造纸行业废水治理项目

序号	地市	企业名称	项目内容	投运年份
1	哈尔滨	哈尔滨市呼兰区孟家纸业有限公司	生化处理＋深度治理	2012
2	哈尔滨	哈尔滨兴业板纸厂	生化处理＋深度治理	2012
3	哈尔滨	宾县平升包装纸业有限公司	生化处理＋深度治理	2012
4	哈尔滨	哈尔滨和鑫造纸有限公司	生化处理＋深度治理	2012
5	大庆	杜尔伯特蒙古族自治县海达纸业有限公司	碱回收＋生化处理＋深度治理	2013
6	鹤岗	鹤岗市宏泰纸制品厂	生化处理＋深度治理	2013
7	鹤岗	鹤岗市汇丰纸业有限公司	生化处理＋深度治理	2013
8	鹤岗	鹤岗市金山纸业有限责任公司	生化处理＋深度治理	2013
9	鹤岗	鹤岗市鑫弘纸业有限责任公司	生化处理＋深度治理	2013
10	鹤岗	鹤岗市天鼎纸制品厂	生化处理＋深度治理	2013
11	牡丹江	牡丹江市南华合生纸业有限公司	生化处理＋深度治理	2012
12	牡丹江	海林市柴河林海纸业有限公司	生化处理＋深度治理	2014
13	伊春	伊春市永丰纸业有限公司	生化处理＋深度治理	2014
14	伊春	铁力市站前银企造纸厂	生化处理＋深度治理	2013
15	农垦总局	黑龙江北大荒纸业有限责任公司	生化处理＋深度治理	2014

表3 石油石化、化工行业废水治理项目

序号	地市	企业名称	项目内容	投运年份
1	大庆	大庆石化分公司（化肥）	腈纶污水处理厂完善改造	2015
2	大庆	大庆中蓝石化有限公司	中和＋水解＋深度处理	2014
3	大庆	中石油大庆炼化分公司(马鞍山)	化工废水治理设施升级改造	2012
4	牡丹江	黑龙江倍丰农业生产资料集团宁安化工有限公司	深度处理	2012
5	牡丹江	牡丹江首控石油化工有限公司	气浮、隔油＋生化处理	2013
6	农垦总局	黑龙江北大荒农业股份有限公司浩良河化肥分公司	中和＋水解＋深度处理	2012

表4 其他行业废水治理项目

序号	地市	企业名称	项目内容	投运年份
1	大庆	大庆博润生物科技有限公司	深度治理	2013
2	大庆	大庆金锣公司	深度治理	2013

序号	地市	企业名称	项目内容	投运年份
3	大 庆	林甸伊利乳业有限公司	深度治理	2012
4	大兴安岭	大兴安岭丽雪精淀粉公司	深度治理	2013
5	鹤 岗	经纬糖醇有限公司	深度治理	2013
6	鹤 岗	黑龙江万禾园油脂有限公司名称	深度治理	2012
7	牡丹江	牡丹江高科生化有限公司	深度治理	2011
8	农垦总局	北大荒亲民有机食品有限公司有机酸菜分公司	深度治理	2012
9	农垦总局	黑龙江农垦九三南华糖业有限公司	深度治理	2012
10	农垦总局	北大荒南华糖业有限公司	深度治理	2011
11	齐齐哈尔	讷河市碧雪淀粉有限责任公司	深度治理	2013
12	双鸭山	北大荒龙恳麦芽有限公司友谊分公司	深度治理	2012
13	双鸭山	黑龙江省祥源油脂有限责任公司	深度治理	2011
14	绥 化	海伦南华糖业有限公司	深度治理	2013

表5 规模化畜禽养殖场（小区）污染治理项目

序号	地市	企业名称	治理措施	投运年份
1	哈尔滨	黑龙江麒源牧业有限公司	雨污分流＋干清粪＋资源综合利用	2014
2	哈尔滨	黑龙江大庄园鹿业有限公司	雨污分流＋干清粪＋资源综合利用	2014
3	齐齐哈尔	黑龙江鑫鹏牧业有限公司	雨污分流＋干清粪＋资源综合利用	2013
4	齐齐哈尔	齐齐哈尔林田生态有限公司	雨污分流＋干清粪＋资源综合利用	2011
5	齐齐哈尔	飞鹤乳业第一欧美国际牧场	雨污分流＋干清粪＋资源综合利用	2014
6	齐齐哈尔	飞鹤乳业第二欧美国际牧场	雨污分流＋干清粪＋资源综合利用	2014
7	齐齐哈尔	北方肉牛公司养殖基地	雨污分流＋干清粪＋资源综合利用	2012
8	大 庆	红岗奶牛城	雨污分流＋干清粪＋资源综合利用	2014
9	大 庆	杏树岗奶牛广场	雨污分流＋干清粪＋资源综合利用	2011
10	大 庆	壮大畜牧有限公司	雨污分流＋干清粪＋资源综合利用	2011
11	大 庆	兴旺养殖场	雨污分流＋干清粪＋资源综合利用	2013
12	大 庆	永泰养牛场	雨污分流＋干清粪＋资源综合利用	2013
13	大 庆	刘思辰肉牛养殖场	雨污分流＋干清粪＋资源综合利用	2012
14	大 庆	大庆市庆新牧业有限公司	雨污分流＋干清粪＋资源综合利用	2014
15	牡丹江	牡丹江市大湾畜牧有限责任公司	雨污分流＋干清粪＋资源综合利用	2014
16	牡丹江	牡丹江龙大奶牛场	雨污分流＋干清粪＋资源综合利用	2014
17	牡丹江	庆财牧业公司	雨污分流＋干清粪＋资源综合利用	2012
18	绥 化	王印生肉牛场	雨污分流＋干清粪＋资源综合利用	2013
19	绥 化	刘清河肉牛场	雨污分流＋干清粪＋资源综合利用	2013
20	绥 化	于永庆肉牛场	雨污分流＋干清粪＋资源综合利用	2012

表6 电力行业二氧化硫治理项目

序号	地市	企业名称	机组编号	装机容量（MW）	项目类型	综合脱硫效率（%）	投运年份
1	哈尔滨	华电能源哈尔滨第三发电厂	1	200	新建	90	2014
2	哈尔滨	华电能源哈尔滨第三发电厂	2	200	新建	90	2013
3	哈尔滨	华电能源哈尔滨第三发电厂	3	600	新建	90	2011
4	齐齐哈尔	黑龙江华电富拉尔基发电厂	1	200	新建	90	2015
5	齐齐哈尔	黑龙江华电富拉尔基发电厂	2	200	新建	90	2014
6	齐齐哈尔	黑龙江华电富拉尔基发电厂	3	200	新建	90	2014
7	齐齐哈尔	黑龙江华电富拉尔基发电厂	4	200	新建	90	2013
8	齐齐哈尔	黑龙江华电富拉尔基发电厂	5	200	新建	90	2013
9	齐齐哈尔	黑龙江华电富拉尔基发电厂	6	200	新建	90	2013
10	大庆	大庆油田电力集团油田热电厂	1	200	新建	90	2012
11	大庆	大庆油田电力集团油田热电厂	2	200	新建	90	2013
12	大庆	大庆油田电力集团油田热电厂	3	200	新建	90	2014
13	牡丹江	华电能源牡丹江第二发电厂	5	210	新建	90	2015
14	牡丹江	华电能源牡丹江第二发电厂	6	210	新建	90	2014
15	双鸭山	国电双鸭山发电有限公司	2	210	新建	90	2012
16	双鸭山	国电双鸭山发电有限公司	5	600	新建	90	2012
17	双鸭山	国电双鸭山发电有限公司	6	600	新建	90	2012

表7 电力行业氮氧化物治理项目

序号	地市	企业名称	机组编号	装机容量（MW）	综合脱硝效率（%）	投运年份
1	大庆	华能新华发电有限公司	6	330	70	2014
2	七台河	大唐七台河第一发电有限责任公司	1	350	70	2015
3	七台河	大唐七台河第一发电有限责任公司	2	350	70	2015
4	七台河	大唐七台河第一发电有限责任公司	3	600	70	2013
5	七台河	大唐七台河第一发电有限责任公司	4	600	70	2014
6	双鸭山	国电双鸭山发电有限公司	5	600	70	2014
7	双鸭山	国电双鸭山发电有限公司	6	600	70	2013
8	鹤岗	华能鹤岗发电有限责任公司	1	300	70	2014
9	鹤岗	华能鹤岗发电有限责任公司	2	300	70	2014
10	鹤岗	华能鹤岗发电有限责任公司	3	600	70	2014
11	哈尔滨	华电能源股份有限公司哈尔滨第三发电厂	3	600	70	2015
12	哈尔滨	华电能源股份有限公司哈尔滨第三发电厂	4	600	70	2014
13	哈尔滨	哈尔滨热电有限责任公司	7	300	70	2014
14	哈尔滨	哈尔滨热电有限责任公司	8	300	70	2013
15	齐齐哈尔	华电集团齐齐哈尔热电厂	1	300	70	2013
16	齐齐哈尔	华电集团齐齐哈尔热电厂	2	300	70	2013
17	佳木斯	华电能源股份有限公司佳木斯热电厂	1	300	70	2013

序号	地市	企业名称	机组编号	装机容量（MW）	综合脱硝效率（%）	投运年份
18	佳木斯	华电能源股份有限公司佳木斯热电厂	2	300	70	2014
19	牡丹江	华电能源牡丹江第二发电厂	8	300	70	2015
20	牡丹江	华电能源牡丹江第二发电厂	9	300	70	2014

表8 钢铁烧结机/球团二氧化硫治理项目

序号	地市	企业名称	生产设施编号	生产设施规模（m²或万吨）	综合脱硫效率（%）	投运年份
1	齐齐哈尔	东北特钢集团北满特殊钢有限公司		180	70	2012
2	齐齐哈尔	齐齐哈尔江源重型机械铸造有限公司		104	70	2013
3	双鸭山	黑龙江建龙钢铁	1	90	70	2012
4	双鸭山	黑龙江建龙钢铁	2	90	70	2012
5	伊春	西林钢铁集团有限公司		180	70	2012

表9 石油石化行业催化裂化装置二氧化硫治理项目

序号	地市	企业名称	生产设施名称及编号	生产设施规模（万吨/年）	综合脱硫效率（%）	投运年份
1	哈尔滨	中国石油哈尔滨石化分公司	二催化装置	60	70	2013
2	哈尔滨	中国石油哈尔滨石化分公司	三催化装置	120	70	2014
3	大庆	中国石油大庆石化公司炼油厂	一套重油催化	100	70	2014
4	大庆	中国石油大庆炼化分公司	一套ARGG	100	70	2013
5	大庆	中国石油大庆炼化分公司	二套ARGG	180	70	2014
6	牡丹江	牡丹江首控石油化工有限公司	催化裂化装置	35	70	2013

表10 水泥行业氮氧化物治理项目

序号	地市	企业名称	生产设施编号	熟料生产规模（吨/日）	综合脱硝效率（%）	投运年份
1	佳木斯	佳木斯北方水泥有限公司		5000	30	2014
2	双鸭山	双鸭山新时代水泥有限责任公司		5000	30	2014

表11 其他行业二氧化硫治理项目

序号	地市	企业名称	行业	项目内容和规模	综合脱硫效率（%）	投运年份
1	鸡西	鸡东北方焦化有限责任公司	焦化	炼焦炉荒煤气脱硫工程	90	2013
2	佳木斯	佳木斯东兴煤化工有限公司	焦化	炼焦炉荒煤气脱硫工程	90	2013
3	七台河	七台河市普能煤炭化工有限公司	焦化	炼焦炉荒煤气脱硫工程	90	2013

上海市"十二五"主要污染物总量减排目标责任书

为贯彻落实《国民经济和社会发展第十二个五年规划纲要》、《国务院关于印发"十二五"节能减排综合性工作方案的通知》（国发〔2011〕26号）、《国务院关于加强环境保护重点工作的意见》（国发〔2011〕35号），落实目标责任，强化监督管理，确保实现污染减排约束性目标，经国务院授权，环境保护部与上海市人民政府签订"十二五"主要污染物总量减排目标责任书。具体目标和要求如下：

一、2015年，全市化学需氧量和氨氮排放总量分别控制在23.9万吨、4.54万吨以内，比2010年的26.6万吨、5.21万吨分别减少10.0%、12.9%（其中工业和生活化学需氧量、氨氮排放量分别控制在20.1万吨、4.21万吨以内，比2010年分别减少10.5%和12.9%）；二氧化硫和氮氧化物排放总量分别控制在22.0万吨、36.5万吨以内，比2010年的25.5万吨、44.3万吨分别减少13.7%、17.5%。

二、上海市人民政府对本行政区污染减排负总责，应采取有效措施，确保总量削减目标和重点减排任务按期完成。

1. 2011年底前将国家下达的主要污染物排放总量控制指标和重点任务逐级分解到各级政府、有关部门和重点企业。

2. 将主要污染物排放总量控制目标纳入本行政区经济社会发展规划，制定年度减排计划并严格执行。

3. 严格控制新增污染物排放量，把主要污染物排放总量控制指标作为环评审批的前置条件，试行煤炭消费总量控制。严格控制新建造纸、印染、农药、氮肥、煤电、钢铁、水泥等项目，新建项目按照最严格的环保要求建设治污设施。新建燃煤机组要配套建设高效脱硫脱硝设施；新建新型干法水泥窑要采用低氮燃烧技术并配套建设烟气脱硝设施；新建的钢铁烧结机、石油石化设备、有色冶炼设备、炼焦炉、燃煤锅炉等重点污染源要安装烟气脱硫设施。

4. 把调整经济结构、转变经济发展方式放在更加突出的位置，国家下达的淘汰落后产能任务要按期完成，加大小锅炉、小火电、小化工等的淘汰力度。核准审批新建项目要求关停的产能必须按期淘汰。

5. 到2015年，所有建制镇建成生活污水集中处理设施，完善污水收集管网，强化雨污分流改造，中心城区和郊区城镇污水处理率分别达到90%和80%。改造现有污水处理设施，提高脱氮除磷能力。城镇污水处理厂污泥无害化处理处置率达到80%，开展再生水回用试点示范。强化垃圾渗滤液治理，实现达标排放。加大造纸、印染、化工、食品饮料等重点企业工艺技术改造和废水治理力度，单位工业增加值排放强度下降50%。80%以上规模化畜禽养殖场和养殖小区配套建设固体废物和废水贮存处理设施，实施废弃物资源化利用。

6. 到2015年，现役燃煤机组必须安装脱硫设施，不能稳定达标排放的要进行更新改造或淘汰，烟气脱硫设施要按照规定取消烟气旁路，20万千瓦以上燃煤机组全部实施脱硝改造；钢铁烧结机、球团设备及石油石化催化裂化装置全面实施烟气脱硫改造；现役新型干法水泥窑实施低氮燃烧技术改造，熟料生产规模在4000吨/日以上的生产线必须实施脱硝改造；全面推行机动车环保标志管理，基本淘汰2005年以前注册运营的"黄标车"，加快提升车用燃油品质。

7. 加强污染减排统计、监测和考核体系建设，提高机动车和农业源减排监管能力。

8. 列入本责任书的重点减排项目（见附件）应按期建成，并确保稳定运行。

三、环境保护部每年对本责任书的执行情况进行考核，结果报国务院批准后向社会公

布。上海市人民政府每年对各级政府、有关部门和重点企业污染减排情况进行考核，结果抄送环境保护部。

《上海市"十二五"主要污染物总量减排目标责任书》一式两份，环境保护部、上海市人民政府各保存一份。

环境保护部   上海市人民政府

二〇一一年十二月十日   二〇一一年十二月十日

附件:

上海市"十二五"主要污染物减排重点项目表

表1 城镇污水处理设施建设项目

序号	区县	项目名称	设计处理能力（万吨/日）	负荷率（%）	投运年份
1	嘉定	嘉定大众污水厂	17.5	75	2014
2	浦东新区	白龙港污水处理厂	280	75	2013
3	金山	金山新江污水处理厂	10	75	2011
4	金山	金山朱泾污水处理厂（二期）	4.5	75	2015
5	金山	金山枫泾污水处理厂（二期）	2.8	75	2015
6	金山	金山廊下污水处理厂（二期）	2	75	2015
7	松江	松江东北部污水处理厂	14	75	2014
8	松江	松西污水厂	10	75	2015
9	青浦	青浦徐泾污水处理厂	5.5	75	2013
10	青浦	青浦华新污水处理厂（二期）	3.4	75	2013
11	青浦	青浦朱家角污水处理厂（二期）	3	75	2015
12	青浦	青浦白鹤污水处理厂（二期）	2	75	2015
13	青浦	青浦第二污水厂	0.2（回用水量）	—	2012
14	奉贤	奉贤西部污水处理厂	15	75	2011
15	崇明	崇明陈家镇污水处理厂	1.75	70	2013

注：负荷率是指污水处理厂建成投运一年后的负荷率。

表2 造纸行业废水治理项目

序号	区县	企业名称	项目内容	投运年份
1	宝山	上海宝山花红包装材料厂	生化处理＋深度治理	2013
2	松江	上海杉灵纸业有限公司	生化处理＋深度治理	2014
3	崇明	上海富民纸业有限公司	生化处理＋深度治理	2014
4	崇明	上海红星包装材料有限公司	生化处理＋深度治理	2014
5	崇明	上海富宏纸业包装厂	生化处理＋深度治理	2013

表3 印染行业废水治理项目

序号	区县	企业名称	项目内容	投运年份
1	宝山	上海粤海纺织印染有限公司	深度治理＋节水	2012
2	宝山	上海铃兰卫生用品有限公司	深度治理＋节水	2014
3	宝山	上海宝山罗南漂白厂	深度治理＋节水	2015
4	宝山	上海宝中染整厂	深度治理＋节水	2015

序号	区县	企业名称	项目内容	投运年份
5	宝 山	上海罗店毛纺厂	深度治理＋节水	2013
6	浦东新区	上海宏大洗染整理厂	深度治理＋节水	2015
7	金 山	上海幸福纺织印染有限公司	深度治理＋节水	2012
8	金 山	上海嘉乐股份有限公司染整部	深度治理＋节水	2012
9	金 山	上海升星印染有限公司	深度治理＋节水	2014
10	金 山	上海九印鹰王印染有限公司	深度治理＋节水	2014
11	金 山	上海宏峻毛纺有限公司	深度治理＋节水	2013
12	金 山	上海正信成衣染整有限公司	深度治理＋节水	2015
13	金 山	上海步杨线带漂染有限公司	深度治理＋节水	2013
14	金 山	上海市金山区山干染织厂	深度治理＋节水	2013
15	青 浦	得力（上海）纺织有限公司	深度治理＋节水	2012
16	青 浦	上海联手针纺织物有限公司	深度治理＋节水	2013
17	青 浦	上海亿兴人造毛绒服装有限公司	深度治理＋节水	2013
18	青 浦	上海昕展丝网制作有限公司	深度治理＋节水	2013
19	奉 贤	上海扬帆捷凯纺织企业有限公司	深度治理＋节水	2012
20	奉 贤	上海良丽染整有限公司	深度治理＋节水	2014
21	奉 贤	上海力发纺织有限公司	深度治理＋节水	2015
22	奉 贤	上海磊磊针织印染有限公司	深度治理＋节水	2015
23	奉 贤	上海欣达制线厂	深度治理＋节水	2014
24	奉 贤	奉贤奉城淡水漂染厂	深度治理＋节水	2015
25	奉 贤	上海奉贤洪南漂染厂	深度治理＋节水	2013
26	奉 贤	上海平安服装洗涤免烫有限公司	深度治理＋节水	2013
27	崇 明	上海申港工业用布整理有限公司	深度治理＋节水	2012
28	崇 明	上海新昆漂染有限公司	深度治理＋节水	2014
29	崇 明	上海才集纺织制品有限公司	深度治理＋节水	2014
30	崇 明	上海市崇明县港东织布厂	深度治理＋节水	2014
31	崇 明	上海瀛茂漂印厂	深度治理＋节水	2014
32	崇 明	上海海华毛巾厂	深度治理＋节水	2015
33	崇 明	上海勤忠纺织品整理有限公司	深度治理＋节水	2012
34	崇 明	上海宝福服装辅料厂	深度治理＋节水	2015
35	崇 明	上海申星漂染厂	深度治理＋节水	2015
36	崇 明	上海同大染整有限公司	深度治理＋节水	2015

表4 石油石化、化工行业废水治理项目

序号	区县	企业名称	项目内容	投运年份
1	嘉 定	福斯润滑油（中国）有限公司	气浮、隔油＋生化处理	2012
2	浦东新区	上海东岛碳素化工有限公司	深度治理	2013
3	浦东新区	上海石化	污水处理系统扩能改造	2014
4	浦东新区	上海石化	污水深度处理及回用工程二期	2014

序号	区县	企业名称	项目内容	投运年份
5	浦东新区	高桥石化分公司	废水深度处理及回用工程	2013
6	金 山	上海赛科石油化工有限责任公司	深度治理	2013
7	青 浦	克鲁勃润滑产品（上海）有限公司	气浮、隔油＋生化处理	2013
8	宝 山	宝钢股份有限公司	深度治理	2012

表5 其他行业废水治理项目

序号	区县	企业名称	项目内容	投运年份
1	嘉 定	上海鲜迪调味品有限公司	深度处理	2015

表6 规模化畜禽养殖场（小区）污染治理项目

序号	区县	企业名称	治理措施	投运年份
1	闵 行	闵行浦江根兴奶牛场	雨污分流＋干清粪＋废弃物资源化利用	2013
2	嘉 定	徐行二牧良种猪联营场	雨污分流＋干清粪＋废弃物资源化利用	2013
3	浦东新区	上海东海乳业有限公司奶牛二场	雨污分流＋干清粪＋废弃物资源化利用	2013
4	金 山	上海卫晟养殖业有限公司	雨污分流＋干清粪＋废弃物资源化利用	2015
5	金 山	上海市金山区钱宇八字奶牛场	雨污分流＋干清粪＋废弃物资源化利用	2015
6	青 浦	盈浦马家桥养猪场	雨污分流＋干清粪＋废弃物资源化利用	2013
7	青 浦	白鹤太平养猪场	雨污分流＋干清粪＋废弃物资源化利用	2013
8	奉 贤	奉贤区秦炯牧场	雨污分流＋干清粪＋废弃物资源化利用	2012
9	奉 贤	奉贤区和平牧场	雨污分流＋干清粪＋废弃物资源化利用	2012
10	奉 贤	上海奉贤南奉养殖场	雨污分流＋干清粪＋废弃物资源化利用	2012
11	奉 贤	上海市奉贤区竹筱牧场	雨污分流＋干清粪＋废弃物资源化利用	2012
12	奉 贤	奉贤区四团镇绿旺牧场	雨污分流＋干清粪＋废弃物资源化利用	2014
13	奉 贤	上海光明荷斯坦牧业有限公司星火奶牛二场	雨污分流＋干清粪＋废弃物资源化利用	2014
14	奉 贤	上海滔滔转基因工程股份有限公司奶牛场	雨污分流＋干清粪＋废弃物资源化利用	2014
15	奉 贤	上海市奉贤区金汇镇木行养猪场	雨污分流＋干清粪＋废弃物资源化利用	2014
16	奉 贤	上海金晖家畜遗传开发有限公司上海市肉牛育种中心	雨污分流＋干清粪＋废弃物资源化利用	2014
17	奉 贤	上海玉章专业合作社养殖场	雨污分流＋干清粪＋废弃物资源化利用	2014
18	奉 贤	上海奶牛育种中心有限公司	雨污分流＋干清粪＋废弃物资源化利用	2015
19	崇 明	上海牛奶集团至江鲜奶有限公司奶牛二场	雨污分流＋干清粪＋废弃物资源化利用	2014
20	崇 明	上海牛奶集团鸿星鲜奶有限公司	雨污分流＋干清粪＋废弃物资源化利用	2015
21	崇 明	上海金牛牧业有限公司跃进奶牛二场	雨污分流＋干清粪＋废弃物资源化利用	2015
22	崇 明	上海新乳奶牛有限公司新港奶牛场	雨污分流＋干清粪＋废弃物资源化利用	2015
23	崇 明	上海中新农业有限公司种猪场	雨污分流＋干清粪＋废弃物资源化利用	2015

序号	区县	企业名称	治理措施	投运年份
24	崇 明	上海崇明星牧养猪专业合作社星牧养猪场	雨污分流＋干清粪＋废弃物资源化利用	2015
25	崇 明	上海健康奶牛场	雨污分流＋干清粪＋废弃物资源化利用	2015
26	崇 明	上海崇明达彬奶牛场	雨污分流＋干清粪＋废弃物资源化利用	2015

表7 电力行业二氧化硫治理项目

序号	区县	企业名称	机组编号	装机容量（MW）	项目类型	综合脱硫效率（%）	投运年份
1	宝 山	宝山钢铁股份有限公司宝钢电厂	3	350	改建	90	2011
2	金 山	中国石化上海石油化工股份有限公司自备电厂	5	100	改建	90	2012
3	金 山	中国石化上海石油化工股份有限公司自备电厂	6	100	改建	90	2012

表8 电力行业氮氧化物治理项目

序号	区县	企业名称	机组编号	装机容量（MW）	综合脱硝效率（%）	投运年份
1	浦 东	上海外高桥发电有限责任公司	1	300	70	2014
2	浦 东	上海外高桥发电有限责任公司	2	300	70	2015
3	浦 东	上海外高桥发电有限责任公司	3	300	70	2013
4	浦 东	上海外高桥发电有限责任公司	4	300	70	2014
5	浦 东	上海外高桥第三发电有限责任公司	7	1000	70	2013
6	宝 山	华能上海石洞口第二电厂	1	600	70	2012
7	宝 山	华能上海石洞口第二电厂	2	600	70	2013
8	闵 行	上海吴泾第二发电有限责任公司	1	600	70	2011
9	闵 行	上海吴泾第二发电有限责任公司	2	600	70	2013
10	宝 山	宝山钢铁股份有限公司宝钢电厂	1	350	70	2014
11	宝 山	宝山钢铁股份有限公司宝钢电厂	2	350	70	2014
12	宝 山	宝山钢铁股份有限公司宝钢电厂	3	350	70	2014
13	浦 东	上海外高桥第二发电有限责任公司	5	900	70	2013
14	浦 东	上海外高桥第二发电有限责任公司	6	900	70	2012
15	宝 山	华能上海石洞口第一电厂	1	300	70	2013
16	宝 山	华能上海石洞口第一电厂	2	300	70	2013
17	宝 山	华能上海石洞口第一电厂	3	300	70	2014
18	宝 山	华能上海石洞口第一电厂	4	300	70	2014
19	闵 行	上海吴泾发电有限责任公司	11	300	70	2013
20	闵 行	上海吴泾发电有限责任公司	12	300	70	2014

表9 钢铁烧结机/球团二氧化硫治理项目

序号	区县	企业名称	生产设施编号	生产设施规模（m²或万吨）	综合脱硫效率（%）	投运年份
1	宝 山	宝山钢铁股份有限公司不锈钢事业部	3	132	70	2014
2	宝 山	宝山钢铁股份有限公司不锈钢事业部	2	132	70	2013
3	宝 山	宝山钢铁股份有限公司不锈钢事业部	1	226	70	2011
4	宝 山	宝山钢铁股份有限公司	1	450	70	2012
5	宝 山	宝山钢铁股份有限公司	2	450	70	2012
6	宝 山	宝山钢铁股份有限公司	3	450	70	2011

表10 石油石化行业催化裂化装置二氧化硫治理项目

序号	区县	企业名称	生产设施名称及编号	生产设施规模（万吨/年）	综合脱硫效率（%）	投运年份
1	浦 东	中国石化集团资产经营管理有限公司上海高桥分公司	1#催化裂化	90	70	2014
2	浦 东	中国石化集团资产经营管理有限公司上海高桥分公司	2#催化裂化	60	70	2014
3	浦 东	中国石化集团资产经营管理有限公司上海高桥分公司	3#催化裂化	140	70	2014

江苏省"十二五"主要污染物总量减排目标责任书

为贯彻落实《国民经济和社会发展第十二个五年规划纲要》、《国务院关于印发"十二五"节能减排综合性工作方案的通知》（国发〔2011〕26号）、《国务院关于加强环境保护重点工作的意见》（国发〔2011〕35号），落实目标责任，强化监督管理，确保实现污染减排约束性目标，经国务院授权，环境保护部与江苏省人民政府签订"十二五"主要污染物总量减排目标责任书。具体目标和要求如下：

一、2015年，全省化学需氧量和氨氮排放总量分别控制在112.8万吨、14.04万吨以内，比2010年的128.0万吨、16.12万吨分别减少11.9%、12.9%（其中，工业和生活化学需氧量、氨氮排放量分别控制在75.3万吨、10.4万吨以内，比2010年分别减少12.8%和13.2%）；二氧化硫和氮氧化物排放总量分别控制在92.5万吨、121.4万吨以内，比2010年的108.6万吨、147.2万吨分别减少14.8%、17.5%。

二、江苏省人民政府对本行政区污染减排负总责，应采取有效措施，确保总量削减目标和重点减排任务按期完成。

1. 2011年底前将国家下达的主要污染物排放总量控制指标和重点任务逐级分解到各级政府、有关部门和重点企业。

2. 将主要污染物排放总量控制目标纳入本行政区经济社会发展规划,制定年度减排计划并严格执行。

3. 严格控制新增污染物排放量,把主要污染物排放总量控制指标作为环评审批的前置条件,试行煤炭消费总量控制。严格控制新建造纸、印染、农药、氮肥、化工、煤电、钢铁、水泥等项目,新建项目按照最严格的环保要求建设治污设施。新建燃煤机组要配套建设高效脱硫脱硝设施;新建新型干法水泥窑要采用低氮燃烧技术并配套建设烟气脱硝设施;新建的钢铁烧结机、石油石化设备、有色冶炼设备、炼焦炉、燃煤锅炉等重点污染源要安装烟气脱硫设施。

4. 把调整经济结构、转变经济发展方式放在更加突出的位置,国家下达的淘汰落后产能任务要按期完成,加大小锅炉、小热电、小化工等的淘汰力度。核准审批新建项目要求关停的产能必须按期淘汰。

5. 到2015年,建制镇生活污水集中处理设施基本全覆盖(90%),县城以上城镇污水处理率达到85%。改造现有污水处理设施,提高脱氮除磷能力。城镇污水处理厂污泥无害化处理处置率达到60%,积极推进再生水回用。强化垃圾渗滤液治理,实现达标排放。加大造纸、印染、化工、食品饮料等重点企业工艺技术改造和废水治理力度,通过改进工艺,清洁生产,污染治理设施改造等手段,降低工业废水排放量和化学需氧量、氨氮等主要水污染物排放浓度。全省单位工业增加值化学需氧量和氨氮排放强度分别下降50%。80%以上规模化畜禽养殖场和养殖小区配套建设固体废物和废水贮存处理设施,实施废弃物资源化利用。

6. 到2015年,现役燃煤机组必须安装脱硫设施,不能稳定达标排放的要进行更新改造或淘汰,烟气脱硫设施要按照规定取消烟气旁路,20万千瓦以上燃煤机组全部实施脱硝改造;钢铁烧结机、球团设备及石油石化催化裂化装置全面实施烟气脱硫改造;现役新型干法水泥窑实施低氮燃烧技术改造,熟料生产规模在4000吨/日以上的生产线必须实施脱硝改造;全面推行机动车环保标志管理,基本淘汰2005年以前注册运营的"黄标车",加快提升车用燃油品质。

7. 加强污染减排统计、监测和考核体系建设,提高机动车和农业源减排监管能力。

8. 列入本责任书的重点减排项目(见附件)应按期建成,并确保稳定运行。

三、环境保护部每年对本责任书的执行情况进行考核，结果报国务院批准后向社会公布。江苏省人民政府每年对各级政府、有关部门和重点企业污染减排情况进行考核，结果抄送环境保护部。

《江苏省"十二五"主要污染物总量减排目标责任书》一式两份，环境保护部、江苏省人民政府各保存一份。

环境保护部　　　　　　　　　　　江苏省人民政府

二〇一一年十二月二十日　　　　　　二〇一一年十二月二十日

附件：

江苏省"十二五"主要污染物减排重点项目表

表1 城镇污水处理设施建设项目

序号	地市	项目名称	设计处理能力 （万吨/日）	负荷率 （%）	投运 年份
1	南 京	城东污水处理厂（三期）	15	75	2014
2	南 京	仙林污水处理厂（二期）	5	75	2014
3	南 京	桥北污水处理厂	10	70	2012
4	南 京	大厂污水处理厂	5	70	2012
5	南 京	六合污水处理厂	10	80	2015
6	南 京	铁北污水处理厂	5	70	2012
7	南 京	溧水鹏鹞污水处理厂（二期）	2	75	2014
8	南 京	江宁科学园污水处理厂（二期）	4	75	2014
9	南 京	江宁空港污水处理厂	2	60	2014
10	连云港	连云港板桥污水处理厂	2.45	80	2014
11	连云港	连云港徐圩污水处理厂	3	80	2014
12	连云港	连云港南城污水处理厂	2	80	2012
13	连云港	赣榆县柘汪镇污水处理厂	2	60	2011
14	连云港	赣榆县力洁污水处理厂	2	75	2011
15	连云港	赣榆县海头镇通海污水处理厂	2	60	2011
16	连云港	灌云县南风污水处理厂（二期）	1.5	80	2014
17	连云港	灌南县城东污水处理厂（二期）	1.5	80	2014
18	南 通	南通东港污水处理厂	15	80	2013
19	南 通	启东第二城污水处理厂	7	60	2014
20	南 通	海门第二污水处理有限公司	8	80	2012
21	南 通	南通经济技术开发区第二污水处理厂	5	80	2013
22	南 通	南通观音山水质净化有限公司	7.3	80	2012
23	南 通	通州利民水处理有限公司	4	75	2012
24	南 通	海安恒发污水处理有限公司	4	75	2013
25	南 通	南通污水处理中心（深度处理＋中水回用）	22.5	80	2013
26	南 通	海门灵甸水务有限公司	2	80	2014
27	南 通	启东吕四污水处理厂	1	75	2011
28	南 通	启东江海污水处理厂	1	80	2011
29	南 通	通州南部地区污水处理厂	2.5	80	2015
30	苏 州	苏州高新区白荡污水厂	8	75	2014
31	苏 州	吴江经济开发区运东城镇污水处理厂	6	60	2012
32	苏 州	太仓经济开发区城东污水处理厂	5	60	2015
33	苏 州	昆山市建邦环境投资有限公司花桥污水处理厂	2.5	80	2015
34	苏 州	昆山市蓬朗片区污水处理厂	2	80	2013
35	宿 迁	城南污水处理厂	3	80	2011

序号	地市	项目名称	设计处理能力（万吨/日）	负荷率（%）	投运年份
36	宿 迁	泗洪县城北污水处理厂	2.5	60	2011
37	宿 迁	河西污水处理厂	2.5	70	2012
38	宿 迁	城东污水处理厂	3	75	2014
39	宿 迁	泗阳城东污水处理厂	3	60	2012
40	宿 迁	开发区沂北区污水处理厂	3	80	2011
41	宿 迁	经济开发区工业污水处理厂	3	80	2011
42	宿 迁	苏宿工业园区污水处理厂	2	60	2011
43	常 州	常州市深水江边污水处理有限公司	30	85	2015
44	无 锡	无锡芦村污水处理厂	5（回用水量）	—	2015
45	无 锡	无锡城北污水处理厂	3（回用水量）	—	2015
46	无 锡	无锡太湖新城污水处理厂	3（回用水量）	—	2015
47	无 锡	惠山水处理有限公司	1（回用水量）	—	2014
48	无 锡	无锡锡山区污水处理厂	3（回用水量）	—	一期2011年、二期2013年
49	无 锡	无锡高新水务有限公司梅村水处理厂	1（回用水量）	—	2015
50	无 锡	无锡高新水务有限公司新城水处理厂	2（回用水量）	—	2015
51	无 锡	中发水务投资有限公司安镇污水处理厂	1（回用水量）	—	2013
52	徐 州	徐州核瑞环保投资有限公司（二期）	5	75	2011
53	徐 州	铜山龙亭污水处理厂	4.5	60	2011
54	徐 州	徐州源泉环保公司三八河污水处理厂（二期）	3	75	2011
55	徐 州	大庙污水处理厂	3	60	2012
56	徐 州	沛县经济开发区污水处理厂	3	60	2011
57	徐 州	徐州市新城区污水处理厂	2.5	60	2011
58	徐 州	徐州丁万河污水处理厂	2	60	2011
59	徐 州	徐州西区污水处理厂	2	60	2011
60	徐 州	新沂市城市污水处理厂（二期）	4	75	2011
61	盐 城	东台城东工业污水处理厂	3	80	2013
62	盐 城	射阳县临港工业区污水厂	1.5	80	2012
63	盐 城	东台沿海污水处理厂	1.5	80	2012
64	盐 城	盐城市城南污水处理厂	10	90	2012
65	盐 城	亭湖区环保产业园污水处理厂	1.5	75	2015
66	盐 城	建湖城南污水厂	1.25	75	2014
67	盐 城	射阳县陈洋镇污水处理厂	2.5	80	2014
68	盐 城	射阳县黄沙港污水处理厂	0.5	80	2013
69	盐 城	盐都区高新技术产业区污水处理厂	1.5	80	2011
70	盐 城	东台县三仓污水处理厂	0.5	80	2015
71	盐 城	城东污水处理厂	10	75	2015
72	盐 城	盐城亭湖区城北污水处理厂	2.4	80	2013

序号	地市	项目名称	设计处理能力（万吨/日）	负荷率（%）	投运年份
73	盐城	滨海县港城城污水处理有限公司	3	80	2014
74	盐城	建湖县上冈镇污水处理厂	0.6	75	2012
75	盐城	建湖县九龙口镇污水处理厂	0.5	75	2014
76	盐城	建湖县城东污水处理厂	2	75	2014
77	盐城	响水县污水处理厂	3	80	2014
78	盐城	江苏联丰环保产业发展有限公司（大丰）	2	80	2012
79	淮安	四季青污水处理厂	4	80	2011
80	淮安	涟水县污水处理厂	3	80	2013
81	淮安	金湖县污水处理厂（二期）	2	80	2011
82	淮安	淮安核瑞环保有限公司	3	80	2013
83	扬州	六圩再生水厂	15	70	2015
84	镇江	丹阳石城污水处理有限公司	2	80	2015
85	镇江	镇江水业总公司丹徒污水处理厂二期扩建	1	75	2015
86	镇江	镇江水业总公司丁卯污水处理厂二期扩建	2	75	2015
87	镇江	镇江东城区污水处理厂建设工程	4	60	2015
88	镇江	金州水务有限公司污水处理厂除磷脱氮工程	2.5	60	2015
89	泰州	泰州市城北污水处理厂	2	60	2015
90	泰州	靖江市城市污水处理厂	2	60	2014
91	泰州	靖江市新港园区污水处理厂	2	60	2011
92	泰州	泰兴市滨江污水处理总厂（二期）	5	75	2011
93	泰州	泰兴市虹桥工业园区污水处理厂	2	60	2013
94	泰州	泰兴市城市北区污水处理厂	2	60	2014

注：负荷率是指污水处理厂建成投运一年后的负荷率。

表2 造纸行业废水治理项目

序号	地市	企业名称	项目内容	投运年份
1	淮安	江苏金莲纸业有限公司	物化＋生化＋深度治理＋水循环使用	2012
2	连云港	连云港华成纸业有限公司	物化＋生化	2015
3	南通	如皋皋南纸品厂	水循环使用＋物化＋生化＋深度治理	2014
4	苏州	江苏理文造纸有限公司	节水措施＋物化＋生化＋深度治理	2013
5	苏州	苏州紫兴纸业有限公司	物化＋好氧生物处理＋深度治理	2014
6	宿迁	泗阳县众鑫纺织有限公司欣洁纸业分公司	深度治理	2013
7	徐州	徐州星光纸业有限公司	中水回用＋物化＋生化＋深度治理	2012
8	徐州	徐州中建纸业有限公司	中水回用＋物化＋生化＋深度治理	2013
9	徐州	江苏欣乐集团公司	节水措施＋物化＋生化＋深度治理	2014
10	盐城	滨海蓝天纸业有限公司（滨海）	物化＋生化＋深度治理	2011
11	盐城	东台汇今纸业有限责任公司	化学混凝法＋深度治理	2013
12	盐城	东台天成纸业有限公司	物化＋深度治理	2013
13	盐城	东台造纸二厂	物化＋生化＋深度治理	2012

序号	地市	企业名称	项目内容	投运年份
14	盐 城	江苏金羚纸业有限公司（大丰）	物化＋生化＋深度治理	2012
15	盐 城	胜达集团江苏双灯纸业有限公司	水循环使用＋物化＋生化	2014
16	扬 州	永丰余造纸有限公司	物化＋生化＋深度治理	2011
17	镇 江	镇江新区东川造纸厂	物化＋生化＋深度治理	2013
18	镇 江	金东纸业（江苏）有限公司	中水回用工程	2014

表3 印染行业废水治理项目

序号	地市	企业名称	项目内容	投运年份
1	淮 安	江苏龙兴印染有限公司	中水回用＋深度治理	2012
2	南 通	南通通州区织布厂	中水回用＋深度治理	2012
3	南 通	东丽酒伊织染（南通）有限公司	物化＋生物＋深度治理	2012
4	南 通	海安联发染整有限公司	中水回用＋深度治理	2014
5	南 通	南通盛达印染有限公司	物化＋组合生物处理＋中水回用＋深度治理	2013
6	南 通	南通通州区丰杰印染有限公司	厌氧/好氧生物组合工艺＋深度治理	2013
7	南 通	南通通州区恒发印花有限责任公司	厌氧/好氧生物组合工艺＋深度治理	2013
8	南 通	南通新锦江印染有限公司	化学＋组合生物处理＋中水回用＋深度治理	2013
9	南 通	南通帝人有限公司	深度治理	2013
10	苏 州	苏州益通印染有限公司	中水回用＋深度治理	2013
11	苏 州	吴江华联丝绸印染厂	中水回用	2011
12	苏 州	吴江天宏印染有限公司	中水回用	2011
13	泰 州	靖江宝德纺织有限公司	物化＋生物＋深度治理	2011
14	泰 州	江苏新纪元纺织有限公司	生化＋物化	2011
15	泰 州	靖江市华宇漂染厂	生化＋物化	2011
16	泰 州	靖江市绿源染织有限公司	生化＋物化	2011
17	无 锡	江苏坤风纺织品有限公司	生化处理中水回用	2012
18	无 锡	江苏爱娇实业股份有限公司	生化处理中水回用	2012
19	无 锡	宜兴苏南印染有限公司	生化处理中水回用	2012
20	盐 城	盐城白牡丹印染色织有限公司	好氧生物处理＋中水回用＋深度治理	2013
21	盐 城	盐城曜源染整有限公司	中水回用＋深度治理	2015
22	盐 城	盐城一剑印染有限公司	化学混凝法＋深度治理	2013
23	常 州	常州旭荣针织印染有限公司	生化处理＋深度治理＋中水回用	2014
24	常 州	常州东方伊思达染织有限公司	生化处理＋深度治理＋中水回用	2013
25	常 州	江苏伊思达染整有限公司	生化处理＋深度治理＋中水回用	2012
26	连云港	江苏利昂实业有限公司	深度治理	2015

表4 石油石化、化工行业废水治理项目

序号	地市	企业名称	项目内容	投运年份
1	南京	南京化学工业有限公司	清洁生产+中水回用+深度治理	2014
2	南京	扬子石化有限公司	废水深度处理及回用工程	2014
3	南京	金陵石化分公司	炼油污水深度处理及回用工程	2014
4	南京	红太阳股份有限公司（高淳）	清洁生产+中水回用+深度治理	2013
5	淮安	江苏淮河化工有限公司	清洁生产+深度治理	2014
6	连云港	江苏新海石化有限公司	气浮、隔油+生化处理	2014
7	南通	江苏南天化肥有限公司	深度治理	2015
8	南通	南通嘉业染料化工有限公司	清洁生产+深度治理	2013
9	南通	南通紫鑫实业有限公司	深度治理	2013
10	南通	南通江山农药化工股份有限公司	物理+生物	2013
11	南通	南通焯晟石油化有限公司	气浮、隔油+生化处理	2013
12	南通	如皋振黄废油净化厂	气浮、隔油+生化处理	2013
13	泰州	姜堰化肥有限责任公司	清洁生产+深度治理	2013
14	泰州	靖江康爱特化工制造有限公司	清洁生产+深度治理	2013
15	泰州	靖江泰达香料化工有限公司	清洁生产+深度治理	2012
16	泰州	靖江维达药业有限公司	清洁生产+深度治理	2012
17	泰州	泰州海力化工有限公司	清洁生产+深度治理	2013
18	泰州	中海油气（泰州）石化有限公司	气浮、隔油+生化处理	2013
19	盐城	盐城凤阳化工有限公司	清洁生产+深度治理	2013

表5 其他行业废水治理项目

序号	地市	企业名称	项目内容	投运年份
1	南京	南京胜科水务有限公司	污水深度治理	2013
2	南京	南京钢铁联合有限公司	清洁生产+中水回用+深度治理	2013
3	连云港	东海县顺源酒业有限公司	物化+生化处理+深度治理	2013
4	南通	江苏新中酿造有限责任公司	节水+深度治理	2013
5	苏州	昆山鼎鑫电子有限公司	中水回用	2013
6	苏州	常熟东南资产经营投资有限公司	电子线路板行业废水回用36万吨/年	2012
7	苏州	常熟东南相互电子有限公司	提标，执行国家电镀行业排放标准	2013
8	苏州	敬鹏（常熟）电子有限公司	提标，执行国家电镀行业排放标准	2013
9	苏州	台燿科技（常熟）有限公司	提标，执行国家电镀行业排放标准	2013
10	苏州	常熟金像电子有限公司	提标，执行国家电镀行业排放标准	2013
11	苏州	吴江喷水织机	中水回用	2015
12	无锡	宜兴协联生物化学有限公司	清洁生产+中水回用+深度治理	2013
13	镇江	镇江恒顺新型调味品有限责任公司	物化+生化处理+深度治理	2013
14	镇江	镇江万发化纤有限公司	黑液深度治理工程	2015

表6 规模化畜禽养殖场（小区）污染治理项目

序号	地市	企业名称	治理措施	投运年份
1	南京	南京科环生态农业有限公司	雨污分流＋干清粪＋畜禽粪便资源化利用	2012
2	常州	金坛金谷牧业公司	雨污分流＋干清粪＋畜禽粪便资源化利用	2014
3	常州	常州康乐农牧有限公司	雨污分流＋干清粪＋畜禽粪便资源化利用	2013
4	常州	郭斌玉养殖场	雨污分流＋干清粪＋畜禽粪便资源化利用	2013
5	常州	江苏省永康农牧科技有限公司	雨污分流＋干清粪＋畜禽粪便资源化利用	2013
6	南通	海门京海肉鸡养殖场	雨污分流＋干清粪＋畜禽粪便资源化利用	2012
7	南通	南通大可畜禽养殖有限公司	雨污分流＋干清粪＋畜禽粪便资源化利用	2014
8	南通	南通天蓬牧业有限公司	雨污分流＋干清粪＋畜禽粪便资源化利用	2014
9	南通	如皋绿科生猪养殖有限公司	雨污分流＋干清粪＋畜禽粪便资源化利用	2013
10	南通	通州祥牛禽牧发展有限公司	雨污分流＋干清粪＋畜禽粪便资源化利用	2013
11	苏州	太仓华忠奶牛场	雨污分流＋干清粪＋畜禽粪便资源化利用	2014
12	苏州	太仓金诸种猪场	雨污分流＋干清粪＋畜禽粪便资源化利用	2013
13	泰州	靖江市丰园生态农业园有限公司	厌氧消化＋农田利用	2011
14	泰州	靖江市马洲乳业有限公司	厌氧消化＋农田利用	2011
15	泰州	泰兴市普丰养殖场	厌氧消化＋农田利用	2011
16	泰州	泰兴永兴生态畜牧发展有限公司	厌氧消化＋农田利用	2011
17	泰州	姜堰市滋龙环境科技有限公司	厌氧消化＋农田利用	2011
18	泰州	姜堰市天姿奶业有限公司	厌氧消化＋农田利用	2011
19	泰州	兴化市峥嵘（联富）养殖合作社	厌氧消化＋农田利用	2011
20	泰州	泰州市城西生猪良种繁殖生产专业合作社	厌氧消化＋农田利用	2011
21	宿迁	泗洪县荷斯坦奶牛养殖场	雨污分流＋干清粪＋畜禽粪便资源化利用	2013
22	宿迁	泗阳县锡源奶业	雨污分流＋干清粪＋畜禽粪便资源化利用	2013
23	宿迁	宿迁金鹅奶牛养殖中心	雨污分流＋干清粪＋畜禽粪便资源化利用	2013
24	宿迁	宿迁鸿山生态奶业发展有限公司	生态圈养,废弃物资源化利用（沼气工程）	2014
25	宿迁	宿迁兴旺生态奶牛养殖有限公司	雨污分流＋干清粪＋畜禽粪便资源化利用	2013
26	盐城	中粮集团公司大型养殖场（东台）	雨污分流＋干清粪＋畜禽粪便资源化利用	2015
27	盐城	滨海县星宇牧业有限公司（滨海）	雨污分流＋干清粪＋畜禽粪便资源化利用	2012
28	盐城	光明集团川东农场（大丰）	雨污分流＋干清粪＋畜禽粪便资源化利用	2012
29	盐城	海丰奶牛场（大丰）	雨污分流＋干清粪＋畜禽粪便资源化利用	2012
30	盐城	江苏桂花鸭禽业有限公司（响水）	雨污分流＋干清粪＋畜禽粪便资源化利用	2013
31	盐城	盐城牧龙畜牧有限公司（响水）	雨污分流＋干清粪＋畜禽粪便资源化利用	2013
32	盐城	阜宁县板湖镇西湖生态养殖小区	生态发酵床技术改造	2011
33	盐城	阜宁县古河镇梁庄生态养猪场	生态发酵床技术改造	2011
34	盐城	阜宁县苏华养猪场	生态发酵床技术改造	2013
35	盐城	阜宁县雨顺猪场	生态发酵床技术改造	2013
36	盐城	阜宁鲲鹏生态猪养殖场	生态发酵床技术改造	2013
37	盐城	阜宁三华生态种猪场	生态发酵床技术改造	2013
38	扬州	宝应县金鸡禽业有限公司	沼气—沼气发电—沼液、沼渣资源化综合利用	2011
39	镇江	镇江希玛牧业有限公司	雨污分流＋干清粪＋畜禽粪便资源化利用	2014

序号	地市	企业名称	治理措施	投运年份
40	徐州	维维农牧科技有限公司	雨污分流＋干清粪＋畜禽粪便资源化利用	2013
41	徐州	苏北鸿运达肉牛养殖场	雨污分流＋干清粪＋畜禽粪便资源化利用	2013
42	徐州	官庄奶牛养殖小区	雨污分流＋干清粪＋畜禽粪便资源化利用	2013
43	徐州	邳州市丰汇奶牛场	雨污分流＋干清粪＋畜禽粪便资源化利用	2014
44	徐州	陈楼果园奶牛场	雨污分流＋干清粪＋畜禽粪便资源化利用	2014
45	徐州	徐州绿健乳牛场	雨污分流＋干清粪＋畜禽粪便资源化利用	2013
46	徐州	冠山富民奶牛养殖合作社	雨污分流＋干清粪＋畜禽粪便资源化利用	2014
47	徐州	润旺奶牛场	雨污分流＋干清粪＋畜禽粪便资源化利用	2013

表7 电力行业二氧化硫治理项目

序号	地市	企业名称	机组编号	装机容量（MW）	项目类型	综合脱硫效率（%）	投运年份
1	南京	南化公司自备电厂	1	55	改建	80	2012
2	南京	南化公司自备电厂	2	55	改建	80	2012
3	南京	南京梅山能源有限公司	1	50	改建	80	2012
4	南京	南京梅山能源有限公司	3	60	改建	80	2012
5	南京	南京第二热电厂	1	55	改建	80	2011
6	南京	南京第二热电厂	2	55	改建	80	2011
7	徐州	徐州华鑫发电有限公司	1	330	改建	80	2011
8	徐州	徐州华鑫发电有限公司	2	330	改建	80	2011
9	苏州	太仓港协鑫发电有限公司	3	300	改建	90	2012
10	苏州	太仓港协鑫发电有限公司	4	300	改建	90	2012
11	苏州	太仓港协鑫发电有限公司	5	300	改建	90	2012
12	苏州	太仓港协鑫发电有限公司	6	300	改建	90	2012
13	苏州	玖龙纸业（太仓）有限公司	1	5	改建	86	2012
14	苏州	玖龙纸业（太仓）有限公司	2	5	改建	86	2012
15	苏州	南亚铜箔（昆山）有限公司	1	35	改建	70	2011
16	苏州	南亚加工丝（昆山）有限公司	1	57	改建	70	2011
17	苏州	吴江市三联印染有限公司热电分厂	1	6	改建	70	2011
18	连云港	江苏新海发电有限公司	15	330	改建	90	2013
19	连云港	江苏新海发电有限公司	16	330	改建	90	2014
20	泰州	靖江苏源热电有限公司	1、2	18	改建	75	2011

表8 电力行业氮氧化物治理项目

序号	地市	企业名称	机组编号	装机容量（MW）	综合脱硝效率（%）	投运年份
1	南京	南京华润热电有限公司	3	330	75	2013
2	南京	南京华润热电有限公司	4	330	75	2013
3	无锡	江苏利港电力有限公司	1	350	75	2013

序号	地市	企业名称	机组编号	装机容量（MW）	综合脱硝效率（%）	投运年份
4	无锡	江苏利港电力有限公司	3	370	75	2013
5	无锡	江苏利港电力有限公司	4	370	75	2013
6	无锡	江苏苏龙发电有限公司	5	330	75	2014
7	无锡	江苏苏龙发电有限公司	6	330	75	2013
8	徐州	徐州华润电力有限公司	1	320	75	2014
9	徐州	徐州华润电力有限公司	2	320	75	2014
10	徐州	徐州华润电力有限公司	3	320	75	2013
11	徐州	徐州华润电力有限公司	4	320	75	2013
12	徐州	江苏徐塘发电有限责任公司	4	320	75	2012
13	徐州	江苏徐塘发电有限责任公司	5	320	75	2013
14	徐州	江苏徐塘发电有限责任公司	6	330	75	2015
15	徐州	江苏徐塘发电有限责任公司	7	330	75	2014
16	徐州	徐州华鑫发电有限公司	1	330	75	2013
17	徐州	徐州华鑫发电有限公司	2	330	75	2013
18	徐州	江苏徐矿综合利用发电有限公司	1	300	75	2013
19	徐州	江苏徐矿综合利用发电有限公司	2	300	75	2013
20	常州	国电常州发电有限公司	1	600	80	2012
21	常州	国电常州发电有限公司	2	600	80	2013
22	苏州	华润电力（常熟）有限公司	1	650	70	2013
23	苏州	华润电力（常熟）有限公司	2	650	70	2013
24	苏州	华润电力（常熟）有限公司	3	650	70	2013
25	苏州	张家港沙洲电力有限公司	1	630	80	2013
26	苏州	张家港沙洲电力有限公司	2	630	80	2012
27	苏州	华能国际电力公司太仓电厂	1	320	75	2012
28	苏州	华能国际电力公司太仓电厂	2	320	75	2013
29	苏州	华能国际电力公司太仓电厂	3	630	75	2013
30	苏州	华能国际电力公司太仓电厂	4	630	75	2013
31	苏州	华电望亭发电厂	3	660	75	2011
32	苏州	华电望亭发电厂	4	660	75	2011
33	苏州	华电望亭发电厂	11	320	75	2015
34	苏州	华电望亭发电厂	14	320	75	2013
35	苏州	太仓港协鑫发电有限公司	3	300	75	2013
36	苏州	太仓港协鑫发电有限公司	4	300	75	2013
37	苏州	太仓港协鑫发电有限公司	5	300	75	2013
38	苏州	太仓港协鑫发电有限公司	6	300	75	2013
39	苏州	江苏常熟发电有限公司	1	330	70	2012
40	苏州	江苏常熟发电有限公司	2	330	70	2013
41	苏州	江苏常熟发电有限公司	3	330	70	2014
42	苏州	江苏常熟发电有限公司	4	330	70	2015
43	南通	江苏大唐国际吕四港电厂	1	600	80	2013
44	南通	江苏大唐国际吕四港电厂	2	600	80	2012

序号	地市	企业名称	机组编号	装机容量（MW）	综合脱硝效率（%）	投运年份
45	南　通	江苏大唐国际吕四港电厂	3	600	80	2012
46	南　通	江苏大唐国际吕四港电厂	4	600	80	2013
47	南　通	华能南通电厂	1	352	75	2013
48	南　通	华能南通电厂	2	352	75	2012
49	南　通	华能南通电厂	3	350	75	2014
50	南　通	华能南通电厂	4	350	75	2013
51	南　通	南通天生港发电有限公司	1	330	75	2012
52	南　通	南通天生港发电有限公司	2	330	75	2013
53	连云港	江苏新海发电有限公司	15	330	70	2013
54	连云港	江苏新海发电有限公司	16	330	70	2014
55	淮　安	华能淮阴电厂	3	330	70	2012
56	淮　安	华能淮阴电厂	4	330	70	2013
57	淮　安	华能淮阴电厂	5	330	70	2013
58	淮　安	华能淮阴电厂	6	330	70	2014
59	淮　安	江苏淮阴发电有限责任公司	3	330	70	2013
60	扬　州	扬州第二发电有限责任公司	1	630	70	2012
61	扬　州	扬州第二发电有限责任公司	2	630	70	2014
62	扬　州	江苏国信扬州发电有限责任公司	3	630	70	2014
63	扬　州	江苏国信扬州发电有限责任公司	4	630	70	2014
64	扬　州	江苏华电扬州发电有限公司	6	330	70	2013
65	扬　州	江苏华电扬州发电有限公司	7	330	70	2014
66	镇　江	江苏镇江发电有限公司	5	630	70	2013
67	镇　江	江苏镇江发电有限公司	6	630	70	2013
68	镇　江	中国国电集团公司谏壁发电厂	7	330	70	2013
69	镇　江	中国国电集团公司谏壁发电厂	8	330	70	2014
70	镇　江	中国国电集团公司谏壁发电厂	9	330	70	2015
71	镇　江	中国国电集团公司谏壁发电厂	10	330	70	2012
72	镇　江	中国国电集团公司谏壁发电厂	11	330	70	2012
73	镇　江	中国国电集团公司谏壁发电厂	12	330	70	2011
74	泰　州	国电泰州发电有限公司	1	1000	70	2013
75	泰　州	国电泰州发电有限公司	2	1000	70	2012

表9　钢铁烧结机/球团二氧化硫治理项目

序号	地市	企业名称	生产设施编号	生产设施规模（m² 或万吨）	综合脱硫效率（%）	投运年份
1	南　京	南京钢铁联合有限公司	1	180	70	2012
2	南　京	南京钢铁联合有限公司	2	180	70	2012
3	无　锡	江阴兴澄特种钢铁有限公司	1	180	70	2011
4	徐　州	徐州博丰钢铁有限公司	1	115	70	2012
5	徐　州	徐州成日钢铁有限公司	1	180	70	2013

序号	地市	企业名称	生产设施编号	生产设施规模（m²或万吨）	综合脱硫效率（%）	投运年份
6	徐州	徐州泰发特钢科技有限公司	1	90	70	2012
7	徐州	徐州东亚钢铁有限公司	1	180	70	2014
8	徐州	铜山县兴达冶炼铸造有限公司	1	180	70	2013
9	徐州	铜山县兴达冶炼铸造有限公司	2	180	70	2012
10	徐州	铜山县利国钢铁有限公司	1	90	70	2013
11	徐州	铜山县利国钢铁有限公司	2	180	70	2014
12	徐州	江苏龙远钢铁有限公司	1	90	70	2012
13	徐州	徐州荣阳钢铁厂	1	192	70	2014
14	徐州	徐州市东南钢铁工业有限公司	1	120	70	2013
15	徐州	徐州市东南钢铁工业有限公司	2	120	70	2014
16	徐州	徐州牛头山钢铁有限公司	1	192	70	2013
17	常州	中天钢铁集团有限公司	1	180	70	2011
18	常州	中天钢铁集团有限公司	2	180	70	2011
19	常州	中天钢铁集团有限公司	3	180	70	2012
20	苏州	江苏沙钢集团有限公司	1	180	70	2014
21	苏州	江苏沙钢集团有限公司	2	180	70	2014
22	苏州	江苏沙钢集团有限公司	3	360	70	2011
23	苏州	江苏沙钢集团有限公司	4	360	70	2011
24	苏州	江苏沙钢集团有限公司	5	360	70	2013
25	连云港	江苏省镔鑫特钢材料有限公司	2	180	70	2014
26	连云港	江苏省镔鑫特钢材料有限公司	3	180	70	2014
27	淮安	江苏沙钢集团淮钢特钢有限公司	1	144	70	2014
28	淮安	江苏沙钢集团淮钢特钢有限公司	2	162	70	2014
29	镇江	丹阳龙江钢铁有限公司	1	180	70	2013
30	泰州	江苏长强钢铁有限公司	球团	50	70	2011

表10 石油石化行业催化裂化装置二氧化硫治理项目

序号	地市	企业名称	生产设施名称及编号	生产设施规模（万吨/年）	综合脱硫效率（%）	投运年份
1	南京	扬子石油化工有限公司	催化裂化	200	70	2014
2	南京	中石化金陵分公司	第一催化裂化装置	130	70	2014
3	连云港	江苏新海石化有限公司	催化裂化	120	40	2015

表11 水泥行业氮氧化物治理项目

序号	地市	企业名称	生产设施编号	熟料生产规模（吨/日）	综合脱硝效率（%）	投运年份
1	南京	江南一小野田水泥有限公司	1	4000	30	2014
2	南京	江苏汉天水泥有限公司	1	4100	30	2014
3	南京	中国水泥厂有限公司	2	5000	30	2014
4	南京	中国水泥厂有限公司	3	5000	30	2014
5	无锡	宜兴天山水泥有限责任公司	1	5000	30	2013
6	无锡	江苏新街南方水泥有限公司（宜兴市双龙水泥有限责任公司）	1	5000	30	2013
7	无锡	江苏青狮水泥有限公司	1	4000	30	2013
8	徐州	徐州中联水泥有限公司	1	5000	30	2015
9	徐州	徐州市龙山水泥厂	1	4000	30	2015
10	徐州	淮海中联水泥有限公司	1	4000	30	2015
11	常州	江苏金峰水泥集团有限公司	1	4500	30	2013
12	常州	江苏金峰水泥集团有限公司	2	4500	30	2014
13	常州	江苏金峰水泥集团有限公司	3	4500	30	2014
14	常州	江苏金峰水泥集团有限公司	4	4500	30	2014
15	常州	江苏金峰水泥集团有限公司	5	4500	30	2014
16	常州	江苏天山水泥集团有限公司溧阳分公司	1	5000	30	2014
17	常州	盘固水泥集团有限公司	1	4500	30	2014
18	镇江	句容台泥水泥有限公司	1	5250	30	2014
19	镇江	句容台泥水泥有限公司	2	6000	30	2014
20	镇江	江苏鹤林水泥有限公司	2	5000	30	2015

表12 其他行业二氧化硫治理项目

序号	地市	企业名称	行业	项目内容和规模	综合脱硫效率（%）	投运年份
1	苏州	台玻长江玻璃有限公司	建材	烟气脱硫	70	2011
2	镇江	镇江市东亚碳素有限公司	焦化	烟气脱硫	70	2015
3	泰州	靖江众达炭材有限公司		HPF湿法脱硫	70	2012

浙江省"十二五"主要污染物总量减排目标责任书

　　为贯彻落实《国民经济和社会发展第十二个五年规划纲要》、《国务院关于印发"十二五"节能减排综合性工作方案的通知》（国发〔2011〕26号）、《国务院关于加强环境保护重点工作的意见》（国发〔2011〕35号），落实目标责任，强化监督管理，确保实现污染减排约束性目标，经国务院授权，环境保护部与浙江省人民政府签订"十二五"主要污染物总量减排目标责任书。具体目标和要求如下：

　　一、2015年，全省化学需氧量和氨氮排放总量分别控制在74.6万吨、10.36万吨以内，比2010年的84.2万吨、11.84万吨分别减少11.4%、12.5%（其中，工业和生活化学需氧量、氨氮排放量分别控制在53.7万吨、7.84万吨以内，比2010年分别减少12.5%和12.5%）；二氧化硫和氮氧化物排放总量分别控制在59.3万吨、69.9万吨以内，比2010年的68.4万吨、85.3万吨分别减少13.3%、18.0%。

　　二、浙江省人民政府对本行政区污染减排负总责，应采取有效措施，确保总量削减目标和重点减排任务按期完成。

1. 2011年底前将国家下达的主要污染物排放总量控制指标和重点任务逐级分解到各级政府、有关部门和重点企业。

2. 将主要污染物排放总量控制目标纳入本行政区经济社会发展规划，制定年度减排计划并严格执行。

3. 严格控制新增污染物排放量，把主要污染物排放总量控制指标作为环评审批的前置条件，试行燃煤总量控制。严格控制新建造纸、印染、农药、氮肥、化工、煤电、钢铁、水泥等项目，新建项目按照最严格的环保要求建设治污设施。新建燃煤机组要配套建设高效脱硫脱硝设施；新建新型干法水泥窑要采用低氮燃烧技术并配套建设烟气脱硝设施；新建的钢铁烧结机、石油石化设备、有色冶炼设备、炼焦炉、燃煤锅炉等重点污染源要安装烟气脱硫设施。

4. 把调整经济结构、转变经济发展方式放在更加突出的位置，国家下达的淘汰落后产能任务要按期完成，加大小锅炉、小热电、小化工等的淘汰力度。实施绍兴县、杭州萧山区小热电、小锅炉集中整治。核准审批新建项目要求关停的产能必须按期淘汰。

5. 到2015年，全省基本实现镇级污水处理设施全覆盖，城镇污水收集管网进一步完善，县以上城市污水处理率达到85%。改造现有污水处理设施，提高脱氮除磷能力。城市污水处理厂污泥无害化处理处置率达到60%，再生水回用率达到10%。强化垃圾渗滤液治理，实现达标排放。加大造纸、印染、化工、皮革、食品饮料等重点企业工艺技术改造和废水治理力度，全省单位工业增加值化学需氧量和氨氮排放强度下降50%。80%以上规模化畜禽养殖场和养殖小区配套建设固体废物和废水贮存处理设施，实施废弃物资源化利用。

6. 到2015年，现役燃煤机组必须安装脱硫设施，不能稳定达标排放的要进行更新改造或淘汰，烟气脱硫设施要按照规定取消烟气旁路，20万千瓦以上燃煤机组全部实施脱硝改造；钢铁烧结机、球团设备及石油石化催化裂化装置全面实施烟气脱硫改造；现役新型干法水泥窑实施低氮燃烧技术改造，熟料生产规模在4000吨/日以上的生产线必须实施脱硝改造；全面推行机动车环保标志管理，基本淘汰2005年以前注册运营的"黄标车"，加快提升车用燃油品质。

7. 加强污染减排统计、监测和考核体系建设，提高机动车和农业源减排监管能力。

8. 列入本责任书的重点减排项目（见附件）应按期建成，并确保稳定运行。

三、环境保护部每年对本责任书的执行情况进行考核，结果报国务院批准后向社会公

布。浙江省人民政府每年对各级政府、有关部门和重点企业污染减排情况进行考核，结果抄送环境保护部。

《浙江省"十二五"主要污染物总量减排目标责任书》一式两份，环境保护部、浙江省人民政府各保存一份。

环境保护部   浙江省人民政府

二〇一一年   月   日   二〇一一年十二月二十日

附件：

浙江省"十二五"主要污染物减排重点项目表

表1 城镇污水处理设施建设项目

序号	地市	项目名称	设计处理能力（万吨/日）	负荷率（%）	投运年份
1	杭 州	杭州天创水务有限公司七格污水处理厂	一期40，二期20	75	2015
2	杭 州	富阳市新盈嘉水务有限公司	3	75	2015
3	杭 州	桐庐富春污水处理有限公司	一期2，二期4	75	2014
4	杭 州	临安城市污水处理有限公司	6（尾水脱磷除氮工程）	—	2012
5	杭 州	富阳市清园城市综合污水处理有限公司（原富阳市八一城市综合污水处理有限公司）	3（回用水量）	—	2015
6	杭 州	杭州排水总公司四堡污水切入七格三期处理工程	60	75	2014
7	杭 州	杭州排水总公司四堡污水切入七格三期处理工程	8（回用水量）	—	2014
8	湖 州	湖州凤凰污水处理厂	7.5	75	2014
9	湖 州	湖州光正水质净化有限公司	3	75	2013
10	湖 州	碧浪污水处理厂	2	75	2013
11	湖 州	长兴兴长污水处理有限公司	2（回用水量）	—	2014
12	嘉 兴	海宁紫薇水务有限责任公司	6	75	2014
13	嘉 兴	海宁钱塘水务有限公司	5	75	2014
14	嘉 兴	平湖市独山港区环保科技有限公司	5	75	2014
15	嘉 兴	海宁首创水务有限责任公司	2（回用水量）	—	2015
16	金 华	浦江县城市污水处理厂	8	75	2011
17	金 华	义乌水处理中心污水处理厂	1（回用水量）	—	2013
18	宁 波	余姚市小曹娥城市污水处理有限公司	12	75	2015
19	宁 波	慈溪市北部污水处理厂	10	75	2015
20	宁 波	慈溪市杭州湾水处理有限公司	4	75	2013
21	宁 波	宁波黄家埠滨海污水处理有限公司	3	75	2013
22	宁 波	慈溪市污水处理厂	2（回用水量）	—	2011
23	宁 波	宁波北区污水处理有限公司	2.6（回用水量）	—	2014
24	宁 波	宁波市城市排水有限公司江东北区污水处理厂	2（回用水量）	—	2012
25	宁 波	宁波北仑岩东排水有限公司	3.2（回用水量）	—	2013
26	宁 波	宁波市城市排水有限公司南区污水处理厂	3（回用水量）	—	2013
27	绍 兴	上虞水处理发展有限责任公司	18.75	75	2015
28	绍 兴	嵊新污水处理厂	15	75	2015
29	台 州	台州市水处理发展有限公司	15	75	2015
30	台 州	玉环县污水有限公司	6	75	2015
31	台 州	玉环县污水有限公司	2（回用水量）	—	2015
32	台 州	中科成污水净化有限公司	2（回用水量）	—	2015
33	温 州	平阳县污水处理厂	6	75	2014

序号	地市	项目名称	设计处理能力（万吨/日）	负荷率（%）	投运年份
34	温 州	瓯北镇污水处理厂	5	75	2014
35	温 州	滨海园区第二污水处理厂	3	75	2013
36	温 州	滨海园区第一污水处理厂	2（回用水量）	—	2015

注：负荷率是指污水处理厂建成投运一年后的负荷率。

表2 造纸行业废水治理项目

序号	地市	企业名称	项目内容	投运年份
1	杭 州	富阳春马纸业有限公司（杭州富阳钱江造纸厂）	生化处理＋深度治理	2011
2	温 州	永嘉县永丰造纸厂	生化处理＋深度治理	2012
3	温 州	乐清市丰园造纸有限公司	生化处理＋深度治理	2012
4	温 州	乐清市可鑫造纸有限公司	生化处理＋深度治理	2012
5	温 州	温州市金桥纸业有限公司	生化处理＋深度治理	2013
6	温 州	仙桥集团有限公司	生化处理＋深度治理	2013
7	台 州	温岭市新华纸业有限公司	生化处理＋深度治理	2014
8	宁 波	宁波亚洲浆纸业有限公司	生化处理＋深度治理	2015
9	宁 波	宁波中华纸业有限公司	生化处理＋深度治理	2015
10	金 华	浙江武义张氏包装实业有限公司	生化处理＋深度治理	2011

表3 印染行业废水治理项目

序号	地市	企业名称	项目内容	投运年份
1	杭 州	富丽达集团控股有限公司	深度治理＋节水	2015
2	杭 州	杭州航民达美染整有限公司	深度治理＋节水	2015
3	杭 州	浙江航民股份有限公司	深度治理＋节水	2015
4	杭 州	杭州钱江印染化工有限公司	深度治理＋节水	2015
5	杭 州	浙江航民股份有限公司印染分公司	深度治理＋节水	2014
6	杭 州	杭州新生印染有限公司	深度治理＋节水	2014
7	杭 州	浙江圣山染整有限公司	深度治理＋节水	2014
8	杭 州	杭州天宇印染有限公司	深度治理＋节水	2014
9	杭 州	杭州欣元印染有限公司	深度治理＋节水	2014
10	杭 州	杭州集锦印染有限公司	深度治理＋节水	2014
11	杭 州	杭州三印染整有限公司	深度治理＋节水	2014
12	杭 州	杭州澳美印染有限公司	深度治理＋节水	2014
13	杭 州	杭州航民美时达印染有限公司	深度治理＋节水	2013
14	杭 州	杭州萧越染织有限公司	深度治理＋节水	2013
15	杭 州	杭州嘉濠印花染整有限公司	深度治理＋节水	2013
16	杭 州	浙江圣山科纺有限公司	深度治理＋节水	2013
17	杭 州	杭州集美印染有限公司	深度治理＋节水	2013

序号	地市	企业名称	项目内容	投运年份
18	杭 州	杭州鸿江纺织印染有限公司	深度治理＋节水	2013
19	杭 州	杭州华仑印染有限公司	深度治理＋节水	2013
20	杭 州	浙江庆丰织染有限公司	深度治理＋节水	2013
21	杭 州	杭州三信织造有限公司	深度治理＋节水	2011
22	温 州	浙江丽丰服装科技有限公司	深度治理＋节水	2011
23	绍 兴	浙江东方华强纺织印染有限公司	深度治理＋节水	2015
24	绍 兴	浙江天龙数码印染有限公司	深度治理＋节水	2015
25	绍 兴	浙江天马实业股份有限公司	深度治理＋节水	2014
26	绍 兴	浙江绍兴昕欣纺织有限公司	深度治理＋节水	2014
27	绍 兴	浙江盛兴染整有限公司	深度治理＋节水	2014
28	绍 兴	浙江宇展印染有限公司	深度治理＋节水	2014
29	绍 兴	绍兴县洁彩坊印染有限公司	深度治理＋节水	2014
30	绍 兴	浙江振越染整砂洗有限公司	深度治理＋节水	2013
31	绍 兴	浙江维艺实业股份有限公司	深度治理＋节水	2013
32	绍 兴	浙江兴美达有限公司	深度治理＋节水	2013
33	绍 兴	浙江稽山印染有限公司	深度治理＋节水	2013
34	绍 兴	浙江怡创印染有限公司	深度治理＋节水	2013
35	绍 兴	绍兴县绿叶印染有限公司	深度治理＋节水	2013
36	绍 兴	绍兴县爱利斯纺织染整有限公司	深度治理＋节水	2013
37	绍 兴	绍兴县广丰印染有限公司	深度治理＋节水	2013
38	绍 兴	浙江宝纺棉麻印染有限公司	深度治理＋节水	2013
39	绍 兴	浙江百瑞印染有限公司	深度治理＋节水	2013
40	绍 兴	浙江省绍兴县振亚印染有限公司	深度治理＋节水	2013
41	绍 兴	绍兴东龙针纺织印染有限公司	深度治理＋节水	2013
42	宁 波	宁波伊盟衬布有限公司	深度治理＋节水	2012
43	宁 波	宁波侨泰纺织有限公司	深度治理＋节水	2012
44	宁 波	浙江一漂印染有限公司	深度治理＋节水	2012
45	宁 波	宁波经济技术开发区伟伟染业有限公司	深度治理＋节水	2012
46	丽 水	浙江同丰革基布有限公司	纳管＋中水回用	2013
47	丽 水	丽水富泰革基布有限公司	纳管＋中水回用	2012
48	丽 水	浙江华都革基布有限公司	纳管＋中水回用	2012
49	丽 水	浙江富邦布业有限公司	纳管＋中水回用	2012
50	丽 水	丽水市康华布业有限公司	纳管＋中水回用	2012
51	丽 水	浙江源泰布业有限公司	纳管＋中水回用	2012
52	丽 水	浙江金奥实业有限公司	纳管＋中水回用	2012
53	嘉 兴	嘉兴市永泉织染有限公司	深度治理＋节水	2013
54	湖 州	浙江大港印染有限公司	深度治理＋节水	2013
55	湖 州	湖州思祺服饰染整有限公司	深度治理＋节水	2012
56	湖 州	德清县龙奇丝绸炼染有限公司	深度治理＋节水	2011

表4 石油石化、化工行业废水治理项目

序号	地市	企业名称	项目内容	投运年份
1	杭州	杭州友邦香精香料有限公司	深度治理	2015
2	杭州	浙江省桐庐汇丰生物化工有限公司	深度治理	2015
3	杭州	浙江临安大地化工有限公司	深度治理	2013
4	杭州	浙江金帆达生化股份有限公司（杭州金帆达化工有限公司）	深度治理	2014
5	杭州	桐庐春江医药化工厂	深度治理	2014
6	杭州	杭州庆丰农化有限公司	深度治理	2013
7	杭州	杭州南郊化学有限公司	深度治理	2014
8	杭州	杭州禾新化工有限公司	深度治理	2014
9	杭州	杭州石化有限责任公司	气浮、隔油＋生化处理	2013
10	温州	温州市鹿城东瓯染料中间体厂	深度治理	2015
11	温州	乐斯化学有限公司	深度治理	2015
12	台州	浙江新农化工股份有限公司	深度治理	2013
13	台州	浙江海正化工股份有限公司	深度治理	2013
14	绍兴	浙江泰达作物科技有限公司	深度治理	2011
15	宁波	中海石油宁波大榭石化有限公司	气浮、隔油＋生化处理	2014
16	宁波	镇海炼化分公司	炼油达标污水回用工程	2013
17	宁波	镇海炼化分公司	乙烯达标污水回用工程	2013
18	湖州	浙江升华拜克生物股份有限公司	深度治理	2015
19	湖州	浙江菱化实业股份有限公司	深度治理	2015

表5 其他行业废水治理项目

序号	地市	企业名称	项目内容	投运年份
1	杭州	杭州奇达皮革有限公司	深度治理	2014
2	丽水	亚泰制革有限公司	深度治理	2015
3	温州	浙江斯利达皮业有限公司	深度治理	2015
4	温州	浙江侨信皮革有限公司	深度治理	2015
5	温州	浙江南溪实业有限公司	深度治理	2015
6	温州	浙江练达皮业有限公司	深度治理	2015
7	温州	浙江力源皮业有限公司	深度治理	2015
8	温州	温州亿强皮件有限公司	深度治理	2015
9	温州	温州兴华皮件有限公司	深度治理	2015
10	温州	温州祥顺皮件有限公司	深度治理	2015
11	温州	温州万豪皮革有限公司	深度治理	2015
12	温州	温州顺峰皮革有限公司	深度治理	2015
13	温州	温州市瓯海南龙制革厂	深度治理	2014

序号	地市	企业名称	项目内容	投运年份
14	温 州	温州市精诚皮革有限公司	深度治理	2013
15	温 州	温州市华杰皮业有限公司	深度治理	2015
16	温 州	温州三强皮业有限公司	深度治理	2013
17	温 州	温州汇源皮业有限公司	深度治理	2015
18	温 州	温州鸿雁皮革有限公司	深度治理	2015
19	温 州	温州国创皮业有限公司	深度治理	2015
20	温 州	温州峰丽皮革有限公司	深度治理	2015
21	温 州	温州大自然皮业有限公司	深度治理	2015
22	温 州	温州创汇皮革有限公司	深度治理	2015
23	温 州	温州宝市皮业有限公司	深度治理	2015
24	温 州	温州宝利皮革制品有限公司	深度治理	2015
25	温 州	温州佰特皮件有限公司	深度治理	2015
26	温 州	温州百事达皮革有限公司	深度治理	2015
27	温 州	平阳县中后宏利制革厂	深度治理	2015
28	温 州	平阳县正友皮革有限公司	深度治理	2015
29	温 州	平阳县远大皮革有限公司	深度治理	2015
30	温 州	平阳县溪心东风制革厂	深度治理	2015
31	温 州	平阳县西南皮革有限公司	深度治理	2015
32	温 州	平阳县万泰皮革有限公司	深度治理	2015
33	温 州	平阳县万利达皮革有限公司	深度治理	2015
34	温 州	平阳县泰达制革厂	深度治理	2015
35	温 州	平阳县瑞尔达皮革制品有限公司	深度治理	2015
36	温 州	平阳县欧南皮革有限公司	深度治理	2015
37	温 州	平阳县金欧皮革制品厂	深度治理	2015
38	温 州	平阳县合顺皮革有限公司	深度治理	2015
39	温 州	平阳县丰顺皮革有限公司	深度治理	2015
40	温 州	平阳县东风皮塑工艺厂	深度治理	2015
41	温 州	平阳县创大皮业有限公司	深度治理	2015
42	温 州	平阳县步顺皮革有限公司	深度治理	2015
43	温 州	奋起皮业有限公司	深度治理	2015

表6 规模化畜禽养殖场（小区）污染治理项目

序号	地市	企业名称	治理措施	投运年份
1	杭 州	杭州天元农业开发有限公司	雨污分流＋干清粪＋畜禽粪便资源化利用	2015
2	杭 州	富阳市上旺蛋鸡场	雨污分流＋干清粪＋畜禽粪便资源化利用	2015
3	杭 州	浙江星野集团责任有限公司杭州奶牛场	雨污分流＋干清粪＋畜禽粪便资源化利用	2015
4	杭 州	萧山富伦奶牛场	雨污分流＋干清粪＋畜禽粪便资源化利用	2015
5	杭 州	杭州萧山江南养殖有限公司	雨污分流＋干清粪＋畜禽粪便资源化利用	2014
6	杭 州	杭州萧山钱江养殖实业有限公司	雨污分流＋干清粪＋畜禽粪便资源化利用	2014

序号	地市	企业名称	治理措施	投运年份
7	杭 州	杭州萧山法庆农牧发展有限公司	雨污分流＋干清粪＋畜禽粪便资源化利用	2014
8	杭 州	建德大同镇海仙养殖场	雨污分流＋干清粪＋畜禽粪便资源化利用	2014
9	杭 州	杭州双峰牧业有限公司	雨污分流＋干清粪＋畜禽粪便资源化利用	2014
10	杭 州	杭州萧山康盛养殖有限公司	雨污分流＋干清粪＋畜禽粪便资源化利用	2013
11	杭 州	浙江新东湾农业开发有限公司	雨污分流＋干清粪＋畜禽粪便资源化利用	2013
12	杭 州	杭州新欣种猪有限公司	雨污分流＋干清粪＋畜禽粪便资源化利用	2013
13	杭 州	杭州千岛湖科普养鸡园	雨污分流＋干清粪＋畜禽粪便资源化利用	2013
14	杭 州	浙江惠丰养殖有限公司	雨污分流＋干清粪＋畜禽粪便资源化利用	2012
15	杭 州	杭州志伟家禽有限公司	雨污分流＋干清粪＋畜禽粪便资源化利用	2012
16	湖 州	鸿达养殖场	雨污分流＋干清粪＋畜禽粪便资源化利用	2015
17	湖 州	湖州永恒养猪场	雨污分流＋干清粪＋畜禽粪便资源化利用	2015
18	湖 州	梅建华养鸡场	雨污分流＋干清粪＋畜禽粪便资源化利用	2015
19	湖 州	浙江凤山奶牛养殖有限公司	雨污分流＋干清粪＋畜禽粪便资源化利用	2013
20	湖 州	味全（安吉）乳品专业牧场有限公司	雨污分流＋干清粪＋畜禽粪便资源化利用	2012
21	湖 州	湖州东新养殖有限公司	雨污分流＋干清粪＋畜禽粪便资源化利用	2012
22	嘉 兴	浙江光大种禽业有限公司	雨污分流＋干清粪＋畜禽粪便资源化利用	2014
23	嘉 兴	嘉兴星健畜禽业养殖有限公司	雨污分流＋干清粪＋畜禽粪便资源化利用	2014
24	嘉 兴	嘉兴市舜荣农产品开发有限公司	雨污分流＋干清粪＋畜禽粪便资源化利用	2013
25	嘉 兴	叶文辉养鸡场	雨污分流＋干清粪＋畜禽粪便资源化利用	2013
26	嘉 兴	海宁市许村镇塘桥金根奶牛养殖场	雨污分流＋干清粪＋畜禽粪便资源化利用	2012
27	嘉 兴	嘉兴市士法禽业有限公司	雨污分流＋干清粪＋畜禽粪便资源化利用	2013
28	嘉 兴	海宁市绿源奶牛养殖场	雨污分流＋干清粪＋畜禽粪便资源化利用	2011
29	金 华	伊康奶牛场	雨污分流＋干清粪＋畜禽粪便资源化利用	2015
30	金 华	浙江加华种猪场有限公司	雨污分流＋干清粪＋畜禽粪便资源化利用	2014
31	金 华	李子园四牧场	雨污分流＋干清粪＋畜禽粪便资源化利用	2014
32	金 华	杨卜山李子园牧场	雨污分流＋干清粪＋畜禽粪便资源化利用	2014
33	金 华	汤溪佳乐九峰牧场	雨污分流＋干清粪＋畜禽粪便资源化利用	2011
34	宁 波	余姚市神农畜禽有限公司	雨污分流＋干清粪＋畜禽粪便资源化利用	2015
35	宁 波	宁波市牛奶集团第十八牧场	雨污分流＋干清粪＋畜禽粪便资源化利用	2015
36	宁 波	宁波慈龙畜业有限公司	雨污分流＋干清粪＋畜禽粪便资源化利用	2014
37	宁 波	慈溪市惠农生猪养殖场	雨污分流＋干清粪＋畜禽粪便资源化利用	2014
38	宁 波	宁波久久红农业发展有限公司	雨污分流＋干清粪＋畜禽粪便资源化利用	2013
39	宁 波	余姚市恒大禽业有限公司	雨污分流＋干清粪＋畜禽粪便资源化利用	2013
40	宁 波	浙江正大畜禽有限公司	雨污分流＋干清粪＋畜禽粪便资源化利用	2013
41	绍 兴	上虞市富强生态农业有限公司	雨污分流＋干清粪＋畜禽粪便资源化利用	2015
42	绍 兴	绍兴市越州家禽育种有限公司	雨污分流＋干清粪＋畜禽粪便资源化利用	2013
43	台 州	仙居种鸡场	雨污分流＋干清粪＋畜禽粪便资源化利用	2014
44	台 州	前所种鸡场	雨污分流＋干清粪＋畜禽粪便资源化利用	2013
45	台 州	和盈公司种鸡场	雨污分流＋干清粪＋畜禽粪便资源化利用	2011
46	温 州	瑞安市华鑫禽业有限公司	雨污分流＋干清粪＋畜禽粪便资源化利用	2013

表7 电力行业氮氧化物治理项目

序号	地市	企业名称	机组编号	装机容量（MW）	综合脱硝效率（%）	投运年份
1	宁波	国华宁海电厂	1	600	70	2014
2	宁波	国华宁海电厂	2	600	70	2013
3	宁波	国华宁海电厂	3	600	70	2012
4	宁波	大唐乌沙山电厂	1	600	70	2014
5	宁波	大唐乌沙山电厂	2	600	70	2014
6	宁波	大唐乌沙山电厂	3	600	70	2013
7	宁波	国电北仑第一电厂	1	600	70	2013
8	宁波	国电北仑第一电厂	2	600	70	2014
9	宁波	浙能北仑电厂	3	600	70	2014
10	宁波	浙能北仑电厂	4	600	70	2013
11	宁波	浙能北仑电厂	5	600	70	2014
12	温州	浙能温州电厂	5	300	70	2012
13	温州	浙能温州电厂	6	300	70	2013
14	温州	温州特鲁莱发电有限责任公司	3	300	70	2014
15	温州	温州特鲁莱发电有限责任公司	4	300	70	2012
16	温州	浙能乐清电厂	1	600	70	2013
17	温州	浙能乐清电厂	2	600	70	2013
18	湖州	浙能长兴电厂	1	300	70	2014
19	湖州	浙能长兴电厂	2	300	70	2013
20	湖州	浙能长兴电厂	3	300	70	2012
21	湖州	浙能长兴电厂	4	300	70	2013
22	嘉兴	浙能嘉华发电有限公司	3	600	70	2013
23	嘉兴	浙能嘉华发电有限公司	4	600	70	2013
24	嘉兴	浙能嘉兴发电有限公司	1	300	70	2014
25	嘉兴	浙能嘉兴发电有限公司	2	300	70	2014
26	金华	浙能兰溪电厂	1	600	70	2013
27	金华	浙能兰溪电厂	2	600	70	2014
28	金华	浙能兰溪电厂	3	600	70	2014
29	金华	浙能兰溪电厂	4	600	70	2012
30	台州	台州电厂	7	330	70	2013
31	台州	台州电厂	8	330	70	2014
32	台州	台州电厂	9	330	70	2013
33	台州	台州电厂	10	330	70	2014
34	舟山	舟山朗熹电厂	3	300	70	2014

表8 钢铁烧结机/球团二氧化硫治理项目

序号	地市	企业名称	生产设施编号	生产设施规模（m²或万吨）	综合脱硫效率（%）	投运年份
1	杭 州	杭州钢铁集团公司	1	105	70	2012
2	杭 州	杭州钢铁集团公司	2	105	70	2012
3	宁 波	宁波钢铁有限公司	1	430	70	2013
4	衢 州	衢州元立金属制品有限公司	1	90	70	2014
5	衢 州	衢州元立金属制品有限公司	2	90	70	2014
6	衢 州	衢州元立金属制品有限公司	3	116	70	2011
7	衢 州	衢州元立金属制品有限公司	4	116	70	2011

表9 石油石化行业催化裂化装置二氧化硫治理项目

序号	地市	企业名称	生产设施名称及编号	生产设施规模（万吨/年）	综合脱硫效率（%）	投运年份
1	宁 波	中国石油化工股份有限公司镇海炼化分公司	Ⅰ催化	180	70	2012
2	宁 波	中国石油化工股份有限公司镇海炼化分公司	Ⅱ催化	300	70	2014

表10 水泥行业氮氧化物治理项目

序号	地市	企业名称	生产设施编号	熟料生产规模（吨/日）	综合脱硝效率（%）	投运年份
1	杭 州	建德红狮水泥有限公司	1	4000	30	2014
2	杭 州	建德红狮水泥有限公司	2	4000	30	2014
3	杭 州	建德海螺水泥有限责任公司	1	4000	30	2012
4	杭 州	建德海螺水泥有限责任公司	2	4000	30	2012
5	杭 州	建德南方水泥有限公司	1	4000	30	2015
6	杭 州	桐庐红狮水泥有限公司	1	4000	30	2014
7	杭 州	浙江尖峰登城水泥有限公司	1	5000	30	2014
8	杭 州	富阳三狮水泥有限公司	1	5000	30	2014
9	杭 州	浙江杭州大马水泥有限公司	1	5000	30	2013
10	宁 波	宁波科环新型建材股份有限公司	1	2500	30	2013
11	湖 州	湖州槐坎南方水泥有限公司	1	5000	30	2013
12	湖 州	湖州槐坎南方水泥有限公司	2	5000	30	2013
13	湖 州	湖州白岘南方水泥有限公司	1	5000	30	2015

安徽省"十二五"主要污染物总量减排目标责任书

　　为贯彻落实《国民经济和社会发展第十二个五年规划纲要》、《国务院关于印发"十二五"节能减排综合性工作方案的通知》（国发〔2011〕26号）、《国务院关于加强环境保护重点工作的意见》（国发〔2011〕35号），落实目标责任，强化监督管理，确保实现污染减排约束性目标，经国务院授权，环境保护部与安徽省人民政府签订"十二五"主要污染物总量减排目标责任书。具体目标和要求如下：

　　一、2015年，全省化学需氧量和氨氮排放总量分别控制在90.3万吨、10.09万吨以内，比2010年的97.3万吨、11.20万吨分别减少7.2%、9.9%（其中，工业和生活化学需氧量、氨氮排放量分别控制在52.0万吨、6.38万吨以内，比2010年分别减少6.5%和9.8%）；二氧化硫和氮氧化物排放总量分别控制在50.5万吨、82.0万吨以内，比2010年的53.8万吨、90.9万吨分别减少6.1%、9.8%。

　　二、安徽省人民政府对本行政区污染减排负总责，应采取有效措施，确保总量削减目标和重点减排任务按期完成。

1. 2011年底前将国家下达的主要污染物排放总量控制指标和重点任务逐级分解到各级政府、有关部门和重点企业。

2. 将主要污染物排放总量控制目标纳入本行政区经济社会发展规划，制定年度减排计划并严格执行。

3. 严格控制新增污染物排放量，把主要污染物排放总量控制指标作为环评审批的前置条件。严格控制新建造纸、印染、农药、氮肥、煤电、钢铁、水泥等项目，新建项目按照最严格的环保要求建设治污设施。新建燃煤机组要配套建设高效脱硫脱硝设施；新建新型干法水泥窑要采用低氮燃烧技术并配套建设烟气脱硝设施；新建的钢铁烧结机、石油石化设备、有色冶炼设备、炼焦炉、燃煤锅炉等重点污染源要安装烟气脱硫设施。

4. 把调整经济结构、转变经济发展方式放在更加突出的位置，国家下达的淘汰落后产能任务要按期完成，加大小锅炉、小火电、小化工、小造纸等的淘汰力度。核准审批新建项目要求关停的产能必须按期淘汰。

5. 到2015年，所有县级行政区及重点流域的重点建制镇建成生活污水集中处理设施，完善城镇污水收集管网，设市城市城镇污水处理率达到85%，县城所在镇达到75%。改造现有污水处理设施，提高脱氮除磷能力。设市城市污水处理厂污泥无害化处理处置率达到75%，缺水城市再生水回用率达到10%。强化垃圾渗滤液治理，实现达标排放。加大造纸、印染、化工、食品饮料等重点企业工艺技术改造和废水治理力度，单位工业增加值排放强度下降50%。70%以上规模化畜禽养殖场和养殖小区配套建设固体废物和废水贮存处理设施，实施废弃物资源化利用。

6. 到2015年，现役燃煤机组必须安装脱硫设施，不能稳定达标排放的要进行更新改造或淘汰，烟气脱硫设施要按照规定取消烟气旁路，30万千瓦以上燃煤机组全部实施脱硝改造；钢铁烧结机、球团设备及石油石化催化裂化装置全面实施烟气脱硫改造；现役新型干法水泥窑实施低氮燃烧技术改造，熟料生产规模在4000吨/日以上的生产线必须实施脱硝改造；全面推行机动车环保标志管理，基本淘汰2005年以前注册运营的"黄标车"，加快提升车用燃油品质。

7. 加强污染减排统计、监测和考核体系建设，提高机动车和农业源减排监管能力。

8. 列入本责任书的重点减排项目（见附件）应按期建成，并确保稳定运行。

三、环境保护部每年对本责任书的执行情况进行考核，结果报国务院批准后向社会公

布。安徽省人民政府每年对各级政府、有关部门和重点企业污染减排情况进行考核，结果抄送环境保护部。

《安徽省"十二五"主要污染物总量减排目标责任书》一式两份，环境保护部、安徽省人民政府各保存一份。

环境保护部   安徽省人民政府

二〇一一年十二月四日   二〇一一年十二月二十日

附件：

安徽省"十二五"主要污染物减排重点项目表

表1 城镇污水处理设施建设项目

序号	地市	项目名称	设计处理能力（万吨/日）	负荷率（%）	投运年份
1	合肥	合肥市十五里河污水处理厂（二期）	5	60	2013
2	合肥	合肥市经开区污水处理厂（一、二期）	20	75	2012
3	合肥	合肥市小仓房污水处理厂（一期）	10	60	2013
4	合肥	合肥市陶冲污水处理厂	5	60	2014
5	合肥	合肥市滨湖新区污水处理厂	3	60	2013
6	合肥	肥西县中派污水处理厂	5	60	2013
7	合肥	滨湖新区再生水厂	3（回用水量）	—	2012
8	合肥	合肥市蔡田铺污水处理厂污水再生回用工程	3（回用水量）	—	2013
9	合肥	巢湖市城北污水处理厂	4	60	2015
10	淮北	淮北市烈山污水处理厂	1	60	2014
11	淮北	淮北市污水处理再生水回用工程	12（回用水量）	—	2013
12	芜湖	芜湖市城东污水处理厂	6	60	2014
13	芜湖	南陵县污水处理厂	2	60	2011
14	蚌埠	蚌埠市第二污水处理厂二期工程	5	60	2013
15	淮南	凤台县污水处理厂（二期）	2.5	60	2015
16	马鞍山	当涂县第一污水处理厂	3	60	2011
17	马鞍山	慈湖污水处理厂	2	60	2011
18	马鞍山	东部污水处理厂	2.75	60	2012
19	马鞍山	当涂县第二污水处理厂	1.5	60	2013
20	马鞍山	石桥镇污水处理厂	0.5	60	2015
21	马鞍山	示范园区年陡污水处理厂	2.5	60	2015
22	马鞍山	博望新区污水处理厂	2	60	2014
23	马鞍山	经济开发区南部污水处理厂	2	60	2015
24	安庆	宿松县污水处理厂	2	60	2011
25	安庆	望江县桥港污水处理厂	1	60	2015
26	安庆	望江县污水处理厂	1	60	2011
27	安庆	岳西县污水处理厂	1.5	60	2011
28	安庆	桐城市污水处理厂	2	60	2011
29	安庆	太湖县污水处理厂	2	60	2011
30	安庆	潜山县污水处理厂	2	60	2011
31	安庆	枞阳县污水处理厂	2	60	2011
32	池州	池州市城东污水处理厂	2	60	2011
33	黄山	祁门县污水处理厂	1	60	2011
34	滁州	全椒县污水处理厂	2.5	60	2011
35	滁州	明光市污水处理厂（一、二期）	5	75	2014

序号	地市	项目名称	设计处理能力（万吨/日）	负荷率（%）	投运年份
36	滁 州	天长市污水处理（一、二期）	6	75	2015
37	六 安	六安市凤凰桥污水处理厂	4	60	2014
38	阜 阳	颍上县污水处理厂（二期）	2	60	2015
39	阜 阳	阜阳污水处理厂再生水利用工程	5（回用水量）	—	2012
40	阜 阳	临泉污水处理厂再生水利用工程	2（回用水量）	—	2013
41	阜 阳	阜阳颍东污水处理厂	3	60	2011
42	宿 州	宿州市城南污水处理厂（二期）	8	60	2014
43	宿 州	宿州市城南污水处理厂再生水回用工程	8（回用水量）	—	2015
44	宿 州	灵璧县污水处理厂	5	75	2014
45	宿 州	萧县污水处理厂（二期）	3	60	2015
46	宿 州	宿州市经济技术开发区污水处理厂	2.5	60	2013
47	亳 州	利辛县污水处理厂二期工程	2	60	2015
48	宣 城	宣城西部新城长桥污水处理厂（一期）	2.5	60	2014
49	宣 城	泾县象山污水处理有限公司	2	60	2011
50	宣 城	旌德县污水处理厂	0.75	60	2011

注：负荷率是指污水处理厂建成投运一年后的负荷率。

表2 造纸行业废水治理项目

序号	地市	企业名称	项目内容	投运年份
1	宿 州	安徽省萧县林平纸业有限公司	生化处理＋深度治理	2012
2	宿 州	萧县董店张巍卫生纸厂	生化处理＋深度治理	2012
3	宿 州	安徽虹光企业投资集团有限公司	生化处理＋深度治理	2012
4	宿 州	萧县造纸工业公司	生化处理＋深度治理	2012
5	宿 州	宿州市恒安纸业有限责任公司	生化处理＋深度治理	2012
6	亳 州	安徽天一纸业有限公司	生化处理＋深度治理	2012
7	宣 城	泾县李元星科纸业有限公司	物化＋生化＋深度治理	2011
8	宣 城	安徽华盛纸业有限公司	物化＋生化＋深度治理	2011
9	宣 城	泾县伟强纸业有限公司	物化＋生化＋深度治理	2011
10	宣 城	安徽广德新星纸业有限公司	物化＋生化＋深度治理	2011

表3 印染行业废水治理项目

序号	地市	企业名称	项目内容	投运年份
1	安 庆	安庆馨雅家用纺织品有限公司	深度治理＋节水	2013
2	池 州	青阳县大华丝绸有限公司	深度治理＋节水	2012
3	池 州	安徽池州市鑫丰印染有限公司	深度治理＋节水	2011
4	宣 城	安徽航佳丝绸实业有限公司	深度治理＋节水	2014

表4 石油石化、化工行业废水治理项目

序号	地市	企业名称	项目内容	投运年份
1	安庆	安庆石化分公司	污水处理厂改造及部分回用工程	2013
2	安庆	安庆市宿松县港华再生资源有限责任公司	深度治理	2015
3	黄山	黄山市龙胜化工有限公司	深度治理	2012
4	阜阳	界首昊源化工有限责任公司	深度治理	2015
5	宿州	安徽中元化工集团有限公司	深度治理	2015
6	亳州	安徽三星化工有限责任公司	深度治理	2013
7	池州	安徽华尔泰化工股份有限公司	深度治理	2012
8	池州	池州市中兴化工有限公司	深度治理	2012

表5 其他行业废水治理项目

序号	地市	企业名称	项目内容	投运年份
1	宿州	安徽文金制革有限公司	物化＋生化处理＋深度治理	2014
2	六安	六安市太平丝绵有限公司	深度治理＋节水	2014
3	六安	安徽三利集团金南茧丝有限公司	深度治理＋节水	2013
4	亳州	利辛县汝集镇制革有限责任公司	物化＋生化处理＋深度治理	2014

表6 规模化畜禽养殖场（小区）污染治理项目

序号	地市	企业名称	治理措施	投运年份
1	合肥	现代牧业（肥东）有限公司	雨污分流＋干清粪＋废弃物综合利用	2011
2	合肥	安徽省安泰种猪育有限公司	雨污分流＋干清粪＋废弃物综合利用	2011
3	合肥	合肥温氏畜牧有限公司袁店猪场	雨污分流＋干清粪＋废弃物综合利用	2011
4	合肥	合肥柱和农牧渔发展有限公司	雨污分流＋干清粪＋废弃物综合利用	2011
5	合肥	长风公司朱巷祖代猪场	雨污分流＋干清粪＋废弃物综合利用	2015
6	合肥	沐集原种猪场	雨污分流＋干清粪＋废弃物综合利用	2011
7	亳州	涡阳万头猪场	雨污分流＋干清粪＋废弃物综合利用	2013
8	亳州	蒙城县京徽蒙农业科技发展有限公司	雨污分流＋干清粪＋废弃物综合利用	2013
9	亳州	安徽利辛县城关镇浩翔农牧有限公司	雨污分流＋干清粪＋废弃物综合利用	2014
10	亳州	亳州市世博畜牧有限公司	雨污分流＋干清粪＋废弃物综合利用	2012
11	宿州	泗县向阳牧业有限公司	生物发酵床	2011
12	宿州	宿州市天雨养殖（集团）	干清粪、有机肥	2011
13	宿州	灵璧县唯农牧业有限责任公司	干清粪、有机肥	2011
14	宿州	砀山金丰牧业发展有限公司	沼气、沼液处理	2011
15	蚌埠	固镇百旺奶牛场	雨污分流＋干清粪＋废弃物综合利用	2012
16	蚌埠	固镇中房大龙种猪场	雨污分流＋干清粪＋废弃物综合利用	2013
17	蚌埠	蚌埠和平乳业有限公司	雨污分流＋干清粪＋废弃物综合利用	2011

序号	地市	企业名称	治理措施	投运年份
18	蚌埠	怀远县禹王养殖有限公司	雨污分流＋干清粪＋废弃物综合利用	2013
19	淮北	大自然种猪育种公司	干清粪＋沼气＋沼液处理＋垫料还田利用或生产有机肥	2011
20	阜阳	阜阳市颍州区绿源养殖有限公司	雨污分流＋干清粪＋废弃物综合利用	2013
21	阜阳	颍上县经纬循环农业有限公司污染治理工程	雨污分流＋干清粪＋废弃物综合利用	2012
22	阜阳	阜南县顺昌养猪场（生猪）	雨污分流＋干清粪＋废弃物综合利用	2014
23	淮南	淮南市天顺生态养殖有限公司	干清粪＋沼气＋废弃物综合利用	2013
24	淮南	淮南市焦岗湖新华猪有限公司	干清粪＋沼气＋废弃物综合利用	2013
25	滁州	滁州华龙畜牧有限公司马厂喻河种猪场	雨污分流＋干清粪＋废弃物综合利用	2011
26	滁州	凤阳县族光生态养殖有限公司	雨污分流＋干清粪＋废弃物综合利用	2011
27	六安	六安市亿牛乳业有限公司	雨污分流＋干清粪＋沼气＋沼液处理＋生产有机肥	2011
28	六安	寿县蓬天养猪厂	雨污分流＋干清粪＋废弃物综合利用或生产有机肥	2011
29	六安	安徽九鼎农业科技发展有限公司	雨污分流＋干清粪＋废弃物综合利用	2012
30	六安	霍邱县君得利牧业有限公司	雨污分流＋干清粪＋废弃物综合利用	2012
31	六安	寿县康达畜禽养殖场	雨污分流＋干清粪＋废弃物综合利用或生产有机肥	2013
32	六安	六安港丰生态农业有限公司	发酵床＋综合利用	2013
33	六安	安徽老山区绿色食品开发有限公司	有机肥加工工程及UASB＋SBR＋潜流式人工湿地工艺污水处理工程	2014
34	马鞍山	现代牧业（集团）有限公司	干清粪＋沼气处理＋还田利用	2012
35	马鞍山	安徽精英种畜有限公司	干清粪＋沼气处理＋还田利用	2013
36	芜湖	巢湖市超飞乳品有限公司	雨污分流＋干清粪＋废弃物综合利用	2011
37	芜湖	繁昌华强禽业养殖有限公司	垫草垫料＋干清粪＋废弃物综合利用	2011
38	芜湖	芜湖温氏畜牧有限公司	垫草垫料＋干清粪＋废弃物综合利用	2011
39	宣城	广德县福丰银杏生态园公司大力分公司	雨污分流＋沼气＋废弃物综合利用	2011
40	宣城	宁国市百惠牧业有限公司	雨污分流＋沼气＋废弃物综合利用	2011
41	铜陵	铜陵鑫豪成综合养殖场	雨污分流＋干清粪＋废弃物综合利用	2011
42	池州	池州大阳生态农业有限公司	干清粪＋沼气＋沼液处理＋直接农业利用	2011
43	池州	青山野猪驯养场	干清粪＋沼气＋沼液处理＋直接农业利用	2013
44	安庆	桐城市黄大正养殖场	雨污分流＋干清粪＋废弃物综合利用	2013
45	安庆	安徽省宇宙农业发展有限公司	雨污分流＋干清粪＋废弃物综合利用	2013
46	安庆	安徽多滴食品有限责任公司	雨污分流＋干清粪＋废弃物综合利用	2014
47	黄山	黄山乌金园养殖有限公司	沼气＋废弃物综合利用	2011
48	黄山	黄山市吉金鸡业有限公司	垫草垫料＋生产有机肥	2011

表7 电力行业氮氧化物治理项目

序号	地市	企业名称	机组编号	装机容量（MW）	综合脱硝效率（%）	投运年份
1	合　肥	联合发电有限公司	1	350	70	2013
2	合　肥	联合发电有限公司	2	350	70	2014
3	合　肥	华能巢湖发电有限责任公司	1	600	70	2013
4	合　肥	华能巢湖发电有限责任公司	2	600	70	2014
5	淮　北	国安电力公司	1	320	70	2013
6	淮　北	国安电力公司	2	320	70	2014
7	宿　州	安徽华电宿州发电有限公司	1	630	70	2014
8	宿　州	安徽华电宿州发电有限公司	2	630	70	2014
9	蚌　埠	国电蚌埠发电有限公司	1	630	70	2012
10	蚌　埠	国电蚌埠发电有限公司	2	630	70	2014
11	阜　阳	阜阳华润电力有限公司	1	640	70	2012
12	阜　阳	阜阳华润电力有限公司	2	640	70	2014
13	淮　南	安徽电力股份有限公司淮南田家庵发电厂	5	300	70	2014
14	淮　南	安徽电力股份有限公司淮南田家庵发电厂	6	300	70	2013
15	淮　南	安徽淮南平圩发电有限责任公司	1	600	70	2013
16	淮　南	安徽淮南平圩发电有限责任公司	2	630	70	2013
17	淮　南	淮南平圩第二发电有限责任公司	3	640	70	2014
18	淮　南	淮南平圩第二发电有限责任公司	4	640	70	2015
19	淮　南	大唐洛河发电厂	1	320	70	2015
20	淮　南	大唐洛河发电厂	2	320	70	2015
21	淮　南	大唐洛河发电厂	3	300	70	2014
22	淮　南	大唐洛河发电厂	4	300	70	2013
23	淮　南	大唐洛河发电厂	5	630	70	2013
24	淮　南	大唐洛河发电厂	6	630	70	2012
25	淮　南	淮沪煤电有限公司田集发电厂	1	630	70	2013
26	淮　南	淮沪煤电有限公司田集发电厂	2	630	70	2014
27	淮　南	淮浙煤电有限责任公司凤台发电分公司	1	630	70	2013
28	淮　南	淮浙煤电有限责任公司凤台发电分公司	2	630	70	2012
29	马鞍山	万能达发电公司	1	300	70	2013
30	马鞍山	万能达发电公司	2	300	70	2014
31	马鞍山	万能达发电公司	3	300	70	2014
32	马鞍山	万能达发电公司	4	300	70	2015
33	马鞍山	马鞍山当涂发电	1	660	70	2012
34	马鞍山	马鞍山当涂发电	2	660	70	2013
35	芜　湖	安徽华电芜湖发电有限公司	1	660	70	2014
36	芜　湖	安徽华电芜湖发电有限公司	2	660	70	2014
37	芜　湖	芜湖发电厂（五期）	1	660	70	2014
38	铜　陵	国电铜陵发电有限公司	1	635	70	2014
39	铜　陵	皖能铜陵发电有限公司	3	300	70	2014

序号	地市	企业名称	机组编号	装机容量（MW）	综合脱硝效率（%）	投运年份
40	铜 陵	皖能铜陵发电有限公司	4	300	70	2014
41	池 州	九华发电有限公司	1	300	70	2013
42	池 州	九华发电有限公司	2	300	70	2013
43	安 庆	安徽安庆皖江发电有限责任公司	1	300	70	2013
44	安 庆	安徽安庆皖江发电有限责任公司	2	300	70	2014

表8 钢铁烧结机/球团二氧化硫治理项目

序号	地市	企业名称	生产设施编号	生产设施规模（m²或万吨）	综合脱硫效率（%）	投运年份
1	合 肥	马钢（合肥）钢铁有限责任公司	1	95	70	2014
2	合 肥	马钢（合肥）钢铁有限责任公司	2	95	70	2014
3	马鞍山	马鞍山钢铁股份有限公司	2	300	70	2012
4	马鞍山	马鞍山钢铁股份有限公司	3	360	70	2015
5	马鞍山	马鞍山钢铁股份有限公司	4	360	70	2015

表9 石油石化行业催化裂化装置二氧化硫治理项目

序号	地市	企业名称	生产设施名称及编号	生产设施规模（万吨/年）	综合脱硫效率（%）	投运年份
1	安 庆	安庆石化	催化裂化	140	70	2014
2	安 庆	安庆石化	催化裂化	70	70	2014

表10 水泥行业氮氧化物治理项目

序号	地市	企业名称	生产设施编号	熟料生产规模（吨/日）	综合脱硝效率（%）	投运年份
1	宿 州	天瑞集团萧县水泥有限公司	1	4500	30	2012
2	滁 州	全椒海螺水泥有限责任公司	1	4500	30	2014
3	滁 州	全椒海螺水泥有限责任公司	2	4500	30	2014
4	滁 州	凤阳中都水泥有限公司	1	4500	30	2014
5	合 肥	安徽巢东水泥股份有限公司海昌公司	1	4500	30	2013
6	合 肥	安徽巢东水泥股份有限公司海昌公司	2	4500	30	2014
7	合 肥	安徽瀛浦金龙水泥有限公司	1	4500	30	2014
8	合 肥	安徽瀛浦金龙水泥有限公司	2	4500	30	2014
9	合 肥	安徽瀛浦金龙水泥有限公司	3	4500	30	2014
10	合 肥	安徽皖维高新材料股份有限公司	1	4500	30	2014
11	马鞍山	安徽盘景水泥有限公司	1	4500	30	2014
12	马鞍山	安徽盘景水泥有限公司	2	4500	30	2014
13	芜 湖	安徽海螺水泥股份有限公司白马山水泥厂	5	4000	30	2014

序号	地市	企业名称	生产设施编号	熟料生产规模（吨/日）	综合脱硝效率（%）	投运年份
14	芜湖	荻港海螺水泥股份有限公司	3	4500	30	2014
15	芜湖	荻港海螺水泥股份有限公司	4	4500	30	2014
16	芜湖	荻港海螺水泥股份有限公司	5	4500	30	2014
17	芜湖	龙元建设安徽水泥有限公司	2	5000	30	2014
18	芜湖	芜湖海螺水泥有限公司	1	5000	30	2014
19	芜湖	芜湖海螺水泥有限公司	2	5000	30	2014
20	芜湖	芜湖海螺水泥有限公司	3	5000	30	2014
21	芜湖	芜湖海螺水泥有限公司	4	5000	30	2014
22	铜陵	铜陵海螺水泥有限公司	1	4000	30	2011
23	铜陵	铜陵海螺水泥有限公司	2	5000	30	2011
24	铜陵	铜陵海螺水泥有限公司	3	10000	30	2011
25	铜陵	铜陵海螺水泥有限公司	4	10000	30	2011
26	铜陵	铜陵上峰水泥股份有限公司	1	4500	30	2012
27	铜陵	铜陵上峰水泥股份有限公司	2	4500	30	2012
28	宣城	安徽宣城海螺水泥有限公司	1	5000	30	2014
29	宣城	安徽宣城海螺水泥有限公司	2	5000	30	2014
30	宣城	安徽广德南方水泥有限公司	1	5000	30	2014
31	宣城	安徽广德洪山南方水泥有限公司	1	4500	30	2014
32	宣城	安徽海螺水泥股份有限公司宁国水泥厂	1	4000	30	2014
33	宣城	安徽海螺水泥股份有限公司宁国水泥厂	3	5000	30	2014
34	池州	池州海螺水泥股份有限公司	1	8000	30	2013
35	池州	池州海螺水泥股份有限公司	2	4500	30	2013
36	池州	池州海螺水泥股份有限公司	3	4500	30	2013
37	池州	池州海螺水泥股份有限公司	4	4500	30	2013
38	池州	池州海螺水泥股份有限公司	5	4500	30	2013
39	安庆	安徽怀宁海螺水泥有限公司	1	5000	30	2014
40	安庆	安徽怀宁海螺水泥有限公司	2	5000	30	2014
41	安庆	安徽枞阳海螺水泥股份公司	3	10000	30	2014
42	安庆	安徽枞阳海螺水泥股份公司	4	5000	30	2014
43	安庆	安徽枞阳海螺水泥股份公司	5	5000	30	2014
44	安庆	安徽枞阳海螺水泥股份公司	6	5000	30	2014

福建省"十二五"主要污染物总量减排目标责任书

为贯彻落实《国民经济和社会发展第十二个五年规划纲要》、《国务院关于印发"十二五"节能减排综合性工作方案的通知》（国发〔2011〕26号）、《国务院关于加强环境保护重点工作的意见》（国发〔2011〕35号），落实目标责任，强化监督管理，确保实现污染减排约束性目标，经国务院授权，环境保护部与福建省人民政府签订"十二五"主要污染物总量减排目标责任书。具体目标和要求如下：

一、2015年，全省化学需氧量和氨氮排放总量分别控制在65.2万吨、8.90万吨以内，比2010年的69.6万吨、9.72万吨分别减少6.3%、8.4%（其中，工业和生活化学需氧量、氨氮排放量分别控制在43.1万吨、5.67万吨以内，比2010年分别减少6.0%和8.0%）；二氧化硫和氮氧化物排放总量分别控制在36.5万吨、40.9万吨以内，比2010年的39.3万吨、44.8万吨分别减少7.0%、8.6%。

二、福建省人民政府对本行政区污染减排负总责，应采取有效措施，确保总量削减目标和重点减排任务按期完成。

1. 2011年底前将国家下达的主要污染物排放总量控制指标和重点任务逐级分解到各级政府、有关部门和重点企业。

2. 将主要污染物排放总量控制目标纳入本行政区经济社会发展规划，制定年度减排计划并严格执行。

3. 严格控制新增污染物排放量，把主要污染物排放总量控制指标作为环评审批的重要内容进行源头把关。严格控制新建造纸、印染、农药、氮肥、皮革、煤电、钢铁、水泥等项目，新建项目严格按照环保要求建设治污设施。新建燃煤机组要配套建设高效脱硫脱硝设施；新建新型干法水泥窑要采用低氮燃烧技术并配套建设烟气脱硝设施；新建的钢铁烧结机、石油石化设备、有色冶炼设备、炼焦炉、燃煤锅炉等重点污染源要安装烟气脱硫设施。

4. 把调整经济结构、转变经济发展方式放在更加突出的位置，加大小锅炉、小火电、小造纸、小皮革等落后产能的淘汰力度，按期完成国家下达的淘汰落后产能目标任务。按期淘汰核准审批新建项目要求关停的产能。

5. 到2015年，所有县级行政区及重点建制镇建成生活污水集中处理设施，完善城镇污水收集管网，城镇污水处理率达到80%。改造现有污水处理设施，提高脱氮除磷能力。城镇污水处理厂污泥无害化处理处置率达到50%，再生水回用率达到5%。强化垃圾渗滤液治理，实现达标排放。加大造纸、印染、化工、食品、饮料等重点企业工艺技术改造和废水治理力度。全省单位工业增加值化学需氧量和氨氮排放强度分别下降50%。80%以上规模化畜禽养殖场和养殖小区配套建设固体废物和废水贮存处理设施，实施废弃物资源化利用。

6. 到2015年，现役燃煤机组必须安装脱硫设施，不能稳定达标排放的要进行更新改造或淘汰，烟气脱硫设施要按照规定取消烟气旁路，30万千瓦以上燃煤机组全部实施脱硝改造；钢铁烧结机、球团设备及石油石化催化裂化装置全面实施烟气脱硫改造；现役新型干法水泥窑实施低氮燃烧技术改造，熟料生产规模在4000吨/日以上的生产线必须实施脱硝改造；全面推行机动车环保标志管理，基本淘汰2005年以前注册运营的"黄标车"，加快提升车用燃油品质。

7. 加强污染减排统计、监测和考核体系建设，提高机动车和农业源减排监管能力。

8. 列入本责任书的重点减排项目（见附件）应按期建成，并确保稳定运行。

三、环境保护部每年对本责任书的执行情况进行考核，结果报国务院批准后向社会公布。福建省人民政府每年对各级政府、有关部门和重点企业污染减排情况进行考核，结果抄送环境保护部。

《福建省"十二五"主要污染物总量减排目标责任书》一式两份，环境保护部、福建省人民政府各保存一份。

环境保护部　　　　　　　　　　　　　　福建省人民政府

二〇一一年十二月二十日　　　　　　　　二〇一一年十二月二十日

附件:

福建省"十二五"主要污染物减排重点项目表

表1 城镇污水处理设施建设项目

序号	地市	项目名称	设计处理能力（万吨/日）	负荷率（%）	投运年份
1	福 州	闽清县污水处理厂	1	75	2012
2	福 州	浮村污水处理厂	2.5	75	2012
3	福 州	洋里污水厂	50	75	2013
4	福 州	连坂污水处理厂	5	75	2012
5	福 州	福清市第二污水处理厂	6	60	2015
6	福 州	长乐市潭头污水处理厂	5	60	2014
7	三 明	明溪县污水处理厂	1	65	2012
8	三 明	清流县污水处理厂	1	65	2012
9	三 明	建宁县污水处理厂	1.25	60	2012
10	三 明	大田县城区污水处理厂	2	75	2015
11	南 平	光泽县污水处理厂	0.5	75	2012
12	南 平	松溪县污水处理厂	0.5	75	2012
13	龙 岩	龙岩污水处理厂	15	75	2015
14	龙 岩	永定污水处理厂	1	75	2015
15	龙 岩	上杭县第二污水处理厂	1	60	2015
16	龙 岩	永定县第二污水处理厂	1.5	60	2013
17	龙 岩	龙岩红坊污水处理厂	0.5	60	2015
18	宁 德	屏南县污水处理厂	1	60	2011
19	宁 德	寿宁县污水处理厂	1	60	2011
20	宁 德	福安市赛岐镇污水处理厂	0.8	60	2013
21	宁 德	福鼎市秦屿镇污水处理厂	0.7	60	2013
22	宁 德	寿宁县南阳镇污水处理厂	0.3	60	2015
23	莆 田	莆田市污水处理厂	20	75	2014
24	莆 田	涵江江口片区污水处理厂	1	60	2012
25	莆 田	仙游县第二污水处理厂	1	60	2014
26	泉 州	晋江市仙石污水处理厂	14	75	2014
27	泉 州	晋江市晋南污水处理厂	2	60	2013
28	泉 州	安溪县龙门镇污水处理厂	1.5	60	2012
29	泉 州	泉州市南翼污水处理厂	1.5	60	2014
30	泉 州	晋江市城东第二污水处理厂	2.5	60	2014
31	泉 州	石狮市中心区污水处理厂	10（回用水量）	—	2013
32	厦 门	集美污水厂	9	60	2013
33	厦 门	澳头污水处理厂	1	75	2014
34	漳 州	华安县城关污水处理厂	0.5	60	2015
35	漳 州	漳州市东墩污水处理厂	4.5	60	2015

序号	地市	项目名称	设计处理能力（万吨/日）	负荷率（%）	投运年份
36	漳 州	龙海市角美镇污水处理厂	5	60	2014
37	漳 州	长泰县岩溪镇污水处理厂	1	60	2014
38	漳 州	平和县文峰镇污水处理工程	0.5	60	2015
39	漳 州	华安县第二污水处理厂	1	60	2015

注：负荷率是指污水处理厂建成投运一年后的负荷率。

表2 造纸行业废水治理项目

序号	地市	企业名称	项目内容	投运年份
1	漳 州	漳州友利达纸业发展有限公司	生化处理＋深度治理	2012
2	漳 州	漳州港兴纸品有限公司	生化处理＋深度治理	2012
3	漳 州	漳州盈晟纸业有限公司	生化处理＋深度治理	2013
4	漳 州	华发纸业（福建）股份有限公司	生化处理＋深度治理	2015
5	三 明	福建省青山纸业有限公司	生化处理＋深度治理	2011
6	三 明	福建腾荣达制浆有限公司	生化处理＋深度治理	2011
7	三 明	尤溪县永丰茂纸业有限公司	生化处理＋深度治理	2012
8	三 明	福建铙山纸业集团有限公司	生化处理＋深度治理	2012
9	南 平	福建省南纸股份有限公司	生化处理＋深度治理	2011
10	南 平	邵武中竹纸业有限责任公司	生化处理＋深度治理	2011
11	龙 岩	福建武平朝兴纸香有限公司	生化处理＋深度治理	2012

表3 印染行业废水治理项目

序号	地市	企业名称	项目内容	投运年份
1	福 州	福州福华纺织印染有限公司	深度治理＋节水	2014
2	泉 州	泉州南新漂染有限公司	深度治理＋节水	2014
3	泉 州	泉州海天染整有限公司	深度治理＋节水	2014
4	泉 州	福建省凤竹集团有限公司	深度治理＋节水	2013
5	三 明	福建省汉华纺织实业有限公司	深度治理＋节水	2012
6	南 平	福建南纺股份有限公司	深度治理＋节水	2012

表4 石油石化、化工行业废水治理项目

序号	地市	企业名称	项目内容	投运年份
1	龙 岩	龙岩市港昌化工有限公司	提高废水回用率＋废水深度治理	2012
2	龙 岩	福建省武平县德兴化工有限公司	提高废水回用率＋废水深度治理	2012
3	龙 岩	连城鸿泰化工有限公司	提高废水回用率＋废水深度治理	2012
4	南 平	福建榕昌化工有限公司	废水综合循环利用＋废水深度治理	2014

序号	地市	企业名称	项目内容	投运年份
5	南 平	福建省顺昌富宝实业有限公司	废水综合循环利用＋废水深度治理	2014
6	南 平	福建省邵化化工有限公司	废水综合循环利用＋废水深度治理	2014
7	三 明	福建三钢（集团）三明化工有限责任公司	提高废水回用率＋废水深度治理	2013
8	三 明	福建省清流氨盛化工有限公司	提高废水回用率＋废水深度治理	2013

表5 其他行业废水治理项目

序号	地市	企业名称	项目内容	投运年份
1	福 州	福建福农生化有限公司	生化处理＋深度治理	2014
2	福 州	福建浩伦生物工程技术有限公司	生化处理＋深度治理	2014
3	南 平	福建省建阳武夷味精有限公司	生化处理＋深度治理	2014
4	南 平	福建省武夷酒业有限公司	生化处理＋深度治理	2014
5	泉 州	泉州喜多多食品有限公司	生化处理＋深度治理	2012
6	泉 州	福建省泉州德盛农药有限公司	生化处理＋深度治理	2014
7	三 明	福建省麦丹生物集团有限公司	膜分离＋混凝气浮	2014
8	漳 州	长泰南华糖业有限公司岩溪糖厂	生化处理＋深度治理	2013
9	漳 州	龙海市龙南皮革有限公司	生化处理＋深度治理	2013

表6 规模化畜禽养殖场（小区）污染治理项目

序号	地市	企业名称	治理措施	投运年份
1	福 州	福建省福丰农业发展有限公司	雨污分流＋干清粪＋废弃物综合利用	2011
2	福 州	丰泽农牧科技有限公司	雨污分流＋干清粪＋废弃物综合利用	2011
3	福 州	宏宝露东阁奶牛场	雨污分流＋干清粪＋废弃物综合利用	2012
4	福 州	渔溪军垦农场郭明养牛场	雨污分流＋干清粪＋废弃物综合利用	2012
5	福 州	陈宝灯养猪场	雨污分流＋干清粪＋废弃物综合利用	2013
6	龙 岩	龙岩宝泰农牧有限公司	雨污分流＋干清粪＋废弃物综合利用	2012
7	南 平	南平市禾原牧业有限公司	雨污分流＋干清粪＋废弃物综合利用	2012
8	南 平	南平市福延牧业有限公司	雨污分流＋干清粪＋废弃物综合利用	2012
9	南 平	福建南平市荣发牧业有限公司	雨污分流＋干清粪＋废弃物综合利用	2014
10	南 平	南平市富洋牧业有限公司	雨污分流＋干清粪＋废弃物综合利用	2012
11	南 平	南平市绿盛牧业有限公司	雨污分流＋干清粪＋废弃物综合利用	2012
12	南 平	南平市长源牧业有限公司	雨污分流＋干清粪＋废弃物综合利用	2012
13	南 平	南平市新曙光牧业发展有限公司	雨污分流＋干清粪＋废弃物综合利用	2012
14	南 平	南平市富益牧业有限公司	雨污分流＋干清粪＋废弃物综合利用	2012
15	南 平	南平市三田牧业有限公司	雨污分流＋干清粪＋废弃物综合利用	2012
16	南 平	顺昌县富泉农业发展有限公司	雨污分流＋干清粪＋废弃物综合利用	2012
17	南 平	福建圣农发展股份有限公司 大青肉鸡场	雨污分流＋干清粪＋废弃物综合利用	2011

序号	地市	企业名称	治理措施	投运年份
18	南 平	福建圣农发展股份有限公司 梅溪肉鸡场	雨污分流＋干清粪＋废弃物综合利用	2011
19	南 平	福建圣农发展股份有限公司 九里桥肉鸡场	雨污分流＋干清粪＋废弃物综合利用	2011
20	南 平	福建圣农发展股份有限公司 中坊肉鸡场	雨污分流＋干清粪＋废弃物综合利用	2011
21	南 平	福建圣农发展股份有限公司 上小源肉鸡场	雨污分流＋干清粪＋废弃物综合利用	2011
22	南 平	福建圣农发展股份有限公司 日沙洲肉鸡场	雨污分流＋干清粪＋废弃物综合利用	2011
23	南 平	福建圣农发展股份有限公司 水角肉鸡场	雨污分流＋干清粪＋废弃物综合利用	2011
24	南 平	福建圣农发展股份有限公司 石城肉鸡场	雨污分流＋干清粪＋废弃物综合利用	2011
25	南 平	福建圣农发展股份有限公司 危家塘肉鸡场	雨污分流＋干清粪＋废弃物综合利用	2011
26	南 平	福建圣农发展股份有限公司 黄岭肉鸡场	雨污分流＋干清粪＋废弃物综合利用	2011
27	南 平	福建圣农发展股份有限公司 渡头肉鸡场	雨污分流＋干清粪＋废弃物综合利用	2011
28	南 平	福建圣农发展股份有限公司 坡严垄肉鸡场	雨污分流＋干清粪＋废弃物综合利用	2011
29	南 平	福建圣农发展股份有限公司 大洲肉鸡场	雨污分流＋干清粪＋废弃物综合利用	2011
30	南 平	福建圣农发展股份有限公司 蒋家岭肉鸡场	雨污分流＋干清粪＋废弃物综合利用	2011
31	南 平	福建圣农发展股份有限公司 圭洋肉鸡场	雨污分流＋干清粪＋废弃物综合利用	2011
32	南 平	福建圣农发展股份有限公司 下史源肉鸡场	雨污分流＋干清粪＋废弃物综合利用	2011
33	南 平	福建圣农发展股份有限公司 古桥肉鸡场	雨污分流＋干清粪＋废弃物综合利用	2011
34	南 平	福建圣农发展股份有限公司 高家肉鸡场	雨污分流＋干清粪＋废弃物综合利用	2011
35	南 平	建瓯市生生农业发展有限公司	雨污分流＋干清粪＋废弃物综合利用	2012
36	南 平	长富牛奶二十八牧场	雨污分流＋干清粪＋废弃物综合利用	2012
37	南 平	吉翔牧业有限公司	雨污分流＋干清粪＋废弃物综合利用	2012
38	厦 门	厦门市大旺华侨种猪有限公司	雨污分流＋干清粪＋废弃物综合利用	2012
39	厦 门	厦门聪勇野生驯养有限公司	雨污分流＋干清粪＋废弃物综合利用	2012

表7 电力行业二氧化硫治理项目

序号	地市	企业名称	机组编号	装机容量（MW）	综合脱硫效率（%）	投运年份
1	南　平	福建华电邵武发电有限公司	1	125	90	2014
2	南　平	福建华电邵武发电有限公司	2	125	90	2014

表8 电力行业氮氧化物治理项目

序号	地市	企业名称	机组编号	装机容量（MW）	综合脱硝效率（%）	投运年份
1	宁　德	福建大唐国际宁德发电有限责任公司	1	660	70	2012
2	宁　德	福建大唐国际宁德发电有限责任公司	2	660	70	2013
3	宁　德	福建大唐国际宁德发电有限责任公司	3	600	70	2013
4	宁　德	福建大唐国际宁德发电有限责任公司	4	600	70	2012
5	福　州	国电福州发电有限公司	1	600	70	2013
6	福　州	国电福州发电有限公司	2	600	70	2013
7	福　州	华能国际电力股份有限公司福州电厂	3	350	70	2013
8	福　州	华能国际电力股份有限公司福州电厂	4	350	70	2012
9	福　州	福建华电可门发电有限公司	1	600	70	2012
10	福　州	福建华电可门发电有限公司	2	600	70	2013
11	莆　田	福建太平洋电力有限公司	1	393	70	2013
12	莆　田	福建太平洋电力有限公司	2	393	70	2013
13	泉　州	国电泉州发电有限公司	1	300	70	2013
14	泉　州	国电泉州发电有限公司	2	300	70	2013
15	漳　州	华阳电业有限公司	1	600	70	2012
16	漳　州	华阳电业有限公司	2	600	70	2012
17	漳　州	华阳电业有限公司	3	600	70	2013
18	漳　州	华阳电业有限公司	4	600	70	2013
19	漳　州	华阳电业有限公司	5	600	70	2014
20	漳　州	华阳电业有限公司	6	600	70	2014
21	漳　州	华阳电业有限公司	7	600	70	2014

表9 钢铁烧结机/球团二氧化硫治理项目

序号	地市	企业名称	生产设施编号	生产设施规模（m²或万吨）	综合脱硫效率（%）	投运年份
1	泉　州	德化鑫阳矿业有限公司	1	12/40	70	2012

表10 水泥行业氮氧化物治理项目

序号	地市	企业名称	生产设施编号	熟料生产规模（吨/日）	综合脱硝效率（%）	投运年份
1	龙 岩	漳平红狮水泥有限公司	1	4500	30	2015
2	龙 岩	漳平红狮水泥有限公司	2	4500	30	2015
3	龙 岩	福建塔牌水泥有限公司	1	4500	30	2014
4	龙 岩	福建塔牌水泥有限公司	2	4500	30	2014
5	龙 岩	国产实业（福建）水泥有限公司	1	5000	30	2014
6	南 平	福建水泥股份有限公司炼石水泥厂	1	8000	30	2015
7	三 明	福建红火水泥有限公司		4500	30	2014
8	三 明	将乐金牛水泥有限公司		5000	30	2014
9	三 明	福建水泥股份有限公司建福水泥厂		4500	30	2014

江西省"十二五"主要污染物总量减排目标责任书

为贯彻落实《国民经济和社会发展第十二个五年规划纲要》、《国务院关于印发"十二五"节能减排综合性工作方案的通知》（国发〔2011〕26号）、《国务院关于加强环境保护重点工作的意见》（国发〔2011〕35号），落实目标责任，强化监督管理，确保实现污染减排约束性目标，经国务院授权，环境保护部与江西省人民政府签订"十二五"主要污染物总量减排目标责任书。具体目标和要求如下：

一、2015年，全省化学需氧量和氨氮排放总量分别控制在73.2万吨、8.52万吨以内，比2010年的77.7万吨、9.45万吨分别减少5.8%、9.8%（其中，工业和生活化学需氧量、氨氮排放量分别控制在48.3万吨、5.57万吨以内，比2010年分别减少7.0%和9.8%）；二氧化硫和氮氧化物排放总量分别控制在54.9万吨、54.2万吨以内，比2010年的59.4万吨、58.2万吨分别减少7.5%、6.9%。

二、江西省人民政府对本行政区污染减排负总责，应采取有效措施，确保总量削减目标和重点减排任务按期完成。

1. 2011年底前将国家下达的主要污染物排放总量控制指标和重点任务逐级分解到各级政府、有关部门和重点企业。

2. 将主要污染物排放总量控制目标纳入本行政区经济社会发展规划，制定年度减排计划并严格执行。

3. 严格控制新增污染物排放量，把主要污染物排放总量控制指标作为环评审批的前置条件。严格控制新建造纸、印染、农药、氮肥、煤电、钢铁、水泥等项目，新建项目按照最严格的环保要求建设治污设施。新建燃煤机组要配套建设高效脱硫脱硝设施；新建新型干法水泥窑要采用低氮燃烧技术并配套建设烟气脱硝设施；新建的钢铁烧结机、石油石化设备、有色冶炼设备、炼焦炉、燃煤锅炉等重点污染源要安装烟气脱硫设施。

4. 把调整经济结构、转变经济发展方式放在更加突出的位置，国家下达的淘汰落后产能任务要按期完成，加大小锅炉、小火电、小造纸、小化工等的淘汰力度。核准审批新建项目要求关停的产能必须按期淘汰。

5. 到2015年，全省县城和部分重点建制镇建成生活污水集中处理设施，进一步加快城镇污水收集管网建设，城镇污水处理率达到80%以上。现有污水处理厂无脱氮除磷能力的，要进行升级改造。城镇污水处理厂污泥无害化处理处置率达到50%，再生水回用率达到10%。强化垃圾渗滤液治理，实现达标排放。加大造纸、印染、化工、食品饮料等重点企业工艺技术改造和废水治理力度，全省单位工业增加值化学需氧量和氨氮排放强度下降50%。80%以上规模化畜禽养殖场和养殖小区配套建设固体废物和废水贮存处理设施，实施废弃物资源化利用。

6. 到2015年，现役燃煤机组必须安装脱硫设施，不能稳定达标排放的要进行更新改造或淘汰，烟气脱硫设施要按照规定取消烟气旁路，30万千瓦以上燃煤机组全部实施脱硝改造；钢铁烧结机、球团设备及石油石化催化裂化装置全面实施烟气脱硫改造；现役新型干法水泥窑实施低氮燃烧技术改造，熟料生产规模在4000吨/日以上的生产线必须实施脱硝改造；全面推行机动车环保标志管理，基本淘汰2005年以前注册运营的"黄标车"，加快提升车用燃油品质。

7. 加强污染减排统计、监测和考核体系建设，提高机动车和农业源减排监管能力。

8. 列入本责任书的重点减排项目（见附件）应按期建成，并确保稳定运行。

三、环境保护部每年对本责任书的执行情况进行考核，结果报国务院批准后向社会公布。江西省人民政府每年对各级政府、有关部门和重点企业污染减排情况进行考核，结果抄送环境保护部。

《江西省"十二五"主要污染物总量减排目标责任书》一式两份，环境保护部、江西省人民政府各保存一份。

环境保护部   江西省人民政府

二〇一一年十二月 日   二〇一一年十二月 日

附件：

江西省"十二五"主要污染物减排重点项目表

表1 城镇污水处理设施建设项目

序号	地市	项目名称	设计处理能力（万吨/日）	负荷率（％）	投运年份
1	南　昌	瑶湖污水处理厂	10	80	一期2012年，二期2015年
2	南　昌	新建县望城新区污水处理厂	3	75	2013
3	南　昌	江西白水湖污水处理厂	5	75	2011
4	南　昌	南昌市青山湖污水处理厂	5（回用水量）	—	2015
5	抚　州	宜黄县玉泉生活污水处理厂	1	75	2014
6	抚　州	乐安县城镇污水处理厂	2	75	2014
7	抚　州	南丰县污水处理厂	2	75	2012
8	抚　州	崇仁县污水处理厂	2	75	2014
9	抚　州	资溪县污水处理厂	1	75	2013
10	赣　州	白塔上污水处理厂	10	80	2013
11	赣　州	崇义县城区污水处理厂	0.5	75	2011
12	赣　州	龙南县污水处理厂	2	75	2013
13	赣　州	信丰县污水处理厂	3	75	2013
14	赣　州	大余县污水处理厂	2	75	2013
15	吉　安	吉水县污水处理厂	2	75	2014
16	吉　安	吉安县凤凰污水处理厂	0.4	75	2014
17	吉　安	峡江县城市污水处理厂	0.6	75	2014
18	吉　安	新干县污水处理厂	2	75	2013
19	吉　安	永丰县城污水处理厂	1	75	2013
20	吉　安	吉安新源污水处理有限公司	8	80	2012
21	吉　安	万安县污水处理厂	1	75	2014
22	吉　安	永新县城区污水处理厂	2	75	2014
23	景德镇	景德镇市第二城市污水处理厂	4	75	2015
24	景德镇	乐平市城市污水处理厂	3	75	2012
25	景德镇	浮梁县污水处理厂	2	75	2013
26	九　江	湖口县城市污水处理厂	2	75	2014
27	九　江	彭泽县污水处理厂	1.5	75	2014
28	九　江	修水县污水处理厂	3	75	2014
29	九　江	德安县污水处理厂	1.5	75	2013
30	九　江	武宁县污水处理厂	2	75	2014
31	萍　乡	上栗县污水处理厂	1.5	75	2011

序号	地市	项目名称	设计处理能力（万吨/日）	负荷率（%）	投运年份
32	萍乡	芦溪县第一污水处理厂	1.5	75	2014
33	萍乡	莲花县污水处理厂	1.5	75	2014
34	上饶	广丰县污水处理厂	2	75	2011
35	上饶	横峰县城镇污水处理厂	1	75	2011
36	上饶	铅山县污水处理厂	1.5	75	2012
37	上饶	弋阳县污水处理厂	2	75	2014
38	上饶	上饶市义垄环保产业开发有限公司污水处理厂	12	80	2013
39	新余	新余市城东污水处理厂	12	80	2012
40	宜春	宜春市中心城区污水处理厂	12	80	2014
41	宜春	靖安县污水处理厂	1	75	2014
42	宜春	铜鼓县污水处理厂	1	75	2014
43	宜春	奉新县城市污水处理厂	2	75	2014
44	宜春	宜丰县污水处理厂	1.5	75	2013

注：负荷率是指污水处理厂建成投运一年后的负荷率。

表2 造纸行业废水治理项目

序号	地市	企业名称	项目内容	投运年份
1	抚州	宜黄县星泰纸业有限公司	生化处理＋深度治理	2013
2	抚州	江西华南纸业有限公司	生化处理＋深度治理	2013
3	抚州	江西华鑫纸业有限公司	生化处理＋深度治理	2012
4	抚州	江西联兴纸业有限公司	生化处理＋深度治理	2012
5	上饶	江西省顺达纸业有限责任公司	生化处理＋深度治理	2012

表3 印染行业废水治理项目

序号	地市	企业名称	项目内容	投运年份
1	抚州	南丰县志飞鬃刷有限公司	深度治理＋节水	2013
2	抚州	江西鑫昌华制丝有限公司	深度治理＋节水	2014

表4 石油石化、化工行业废水治理项目

序号	地市	企业名称	项目内容	投运年份
1	南昌	江西昌九生物化工股份有限公司江氨分公司	短程硝化A/SBR工艺	2014
2	抚州	江西华宇香料有限公司	生化处理	2012
3	抚州	江西雨帆酒精有限责任公司	生化处理	2012
4	抚州	江西高信化工有限责任公司	生化处理	2012

序号	地市	企业名称	项目内容	投运年份
5	上　饶	江西巍华化学有限公司	生化处理＋深度处理	2012
6	九　江	中国石油化工股份有限公司九江分公司	新建含盐污水处理工程	2014
7	九　江	中国石油化工股份有限公司九江分公司	低盐污水深度处理及回用工程	2014

表5 其他行业废水治理项目

序号	地市	企业名称	项目内容	投运年份
1	南　昌	江西李渡酒业有限公司	UASB＋CASS	2012
2	南　昌	南昌天豫食品有限公司	UASB＋SBR	2011
3	南　昌	中粮（江西）米业有限公司	厌氧＋好氧＋芬顿	2011
4	南　昌	江西聚尔美制药有限公司	微电解＋厌氧＋二段兼氧＋好氧	2012
5	赣　州	定南南方稀土有限责任公司	脱氨氮回收	2012
6	吉　安	江西吉安市金穗粮油有限公司	UASB＋SBR	2012
7	宜　春	宜春市生猪定点屠宰有限公司	物化＋生化	2015
8	宜　春	江西圣迪乐生态食品有限公司	化学＋生化	2015
9	抚　州	江西桔王药业有限公司	生化＋深度处理	2011
10	上　饶	万年红食品有限公司	生化＋深度处理	2012
11	上　饶	江西顶顺生物科技有限公司	喷雾干燥	2012

表6 规模化畜禽养殖场（小区）污染治理项目

序号	地市	企业名称	治理措施	投运年份
1	南　昌	南昌县热欣养殖实业有限公司	雨污分流＋干清粪＋废弃物综合利用	2013
2	南　昌	南昌县福旺养殖有限公司	雨污分流＋干清粪＋废弃物综合利用	2013
3	南　昌	南昌正华农牧有限公司	雨污分流＋干清粪＋废弃物综合利用	2014
4	南　昌	金牧农业发展有限公司	雨污分流＋干清粪＋废弃物综合利用	2013
5	南　昌	江西鑫铭佳实业发展有限公司	雨污分流＋干清粪＋废弃物综合利用	2015
6	南　昌	江西良利生态养殖有限公司（熊志林养猪场）	雨污分流＋干清粪＋废弃物综合利用	2015
7	景德镇	颖兴种养有限公司	雨污分流＋干清粪＋废弃物综合利用	2014
8	萍　乡	莲花县赣星实业有限公司江山养殖场	雨污分流＋干清粪＋废弃物综合利用	2012
9	萍　乡	方燕养殖公司	雨污分流＋干清粪＋废弃物综合利用	2012
10	九　江	彭泽县牧业有限公司	雨污分流＋干清粪＋废弃物综合利用	2012
11	九　江	江西永高实业有限公司	雨污分流＋干清粪＋废弃物综合利用	2012
12	九　江	共青红林畜牧种有限公司	雨污分流＋干清粪＋废弃物综合利用	2013
13	九　江	湖口县花尖山立体种养有限公司	雨污分流＋干清粪＋废弃物综合利用	2015
14	九　江	瑞昌市宏达畜牧养殖有限公司	雨污分流＋干清粪＋废弃物综合利用	2015
15	九　江	瑞昌市乐丰养猪场	雨污分流＋干清粪＋废弃物综合利用	2015
16	新　余	新余市科农种猪改良有限公司	雨污分流＋干清粪＋废弃物综合利用	2014
17	新　余	新余渝州生态农业有限责任公司	雨污分流＋干清粪＋废弃物综合利用	2012

序号	地市	企业名称	治理措施	投运年份
18	鹰潭	福鑫公司白塔猪场	雨污分流＋干清粪＋废弃物综合利用	2012
19	鹰潭	河保公司养殖场	雨污分流＋干清粪＋废弃物综合利用	2014
20	鹰潭	江西万谷种猪育种有限公司	雨污分流＋干清粪＋废弃物综合利用	2012
21	鹰潭	江西天种贵溪畜牧养殖有限公司	雨污分流＋干清粪＋废弃物综合利用	2012
22	鹰潭	贵溪市联邦农业有限公司	雨污分流＋干清粪＋废弃物综合利用	2012
23	赣州	赣州市博诚农牧科技发展有限公司	雨污分流＋干清粪＋废弃物综合利用	2014
24	赣州	江西五丰牧业有限公司	雨污分流＋干清粪＋废弃物综合利用	2014
25	赣州	安远县正邦农牧有限公司	雨污分流＋干清粪＋废弃物综合利用	2013
26	赣州	于都福源生猪养殖有限公司	雨污分流＋干清粪＋废弃物综合利用	2015
27	赣州	崇义县松山牧业有限公司	雨污分流＋干清粪＋废弃物综合利用	2015
28	吉安	遂川县嘉裕牧业开发有限公司	雨污分流＋干清粪＋废弃物综合利用	2012
29	吉安	井冈山华富畜牧有限公司小通原种猪场	雨污分流＋干清粪＋废弃物综合利用	2012
30	吉安	泰和县福海生态农业开发有限公司	雨污分流＋干清粪＋废弃物综合利用	2012
31	吉安	江西泰和大北农饲料有限公司种猪场	雨污分流＋干清粪＋废弃物综合利用	2014
32	吉安	井冈山新盛农产品开发有限公司	雨污分流＋干清粪＋废弃物综合利用	2012
33	吉安	泰和县盈山水库养殖专业合作社	雨污分流＋干清粪＋废弃物综合利用	2015
34	宜春	江西省樟树市虹桥牧业有限公司	雨污分流＋干清粪＋废弃物综合利用	2012
35	宜春	江西正邦养殖有限公司上高分公司锦江种猪场	雨污分流＋干清粪＋废弃物综合利用	2011
36	宜春	黄志勇养猪场	雨污分流＋干清粪＋废弃物综合利用	2015
37	宜春	樟树市国龙畜禽养殖场	雨污分流＋干清粪＋废弃物综合利用	2015
38	宜春	上高县外贸良种猪场	雨污分流＋干清粪＋废弃物综合利用	2014
39	抚州	华龙实业有限公司	雨污分流＋干清粪＋废弃物综合利用	2012
40	抚州	立新实业有限公司	雨污分流＋干清粪＋废弃物综合利用	2012
41	抚州	东华种畜禽公司	雨污分流＋干清粪＋废弃物综合利用	2012
42	抚州	江西闽昌生态农业有限公司	雨污分流＋干清粪＋废弃物综合利用	2014
43	抚州	东乡县志盛牧业有限公司	雨污分流＋干清粪＋废弃物综合利用	2015
44	上饶	万年县吉星种猪有限公司	雨污分流＋干清粪＋废弃物综合利用	2013
45	上饶	江西山庄养殖有限公司	雨污分流＋干清粪＋废弃物综合利用	2012
46	上饶	鑫晨牧业科技有限公司	雨污分流＋干清粪＋废弃物综合利用	2012
47	上饶	江西旺大农牧业有限公司	雨污分流＋干清粪＋废弃物综合利用	2011
48	上饶	铅山县巨丰畜牧养殖有限公司	雨污分流＋干清粪＋废弃物综合利用	2011

表7 电力行业二氧化硫治理项目

序号	地市	企业名称	机组编号	装机容量（MW）	项目类型	综合脱硫效率（%）	投运年份
1	九江	国电九江发电厂	3	220	新建	90	2013
2	九江	国电九江发电厂	4	200	新建	90	2014

表8 电力行业氮氧化物治理项目

序号	地市	企业名称	机组编号	装机容量（MW）	综合脱硝效率（%）	投运年份
1	九江	国电九江发电厂	5	350	70	2013
2	九江	国电九江发电厂	6	350	70	2012
3	鹰潭	贵溪发电有限责任公司	5	300	70	2013
4	鹰潭	贵溪发电有限责任公司	6	300	70	2014
5	赣州	华能瑞金电厂	1	350	70	2013
6	赣州	华能瑞金电厂	2	350	70	2014
7	宜春	国电丰城发电有限公司	1	340	70	2015
8	宜春	国电丰城发电有限公司	2	340	70	2013
9	宜春	国电丰城发电有限公司	3	340	70	2014
10	宜春	国电丰城发电有限公司	4	340	70	2014
11	宜春	江西赣能股份有限公司丰城二期发电厂	5	700	70	2012
12	宜春	江西赣能股份有限公司丰城二期发电厂	6	700	70	2013
13	上饶	国电黄金埠发电有限公司	1	650	70	2013
14	上饶	国电黄金埠发电有限公司	2	650	70	2014
15	吉安	华能井冈山电厂	1	300	70	2013
16	吉安	华能井冈山电厂	2	300	70	2014

表9 钢铁烧结机/球团二氧化硫治理项目

序号	地市	企业名称	生产设施编号	生产设施规模	综合脱硫效率（%）	投运年份
1	南昌	方大特钢科技股份有限公司	1	130m²	70	2013
2	九江	江西萍钢实业有限公司九江分公司	4	180m²	70	2013
3	九江	江西萍钢实业有限公司九江分公司	5	180m²	70	2013
4	新余	新余钢铁集团有限公司	4	115m²	70	2014
5	新余	新余钢铁集团有限公司	5	180m²	70	2013
6	新余	新余钢铁集团有限公司	6	360m²	70	2012
7	新余	新余钢铁集团有限公司	7	360m²	70	2011
8	萍乡	江西联达冶金有限公司	1	30万吨	70	2014

表10 石油石化行业催化裂化装置二氧化硫治理项目

序号	地市	企业名称	生产设施名称及编号	生产设施规模（万吨/年）	综合脱硫效率（%）	投运年份
1	九江	中国石油化工股份有限公司九江分公司	Ⅰ催化	100	70	2014
2	九江	中国石油化工股份有限公司九江分公司	Ⅱ催化	100	70	2014

表11 水泥行业氮氧化物治理项目

序号	地市	企业名称	生产设施编号	熟料生产规模（吨/日）	综合脱硝效率（%）	投运年份
1	萍乡	江西印山实业集团印山台水泥有限公司	1	4800	30	2014
2	九江	江西亚东水泥有限公司	1	4200	30	2012
3	赣州	江西于都南方万年青水泥有限公司	1	4800	30	2014
4	赣州	江西瑞金万年青水泥有限责任公司	1	5000	30	2013
5	上饶	弋阳海螺水泥有限责任公司	1	4500	30	2014

表12 其他行业二氧化硫治理项目

序号	地市	企业名称	行业	项目内容和规模	综合脱硫效率（%）	投运年份
1	赣州	赣州逸豪优美科实业有限公司	有色	有色冶炼烟气脱硫	70	2014
2	上饶	玉山县富旺铜业有限公司	有色	有色冶炼烟气脱硫	70	2011
3	上饶	上饶市华丰铜业有限公司	有色	有色冶炼烟气脱硫	70	2011
4	上饶	江西铜业集团化工有限公司	有色	有色冶炼烟气脱硫	70	2014
5	上饶	江西金德铅业股份有限公司	有色	新增尾气吸收装置	70	2014
6	上饶	横峰县中旺铜业有限公司	有色	有色冶炼烟气脱硫	70	2012
7	上饶	横峰永兴铜业有限公司	有色	有色冶炼烟气脱硫	70	2013
8	上饶	玉山县博跃实业有限公司	有色	有色冶炼烟气脱硫	70	2012
9	上饶	上饶市华丰铜业有限公司	有色	有色冶炼烟气脱硫	70	2011
10	景德镇	景德镇开门子陶瓷化工集团有限公司	焦化	#1-#4干熄焦，100万吨/年	90	2011
11	萍乡	萍乡焦化有限责任公司	焦化	#1炼焦炉煤气脱硫，4.3米	90	2011
12	萍乡	萍乡焦化有限责任公司	焦化	#2炼焦炉煤气脱硫，4.3米	90	2011
13	萍乡	江西萍钢实业股份有限责任公司萍乡分公司	焦化	#1炼焦炉煤气脱硫，4.3米	90	2011
14	萍乡	萍乡弘源煤化工有限公司	焦化	#1炼焦炉煤气脱硫，4.3米	90	2011
15	萍乡	萍乡弘源煤化工有限公司	焦化	#2炼焦炉煤气脱硫，4.3米	90	2011

山东省"十二五"主要污染物总量减排目标责任书

为贯彻落实《国民经济和社会发展第十二个五年规划纲要》、《国务院关于印发"十二五"节能减排综合性工作方案的通知》（国发〔2011〕26号）、《国务院关于加强环境保护重点工作的意见》（国发〔2011〕35号），落实目标责任，强化监督管理，确保实现污染减排约束性目标，经国务院授权，环境保护部与山东省人民政府签订"十二五"主要污染物总量减排目标责任书。具体目标和要求如下：

一、2015年，全省化学需氧量和氨氮排放总量分别控制在177.4万吨、15.29万吨以内，比2010年的201.6万吨、17.64万吨分别减少12.0%、13.3%（其中，工业和生活化学需氧量、氨氮排放量分别控制在54.6万吨、8.70万吨以内，比2010年分别减少12.9%和13.5%）；二氧化硫和氮氧化物排放总量分别控制在160.1万吨、146.0万吨以内，比2010年的188.1万吨、174.0万吨分别减少14.9%、16.1%。

二、山东省人民政府对本行政区污染减排负总责，应采取有效措施，确保总量削减目标和重点减排任务按期完成。

1. 2011年底前将国家下达的主要污染物排放总量控制指标和重点任务逐级分解到各级政府、有关部门和重点企业。

2. 将主要污染物排放总量控制目标纳入本行政区经济社会发展规划，制定年度减排计划并严格执行。

3. 严格控制新增污染物排放量，把主要污染物排放总量控制指标作为环评审批的前置条件，试行煤炭消费总量控制。严格控制新建造纸、印染、农药、氮肥、石油化工、煤电、钢铁、水泥等项目，新建项目按照最严格的环保要求建设治污设施。新建燃煤机组要配套建设高效脱硫脱硝设施；新建新型干法水泥窑要采用低氮燃烧技术并配套建设烟气脱硝设施；新建的钢铁烧结机、石油石化设备、有色冶炼设备、炼焦炉、燃煤锅炉等重点污染源要安装烟气脱硫设施。

4. 把调整经济结构、转变经济发展方式放在更加突出的位置，国家下达的淘汰落后产能任务要按期完成，加大小锅炉、小热电、小化工等的淘汰力度。实施淄博、济宁、聊城小热电、小锅炉集中整治。核准审批新建项目要求关停的产能必须按期淘汰。

5. 到2015年，有条件的建制镇建成生活污水集中处理设施，完善城镇污水收集管网，县城以上城镇污水处理率达到90%。改造现有污水处理设施，提高脱氮除磷能力。城镇污水处理厂污泥无害化处理处置率达到50%，再生水回用率达到20%。强化垃圾渗滤液治理，实现达标排放。加大造纸、印染、化工、食品饮料等重点企业工艺技术改造和废水治理力度。全省单位工业增加值化学需氧量和氨氮排放强度分别下降50%。80%以上规模化畜禽养殖场和养殖小区配套建设固体废物和废水贮存处理设施或实行生态环保养殖模式，实施废弃物资源化利用。

6. 到2015年，现役燃煤机组必须安装脱硫设施，不能稳定达标排放的要进行更新改造或淘汰，烟气脱硫设施要按照规定取消烟气旁路，20万千瓦以上燃煤机组全部实施脱硝改造；钢铁烧结机、球团设备及石油石化催化裂化装置全面实施烟气脱硝改造；现役新型干法水泥窑实施低氮燃烧技术改造，熟料生产规模在4000吨/日以上的生产线必须实施脱硝改造；全面推行机动车环保标志管理，基本淘汰2005年以前注册运营的"黄标车"，加快提升车用燃油品质。

7. 加强污染减排统计、监测和考核体系建设，提高机动车和农业源减排监管能力。

8. 列入本责任书的重点减排项目（见附件）应按期建成，并确保稳定运行。

三、环境保护部每年对本责任书的执行情况进行考核，结果报国务院批准后向社会公布。山东省人民政府每年对各级政府、有关部门和重点企业污染减排情况进行考核，结果抄送环境保护部。

《山东省"十二五"主要污染物总量减排目标责任书》一式两份，环境保护部、山东省人民政府各保存一份。

环境保护部   山东省人民政府

二○一一年十二月三日   二○一一年12月廿日

附件：

山东省"十二五"主要污染物减排重点项目表

表1 城镇污水处理设施建设项目

序号	地市	项目名称	设计处理能力（万吨/日）	负荷率（%）	投运年份
1	济 南	济南市水质净化三厂	13	60	2013
2	济 南	济南市水质净化三厂	4（回用水量）	—	2013
3	济 南	济南市水质净化四厂	2	70	2014
4	济 南	济南市西区污水处理厂	2.5	60	2014
5	滨 州	滨州市第三污水处理厂	2	60	2013
6	滨 州	邹平县第三污水处理厂	3	60	2015
7	滨 州	邹平县魏桥镇污水处理厂	1	65	2013
8	滨 州	邹平县污水处理厂再生水利用水厂	3（回用水量）	—	2013
9	滨 州	邹平县长山镇污水处理厂	1	65	2013
10	滨 州	邹平县九户镇污水处理厂	1	65	2013
11	滨 州	邹平县好生镇污水处理厂	1	65	2012
12	德 州	平原县污水处理厂	2	65	2014
13	德 州	禹城市第二污水处理厂	1	60	2012
14	东 营	东营市西城南污水处理厂	2	60	2013
15	东 营	利津县陈庄镇污水处理厂	1	65	2012
16	东 营	利津县环海污水处理厂	1	65	2012
17	菏 泽	东明县第二污水处理厂	2	60	2012
18	菏 泽	鄄城县经济开发区污水处理厂	1	60	2014
19	济 宁	济宁市北湖污水处理厂	1	60	2012
20	济 宁	梁山县污水处理厂	1	65	2011
21	济 宁	汶上县佛都污水处理厂	1	65	2012
22	济 宁	邹城市第二污水处理厂	2	60	2013
23	临 沂	临沂市义堂污水处理厂	1	65	2012
24	临 沂	蒙阴县垛庄镇污水处理厂	1	65	2012
25	临 沂	平邑县污水处理厂	1	65	2014
26	临 沂	郯城经济开发区污水处理厂	1	60	2012
27	青 岛	胶南市灵山卫污水处理厂	3	70	2013
28	青 岛	青岛崇杰环保平度污水处理厂	4	70	2014
29	青 岛	李村河中游污水处理厂	5	60	2013
30	泰 安	宁阳县工业园区（磁窑镇）污水处理厂	1	65	2013
31	威 海	经区污水处理厂	2	60	2015
32	潍 坊	高密市第三污水处理厂	2	70	2015
33	潍 坊	临朐县第二污水处理厂	2	70	2012
34	潍 坊	诸城市昌城镇污水处理厂	1	60	2011
35	烟 台	莱阳市第二污水处理厂	1	70	2013

序号	地市	项目名称	设计处理能力（万吨/日）	负荷率（%）	投运年份
36	烟 台	烟台市套子湾污水处理厂	3	70	2013
37	枣 庄	滕州市第四污水处理厂	1	65	2015
38	枣 庄	枣庄市薛城区污水处理厂	1	60	2015
39	枣 庄	枣庄市薛城区污水处理厂	2（回用水量）	—	2015
40	枣 庄	枣庄联合润通水务有限公司	1	60	2012
41	枣 庄	滕州市城区第三污水处理厂	2	60	2014
42	淄 博	临淄区齐都镇（正华助剂）污水处理厂	1	60	2013
43	淄 博	淄博市张店区中埠镇污水处理厂	1	60	2014
44	淄 博	淄博市淄川区双杨镇污水处理厂	1	60	2012

注：负荷率是指污水处理厂建成投运一年后的负荷率。

表2 造纸行业废水治理项目

序号	地市	企业名称	项目内容	投运年份
1	滨 州	山东海韵生态纸业有限公司	预处理＋生化处理＋深度处理	2012
2	德 州	德州华中纸业有限公司	物理＋生物＋化学混凝沉淀法＋深度处理	2013
3	德 州	临邑县正升纸品加工厂	生化＋深度处理	2013
4	德 州	山东晨鸣纸业集团齐河板纸有限责任公司	物理＋生物＋化学混凝沉淀法＋深度处理	2013
5	德 州	山东冠军纸业有限公司	物化＋组合生物处理＋深度处理	2013
6	德 州	原临邑县第二造纸厂	好氧生物处理＋深度处理	2013
7	东 营	华泰清河集团公司	深度处理	2012
8	东 营	华泰纸业集团公司	Fenton流化床	2011
9	菏 泽	成武县宏达纸业有限公司	曝气砂滤回用工程＋深度处理	2014
10	菏 泽	单县华康纸业有限公司	生化＋深度处理	2014
11	菏 泽	巨野县天丰纸业有限公司	好氧生物处理＋深度处理	2012
12	菏 泽	牡丹区菏泽市宏泰纸业有限公司	物化＋生化处理	2014
13	菏 泽	山东单县天元纸业有限公司二分厂	物化＋组合生物处理＋深度处理	2013
14	菏 泽	山东泉润纸业有限公司	化学＋组合生物处理＋深度处理	2013
15	济 宁	山东华金集团有限公司	白水处理回用工程;中段水深度处理改造	2012
16	莱 芜	山东百伦纸业有限公司	物理＋生物＋深度处理	2014
17	聊 城	山东金蔡伦纸业有限公司	超滤＋纳滤	2012
18	聊 城	山东泉林纸业有限责任公司	生化＋深度处理	2011
19	聊 城	山东省高唐县第二造纸厂	活性污泥法＋深度处理	2012
20	聊 城	中冶纸业银河有限公司	活性炭过滤＋超滤＋纳滤	2011
21	临 沂	临沂汇杰包装材料有限公司	生化＋深度处理	2012
22	临 沂	临沂震元纸业有限公司	物化＋好氧生物处理	2012
23	临 沂	山东光华纸业集团有限公司	生化加絮凝＋深度处理	2012
24	临 沂	山东华明纸业有限公司	生化＋深度处理	2012

序号	地市	企业名称	项目内容	投运年份
25	临沂	山东鲁南纸业有限公司	SBR＋深度处理	2012
26	临沂	山东庞疃纸业有限公司	厌氧＋好氧生物组合工艺	2013
27	临沂	山东森森纸业有限公司	SBR＋深度处理	2012
28	日照	日照华泰纸业有限公司	超滤＋纳滤	2012
29	日照	山东亚太森博浆纸有限公司	氧化絮凝联合工艺及循环利用＋深度处理	2012
30	潍坊	山东晨鸣纸业集团股份有限公司	膜处理工艺＋深度处理	2013
31	潍坊	潍坊恒联浆纸有限公司	仿酶磁化聚沉淀＋深度处理	2011
32	潍坊	诸城市中顺工贸有限公司	沉淀＋气浮＋生化处理	2014
33	枣庄	枣庄华润纸业有限公司	物化＋组合生物处理＋深度处理	2011
34	枣庄	远通纸业（山东）有限公司	化学＋好氧生物处理＋深度处理	2012
35	淄博	山东辰龙纸业股份有限公司	化学＋生物＋深度处理	2012

表3 印染行业废水治理项目

序号	地市	企业名称	项目内容	投运年份
1	滨州	邹平县长山纺织印染有限公司	生物＋深度治理	2013
2	滨州	魏桥纺织股份有限公司（魏桥）	物化＋组合生物处理	2013
3	德州	乐陵市鲁连帆布印染有限公司	中水回用＋深度治理	2013
4	德州	武城县顺德毯业有限公司	厌氧/好氧生物组合工艺	2012
5	东营	东营大唐印染公司	水解酸化＋接触氧化＋深度治理	2012
6	东营	东营阜康洗染公司	水解酸化＋接触氧化＋深度治理	2012
7	东营	东营市华胜印染有限公司	水解酸化＋接触氧化＋深度治理	2012
8	菏泽	曹县毛纺工业园东方污水处理厂	生化＋物化＋深度治理	2011
9	聊城	临清三和纺织集团	深度治理＋中水回用	2013
10	临沂	临沂长青纺织印染有限公司	生物接触氧化法＋深度治理	2012
11	临沂	蒙阴县华运染业有限公司	物化＋生物＋深度治理	2011
12	临沂	山东恒泰纺织有限公司	厌氧＋好氧生物组合工艺	2013
13	日照	五莲鑫利针织漂染有限公司	生化法＋深度治理	2012
14	潍坊	潍坊华腾印染织造有限公司	生物滤化、砂滤、活性炭吸附＋深度治理	2015
15	潍坊	诸城市义昌纺织印染有限公司	物化＋生化＋深度治理	2015
16	潍坊	孚日集团股份有限公司	生化＋物化＋深度治理	2012
17	烟台	三丰印染有限公司	生物化学＋深度治理	2011
18	枣庄	山东华欣针织品有限公司	物化＋生物＋深度治理	2013
19	枣庄	枣庄润保轻纺有限公司	物化＋生物＋深度治理	2013
20	枣庄	枣庄市宝隆针织制衣厂	物化＋生物＋深度治理	2013

表4 石油石化、化工行业废水治理项目

序号	地市	企业名称	项目内容	投运年份
1	济南	济南盛源化肥有限责任公司	短程硝化＋深度治理	2012
2	济南	山东晋煤明水化工集团有限公司	A/O＋深度治理	2011
3	淄博	齐鲁石化分公司	乙烯污水处理厂深度处理及回用工程	2014
4	滨州	无棣鑫岳化工有限公司	气浮、隔油＋生化处理	2013
5	东营	广饶福利精制棉厂	中水回用＋深度治理	2012
6	东营	利津石油化工厂有限公司	气浮、隔油＋生化处理	2014
7	东营	山东华星石油化工集团有限公司	气浮、隔油＋生化处理	2014
8	东营	山东万达集团	BAF＋深度治理	2012
9	东营	正和集团股份有限公司	气浮、隔油＋生化处理	2014
10	东营	胜利油田分公司	采油污水提标改造及深度处理工程	2015
11	菏泽	单县化工有限公司（新厂）	生化＋深度治理	2012
12	菏泽	菏泽华意化工有限公司	化学吹除法＋深度治理	2012
13	菏泽	鄄城康泰化工有限公司	过滤＋中和沉淀池＋电絮凝池＋催化氧化池	2012
14	菏泽	鄄城县菏泽福瑞德生物有限公司	化学吹除法＋深度治理	2012
15	菏泽	鄄城县菏泽亿能化工有限公司	催化氧化还原＋反渗透＋深度治理	2012
16	菏泽	鄄城县经纬消毒制品有限公司	化学吹除法＋深度治理	2012
17	菏泽	鄄城县山东沃蓝生物有限公司	中和法＋深度治理	2012
18	菏泽	山东曹县斯递尔化工科技有限公司	物化＋生化处理＋深度治理	2012
19	菏泽	山东福田糖醇（定陶）有限公司	水解酸化加SBR＋絮凝沉淀	2013
20	菏泽	山东吉安化工有限公司	生化＋深度治理	2012
21	菏泽	山东玉皇化工有限公司	生化＋物化＋深度治理	2013
22	莱芜	山东固德化工有限公司	物理生化处理＋深度治理	2012
23	聊城	鲁西化工集团股份有限公司	氧化沟＋深度治理	2012
24	聊城	山东四强化工有限公司	生化法＋深度治理	2012
25	临沂	山东恒通化工股份有限公司	A/O工艺＋深度治理	2012
26	临沂	山东红日阿康化工股份有限公司	生化＋物化＋深度治理	2012
27	临沂	山东金沂蒙集团有限公司	厌氧＋好氧生物组合工艺	2012
28	临沂	山东省舜天化工集团有限公司	生化＋物化＋深度治理	2012
29	日照	日照万华生物科技有限公司	物化＋生化＋深度治理	2012
30	潍坊	山东联盟化工股份有限公司第一分公司	A/O＋反渗透＋深度治理	2013
31	潍坊	潍坊弘润石化助剂有限公司	气浮、隔油＋生化处理	2012
32	潍坊	诸城泰盛化工股份有限公司	生化处理池＋深度治理	2015

表5 其他行业废水治理项目

序号	地市	企业名称	项目内容	投运年份
1	德州	禹城市金牛皮革厂	物理＋化学＋深度治理	2011

序号	地市	企业名称	项目内容	投运年份
2	菏泽	郓城县山东鲁能菏泽煤电开发有限公司郭屯煤矿	高效煤泥水净化器＋曝气生物滤池＋回用	2014
3	济南	济钢集团有限公司	A^2O^2	2011
4	济宁	东滩煤矿	混凝、高效澄清、多介质过滤、消毒相结合工艺	2012
5	济宁	邹城市工业园污水处理厂	A/A/O型氧化沟法工艺	2014
6	莱芜	莱芜钢铁集团有限公司	絮凝沉淀＋超滤反渗透	2012
7	聊城	山东嘉隆石油专用管制造有限公司	循环使用＋深度治理	2011
8	聊城	山东时风（集团）有限责任公司	物化＋生化	2011
9	聊城	希杰（聊城）生物科技有限公司	过滤＋反渗透	2015
10	临沂	临沂新程金锣肉制品集团有限公司	A^2/O工艺	2012
11	临沂	山东六合集团有限公司临沂分公司	物理＋组合生物处理工艺	2012
12	临沂	山东三维油脂集团股份有限公司	SBR	2012
13	威海	荣成宝竹肉食品有限公司	生化深度处理	2014
14	威海	乳山明海水产有限公司	物化＋生化	2011
15	潍坊	青岛啤酒（寿光）有限公司	高效石英砂过滤＋二氧化氯杀菌＋回用	2012
16	潍坊	潍坊润丰有限公司	物化＋生化	2011
17	潍坊	潍坊英轩实业有限公司	IC厌氧塔＋奥贝尔氧化沟＋生物滤池	2012

表6 规模化畜禽养殖场（小区）污染治理项目

序号	地市	企业名称	治理措施	投运年份
1	济南	济南恒基珍禽养殖有限公司	雨污分流＋干清粪＋资源化综合利用	2013
2	济南	山东佳源农牧科技发展有限公司	雨污分流＋干清粪＋资源化综合利用	2012
3	济南	山东兴牛乳业有限公司	雨污分流＋干清粪＋资源化综合利用	2013
4	滨州	滨州中大集成原种猪繁育有限公司	雨污分流＋干清粪＋资源化综合利用	2013
5	滨州	仁马牧场	雨污分流＋干清粪＋资源化综合利用	2014
6	德州	山东瑞丰良种猪养殖有限公司	雨污分流＋干清粪＋资源化综合利用	2012
7	德州	禹城市安仁镇王子付奶牛场	雨污分流＋干清粪＋资源化综合利用	2011
8	德州	禹城市房寺镇邢店村养殖场	雨污分流＋干清粪＋资源化综合利用	2011
9	东营	东营开元良种奶牛繁育集团有限公司	雨污分流＋干清粪＋资源化综合利用	2012
10	东营	东营力大王农畜产有限公司	雨污分流＋干清粪＋资源化综合利用	2013
11	东营	万德福集团黄河口万头肉牛养殖基地	雨污分流＋干清粪＋资源化综合利用	2013
12	菏泽	牡丹区菏泽旺达畜禽有限公司	雨污分流＋干清粪＋资源化综合利用	2014
13	济宁	济宁三羊牧业科技有限公司优质肉羊繁育基地	雨污分流＋干清粪＋资源化综合利用	2013
14	济宁	曲阜市宣东养殖场	雨污分流＋干清粪＋资源化综合利用	2013
15	济宁	山东泗水旺盛养殖场	雨污分流＋干清粪＋资源化综合利用	2012
16	莱芜	得利斯莱芜种猪繁育有限公司	雨污分流＋干清粪＋资源化综合利用	2014
17	莱芜	莱芜市杰瑞牧业科技开发中心	雨污分流＋干清粪＋资源化综合利用	2014
18	聊城	冠县绿丰养殖场	雨污分流＋干清粪＋资源化综合利用	2012

序号	地市	企业名称	治理措施	投运年份
19	聊城	金铭澳士达肉牛场	雨污分流＋干清粪＋资源化综合利用	2013
20	聊城	阳谷景阳冈良种猪繁育养殖场	雨污分流＋干清粪＋资源化综合利用	2013
21	临沂	恒兴食品有限公司洙边良种猪场	雨污分流＋干清粪＋资源化综合利用	2013
22	临沂	临沂新程金锣牧业公司薛家马庄养殖场	雨污分流＋干清粪＋资源化综合利用	2013
23	青岛	三合源养殖场	改进养殖方式	2012
24	日照	莒县恒胜种猪繁育场	雨污分流＋干清粪＋资源化综合利用	2013
25	日照	莒县农业高科技园畜牧中心	雨污分流＋干清粪＋资源化综合利用	2012
26	日照	日照青和牧业有限公司	雨污分流＋干清粪＋资源化综合利用	2013
27	泰安	泰安金兰奶牛养殖有限公司	雨污分流＋干清粪＋资源化综合利用	2012
28	泰安	泰安市鲁宝奶牛养殖乳业有限公司	雨污分流＋干清粪＋资源化综合利用	2011
29	威海	福喜（威海）发展有限公司	雨污分流＋干清粪＋资源化综合利用	2011
30	威海	威海恒大化工有限公司大瞳奶牛场	雨污分流＋干清粪＋资源化综合利用	2011
31	威海	文登市东来养殖有限公司	雨污分流＋干清粪＋资源化综合利用	2011
32	潍坊	昌邑市华侨畜禽良种有限公司	雨污分流＋干清粪＋资源化综合利用	2012
33	潍坊	寿光凯伦牧业发展有限公司	雨污分流＋干清粪＋资源化综合利用	2013
34	潍坊	高密市永恒养殖场	资源化综合利用	2013
35	烟台	山东民和牧业股份有限公司	雨污分流＋干清粪＋资源化综合利用	2012
36	烟台	山东益生种畜禽有限公司	雨污分流＋干清粪＋资源化综合利用	2013
37	烟台	烟台龙大养殖有限公司	改进养殖方式	2012
38	枣庄	柴胡店商品肉鸡场	雨污分流＋干清粪＋资源化综合利用	2014
39	枣庄	木石镇龙振生态养猪场（张宝振）	雨污分流＋干清粪＋资源化综合利用	2013
40	枣庄	枣庄祥和乳业公司	雨污分流＋干清粪＋资源化综合利用	2013
41	淄博	山东淄博海王农牧科技有限公司	雨污分流＋干清粪＋资源化综合利用	2012
42	淄博	盛腾农贸有限公司	雨污分流＋干清粪＋资源化综合利用	2012

表7 电力行业二氧化硫治理项目

序号	地市	企业名称	机组编号	装机容量（MW）	项目类型	综合脱硫效率（%）	投运年份
1	济宁	华能嘉祥发电有限公司	1	330	改建	90	2011
2	济宁	华能嘉祥发电有限公司	2	330	改建	90	2011
3	滨州	沾化热电有限公司	3	165	改建	90	2012
4	滨州	沾化热电有限公司	4	165	改建	90	2012
5	济宁	曲阜圣城热电有限公司	1	225	改建	90	2011
6	济宁	曲阜圣城热电有限公司	2	225	改建	90	2011
7	聊城	华能聊城热电有限公司	7	330	改建	90	2011
8	聊城	华能聊城热电有限公司	8	330	改建	90	2011
9	枣庄	华电国际十里泉发电厂	6	330	改建	90	2012
10	枣庄	华电国际十里泉发电厂	7	300	改建	90	2013
11	枣庄	华电滕州新源热电有限公司	1	150	改建	90	2012

序号	地市	企业名称	机组编号	装机容量（MW）	项目类型	综合脱硫效率（%）	投运年份
12	枣 庄	华电滕州新源热电有限公司	2	150	改建	90	2013
13	枣 庄	华电滕州新源热电有限公司	3	315	改建	90	2014
14	枣 庄	华电滕州新源热电有限公司	4	315	改建	90	2014
15	潍 坊	华电潍坊发电有限公司	1	330	改建	90	2012
16	潍 坊	华电潍坊发电有限公司	2	330	改建	90	2013
17	潍 坊	华电潍坊发电有限公司	3	670	改建	90	2014
18	潍 坊	华电潍坊发电有限公司	4	670	改建	90	2014

表8 电力行业氮氧化物治理项目

序号	地市	企业名称	机组编号	装机容量（MW）	综合脱硝效率（%）	投运年份
1	济 南	华能济南黄台发电有限公司	7	330	70	2014
2	济 南	华能济南黄台发电有限公司	8	330	70	2014
3	济 南	华电章丘发电有限公司	3	300	70	2014
4	济 南	华电章丘发电有限公司	4	300	70	2013
5	青 岛	华电青岛发电有限公司	1	300	70	2014
6	青 岛	华电青岛发电有限公司	2	300	70	2013
7	青 岛	华电青岛发电有限公司	3	300	70	2012
8	青 岛	华电青岛发电有限公司	4	300	70	2014
9	淄 博	华能辛店电厂	5	300	70	2014
10	淄 博	华能辛店电厂	6	300	70	2014
11	枣 庄	华电国际十里泉发电厂	6	330	70	2014
12	枣 庄	华电国际十里泉发电厂	7	300	70	2014
13	枣 庄	华电滕州新源热电有限公司	3	315	70	2014
14	枣 庄	华电滕州新源热电有限公司	4	315	70	2013
15	东 营	胜利发电厂	3	300	70	2013
16	东 营	胜利发电厂	4	300	70	2013
17	烟 台	国电蓬莱发电有限公司	1	300	70	2013
18	烟 台	国电蓬莱发电有限公司	2	300	70	2014
19	潍 坊	华电潍坊发电有限公司	1	330	70	2014
20	潍 坊	华电潍坊发电有限公司	2	330	70	2014
21	潍 坊	华电潍坊发电有限公司	3	670	70	2014
22	潍 坊	华电潍坊发电有限公司	4	670	70	2013
23	济 宁	华电国际电力股份有限公司邹县发电厂	1	335	70	2014
24	济 宁	华电国际电力股份有限公司邹县发电厂	2	335	70	2014
25	济 宁	华电国际电力股份有限公司邹县发电厂	3	335	70	2015
26	济 宁	华电国际电力股份有限公司邹县发电厂	4	335	70	2014
27	济 宁	华电国际电力股份有限公司邹县发电厂	5	600	70	2015
28	济 宁	华电国际电力股份有限公司邹县发电厂	6	600	70	2013
29	济 宁	华电邹县发电有限公司	7	1000	70	2014

序号	地市	企业名称	机组编号	装机容量（MW）	综合脱硝效率（%）	投运年份
30	济宁	华电邹县发电有限公司	8	1000	70	2014
31	济宁	华能济宁运河发电有限公司	5	330	70	2014
32	济宁	华能济宁运河发电有限公司	6	330	70	2015
33	济宁	嘉祥发电公司	1	330	70	2014
34	济宁	嘉祥发电公司	2	330	70	2015
35	泰安	国电山东石横发电厂	1	315	70	2013
36	泰安	国电山东石横发电厂	2	315	70	2013
37	泰安	国电山东石横发电厂	3	315	70	2015
38	泰安	国电山东石横发电厂	4	315	70	2015
39	泰安	国电山东石横发电厂	5	330	70	2014
40	泰安	国电山东石横发电厂	6	330	70	2014
41	威海	华能威海发电有限责任公司	3	300	70	2015
42	威海	华能威海发电有限责任公司	4	300	70	2015
43	日照	华能国际电力股份有限公司日照电厂	1	350	70	2015
44	日照	华能国际电力股份有限公司日照电厂	2	350	70	2014
45	日照	华能国际电力股份有限公司日照电厂	3	680	70	2014
46	日照	华能国际电力股份有限公司日照电厂	4	680	70	2015
47	莱芜	山东华能莱芜热电有限公司	4	330	70	2015
48	莱芜	山东华能莱芜热电有限公司	5	330	70	2015
49	莱芜	华电国际电力股份有限公司莱城发电厂	1	300	70	2014
50	莱芜	华电国际电力股份有限公司莱城发电厂	2	300	70	2014
51	莱芜	华电国际电力股份有限公司莱城发电厂	3	300	70	2013
52	莱芜	华电国际电力股份有限公司莱城发电厂	4	300	70	2014
53	临沂	国电费县发电有限公司	1	650	70	2013
54	临沂	国电费县发电有限公司	2	650	70	2014
55	德州	华能国际电力股份有限公司德州电厂	1	330	70	2015
56	德州	华能国际电力股份有限公司德州电厂	2	320	70	2015
57	德州	华能国际电力股份有限公司德州电厂	3	300	70	2014
58	德州	华能国际电力股份有限公司德州电厂	4	320	70	2015
59	德州	华能国际电力股份有限公司德州电厂	5	700	70	2015
60	德州	华能国际电力股份有限公司德州电厂	6	700	70	2015
61	聊城	山东中华发电有限公司聊城热电厂	1	600	70	2013
62	聊城	山东中华发电有限公司聊城热电厂	2	600	70	2014
63	聊城	国电聊城发电有限公司	3	600	70	2014
64	聊城	国电聊城发电有限公司	4	600	70	2015
65	聊城	华能聊城热电有限公司	7	330	70	2015
66	聊城	华能聊城热电有限公司	8	330	70	2015
67	滨州	大唐鲁北发电有限责任公司	1	330	70	2013
68	滨州	大唐鲁北发电有限责任公司	2	330	70	2015
69	菏泽	国电菏泽发电厂	3	300	70	2013
70	菏泽	国电菏泽发电厂	4	300	70	2014

序号	地市	企业名称	机组编号	装机容量（MW）	综合脱硝效率（%）	投运年份
71	菏泽	国电菏泽发电厂	5	330	70	2015
72	菏泽	国电菏泽发电厂	6	330	70	2013

表9 钢铁烧结机/球团二氧化硫治理项目

序号	地市	企业名称	生产设施编号	生产设施规模（m²或万吨）	综合脱硫效率（%）	投运年份
1	济南	济钢集团有限公司	1	320	70	2012
2	济南	济钢集团有限公司	2	120	70	2011
3	青岛	青岛钢铁有限公司	1	105	70	2014
4	青岛	青岛钢铁有限公司	2	105	70	2011
5	淄博	张店钢铁总厂	1	180	70	2012
6	淄博	山东隆盛钢铁有限公司	1	108	70	2012
7	淄博	山东隆盛钢铁有限公司	2	108	70	2012
8	淄博	淄博宏达钢铁有限公司	1	132	70	2012
9	淄博	淄博宏达钢铁有限公司	2	132	70	2012
10	潍坊	潍坊特钢集团有限公司	1	230	70	2011
11	潍坊	潍坊特钢集团有限公司	2	230	70	2011
12	潍坊	山东鲁丽钢铁有限公司	1	180	70	2011
13	日照	日照钢铁控股集团有限公司	4	90	70	2012
14	日照	日照钢铁控股集团有限公司	5	90	70	2012
15	日照	日照钢铁控股集团有限公司	6	180	70	2012
16	日照	日照钢铁控股集团有限公司	7	180	70	2012
17	日照	日照钢铁控股集团有限公司	8	180	70	2012
18	日照	日照钢铁控股集团有限公司	9	180	70	2012
19	莱芜	莱芜钢铁股份有限公司	1	105	70	2011
20	莱芜	莱芜钢铁股份有限公司	2	105	70	2011
21	莱芜	莱芜钢铁集团银山型钢有限公司	1	265	70	2012
22	莱芜	莱芜钢铁集团银山型钢有限公司	2	265	70	2012
23	莱芜	莱芜钢铁集团银山型钢有限公司	3	400	70	2013
24	德州	山东莱钢永锋钢铁有限公司	4	180	70	2011
25	临沂	临沂三德特钢有限公司	1	91	70	2011
26	临沂	临沂三德特钢有限公司	2	91	70	2012
27	临沂	临沂三德特钢有限公司	3	91	70	2012

表10 石油石化行业催化裂化装置二氧化硫治理项目

序号	地市	企业名称	生产设施名称及编号	生产设施规模（万吨/年）	综合脱硫效率（%）	投运年份
1	济南	中国石油化工股份有限公司济南分公司	1	80	70	2014
2	济南	中国石油化工股份有限公司济南分公司	2	140	70	2014
3	青岛	中国石化青岛石油化工有限责任公司	重油催化裂化装置	140	70	2014
4	青岛	中国石化青岛炼油化工有限责任公司	蜡油催化裂化装置	290	70	2014
5	东营	山东利津石油化工厂有限公司	1	100	70	2014
6	东营	山东华星石化集团股份公司	1	140	70	2014
7	东营	山东正和集团股份有限公司	1	100	70	2014
8	东营	山东神驰化工有限公司	1	120	70	2014
9	东营	中国石化胜利油田石油化工总厂	重油催化裂化装置	90	70	2015
10	东营	海科化工集团股份有限公司	1	80	70	2014
11	东营	万通石油化工集团有限公司	1	60	70	2013
12	潍坊	寿光市联盟石油化工有限公司	1	60	70	2012
13	滨州	山东京博石化有限公司	1	65	70	2014
14	滨州	博兴永鑫化工有限公司	1	60	70	2014
15	潍坊	潍坊弘润石化	1	50	70	2013
16	淄博	中国石化齐鲁石化有限责任公司	1	80	70	2014

表11 水泥行业氮氧化物治理项目

序号	地市	企业名称	生产设施编号	熟料生产规模（吨/日）	综合脱硝效率（%）	投运年份
1	淄博	淄博山水水泥有限公司	1	5000	30	2014
2	淄博	淄博山水水泥有限公司	2	5000	30	2014
3	淄博	山东东华水泥有限公司	1	5000	30	2014
4	淄博	山东东华水泥有限公司	2	5000	30	2014
5	枣庄	枣庄中联水泥有限公司	3	5000	30	2013
6	枣庄	枣庄沃丰水泥有限公司	1	4000	30	2014
7	枣庄	泉头集团枣庄金桥旋窑水泥有限公司	1	4000	30	2014
8	枣庄	山东申丰水泥有限公司	1	5000	30	2014
9	枣庄	山东泉兴水泥有限公司	3	5000	30	2014
10	枣庄	鲁南中联水泥有限公司	3	5000	30	2013
11	枣庄	枣庄创新山水水泥有限公司	1	4000	30	2014
12	烟台	烟台山水水泥有限公司	2	5000	30	2015
13	烟台	冀东水泥（烟台）有限责任公司	1	5000	30	2013
14	济宁	微山山水水泥有限公司	1	4500	30	2013
15	济宁	大宇水泥（山东）有限公司	1	7200	30	2015

序号	地市	企业名称	生产设施编号	熟料生产规模（吨/日）	综合脱硝效率（%）	投运年份
16	泰 安	泰山中联水泥有限公司	1	5000	30	2013
17	泰 安	泰安鲁珠水泥有限公司	1	4000	30	2014
18	日 照	莒县中联水泥有限公司	1	4000	30	2014
19	临 沂	山东中联水泥有限公司	1	4500	30	2013
20	临 沂	沂州水泥集团总公司	1	4500	30	2013
21	临 沂	费县沂州水泥有限公司	1	4500	30	2013
22	临 沂	沂水山水水泥有限公司	1	4500	30	2014
23	临 沂	平邑归来庄水泥有限公司	1	4500	30	2014
24	临 沂	蒙阴广汇水泥有限公司	1	4500	30	2014

表12 其他行业二氧化硫治理项目

序号	地市	企业名称	行业	项目内容和规模	综合脱硫效率（%）	投运年份
1	青 岛	青岛钢铁有限公司	钢铁	焦炉煤气脱硫,60万吨/年	70	2012
2	枣 庄	山东圣火煤化工有限公司	焦化	焦炉煤气脱硫,40万吨/年	90	2013
3	潍 坊	山东潍焦集团有限公司	焦化	焦炉煤气脱硫,80万吨/年	90	2012
4	潍 坊	昌邑市华昊焦化有限公司	焦化	焦炉煤气脱硫,40万吨/年	90	2012
5	潍 坊	潍坊特钢集团有限公司	焦化	焦炉煤气脱硫,80万吨/年	90	2012
6	日 照	山东浩宇能源有限公司	焦化	焦炉煤气脱硫,98万吨/年	90	2014
7	日 照	山东日照焦电有限公司	焦化	QRD清洁热回收捣固式机焦炉煤气脱硫,60万吨/年	80	2012
8	临 沂	临沂沂州焦化有限公司	焦化	焦炉煤气脱硫,80万吨/年	90	2012
9	临 沂	临沂盛阳焦化有限公司	焦化	焦炉煤气脱硫,60万吨/年	90	2013
10	临 沂	临沂北方焦化有限公司	焦化	焦炉煤气脱硫,40万吨/年	90	2012
11	临 沂	山东顺鑫焦业有限公司	焦化	焦炉煤气脱硫,40万吨/年	90	2014
12	临 沂	临沂烨华焦化有限公司	焦化	焦炉煤气脱硫,100万吨/年	90	2012
13	临 沂	临沂东星焦化有限公司	焦化	焦炉煤气脱硫,45万吨/年	90	2012
14	临 沂	山东新恒泰焦化有限公司	焦化	焦炉煤气脱硫,40万吨/年	90	2013
15	临 沂	苍山县东宝山焦化有限公司	焦化	焦炉煤气脱硫,40万吨/年	90	2012
16	临 沂	临沂高利峰焦化有限公司	焦化	焦炉煤气脱硫,20万吨/年	90	2013
17	临 沂	临沂恒昌焦化股份有限公司	焦化	焦炉煤气脱硫,100万吨/年	90	2012
18	聊 城	东阿东昌焦化有限公司	焦化	焦炉煤气脱硫,60万吨/年	90	2012
19	菏 泽	山东铁雄新沙能源有限公司	焦化	焦炉煤气脱硫,90万吨/年	90	2012
20	东 营	山东鲁方有色金属公司	有色	有色冶炼烟气脱硫	70	2012
21	烟 台	山东方泰循环金业股份有限公司	有色	有色冶炼烟气脱硫	70	2012

河南省"十二五"主要污染物总量减排目标责任书

为贯彻落实《国民经济和社会发展第十二个五年规划纲要》、《国务院关于印发"十二五"节能减排综合性工作方案的通知》（国发〔2011〕26号）、《国务院关于加强环境保护重点工作的意见》（国发〔2011〕35号），落实目标责任，强化监督管理，确保实现污染减排约束性目标，经国务院授权，环境保护部与河南省人民政府签订"十二五"主要污染物总量减排目标责任书。具体目标和要求如下：

一、2015年，全省化学需氧量和氨氮排放总量（含工业、生活、农业）分别控制在133.5万吨、13.61万吨以内，比2010年的148.2万吨、15.57万吨分别减少9.9%、12.6%（其中，工业和生活化学需氧量、氨氮排放量分别控制在55.8万吨、7.66万吨以内，比2010年分别减少10.0%和12.9%）；二氧化硫和氮氧化物排放总量分别控制在126.9万吨、135.6万吨以内，比2010年的144.0万吨、159.0万吨分别减少11.9%、14.7%。

二、河南省人民政府对本行政区污染减排负总责，应采取有效措施，确保总量削减目标和重点减排任务按期完成。

1. 2011年底前将国家下达的主要污染物排放总量控制指标和重点任务逐级分解到各级政府、有关部门和重点企业。

2. 将主要污染物排放总量控制目标纳入本行政区经济社会发展规划，制定年度减排计划并严格执行。

3. 严格控制新增污染物排放量，把主要污染物排放总量控制指标作为环评审批的前置条件。严格控制新建造纸、印染、农药、氮肥、皮革、煤电、钢铁、水泥等项目，新建项目按照最严格的环保要求优先使用国家鼓励发展的重大环保技术装备，建设治污设施。新建燃煤机组要配套建设高效脱硫脱硝设施；新建新型干法水泥窑要采用低氮燃烧技术并配套建设烟气脱硝设施；新建的钢铁烧结机、石油石化设备、有色冶炼设备、炼焦炉、燃煤锅炉等重点污染源要安装烟气脱硫设施。

4. 把调整经济结构、转变经济发展方式放在更加突出的位置，国家下达的淘汰落后产能任务要按期完成，加大小锅炉、小火电、小化工等的淘汰力度。核准审批新建项目要求关停的产能必须按期淘汰。

5. 到2015年，有条件的重点建制镇建成生活污水集中处理设施，完善城镇污水收集管网，设市城市污水处理率达到88%，县城污水处理率达到80%。改造现有污水处理设施，提高脱氮除磷能力。城镇污水处理厂污泥无害化处理处置率达到60%，再生水回用率达到20%。强化垃圾渗滤液治理，实现达标排放。加大造纸、印染、化工、食品饮料等重点企业工艺技术改造和废水治理力度。全省单位工业增加值化学需氧量和氨氮排放强度分别下降50%。60%以上规模化畜禽养殖场和养殖小区配套建设固体废物和废水贮存处理设施，实施废弃物资源化利用。

6. 到2015年，现役燃煤机组必须安装脱硫设施，不能稳定达标排放的要进行更新改造或淘汰，烟气脱硫设施要按照规定取消烟气旁路，30万千瓦以上燃煤机组全部实施脱硝改造；钢铁烧结机、球团设备及石油石化催化裂化装置全面实施烟气脱硫改造；现役新型干法水泥窑实施低氮燃烧技术改造，熟料生产规模在4000吨/日以上的生产线必须实施脱硝改造；全面推行机动车环保标志管理，基本淘汰2005年以前注册运营的"黄标车"，加快提升车用燃油品质。

7. 加强污染减排统计、监测和考核体系建设，提高机动车和农业源减排监管能力。

8. 列入本责任书的重点减排项目（见附件）应按期建成，并确保稳定运行。

三、环境保护部每年对本责任书的执行情况进行考核，结果报国务院批准后向社会公布。河南省人民政府每年对各级政府、有关部门和重点企业污染减排情况进行考核，结果抄送环境保护部。

《河南省"十二五"主要污染物总量减排目标责任书》一式两份，环境保护部、河南省人民政府各保存一份。

环境保护部   河南省人民政府

二○一一年十二月廿日   二○一一年十二月二十日

附件：

河南省"十二五"主要污染物减排重点项目表

表1 城镇污水处理设施建设项目

序号	地市	项目名称	设计处理能力（万吨/日）	负荷率（%）	投运年份
1	郑 州	陈三桥污水处理厂	10	60	2012
2	郑 州	巩义市兴华水处理有限公司（二期）	3	60	2014
3	郑 州	马头岗污水处理厂（二期）	30	60	2014
4	郑 州	五龙口污水处理厂（二期）	10	80	2011
5	郑 州	新郑市第三污水处理厂	2.5	60	2012
6	郑 州	新郑市新源污水处理有限责任公司二厂（二期）	2.5	75	2012
7	郑 州	中牟县白沙组团污水处理厂	4	60	2012
8	郑 州	中牟县城毛庄污水处理厂	3	60	2013
9	安 阳	安阳市北小庄污水处理厂	5	60	2012
10	安 阳	安阳市明波水务有限公司	3（回用水量）	—	2013
11	安 阳	安阳市明波水务有限公司	10	60	2014
12	鹤 壁	鹤壁市宝山循环经济产业集聚区污水处理厂	6	60	2013
13	鹤 壁	鹤山区利民污水处理厂	2.5	60	2013
14	鹤 壁	淇滨污水处理厂	5（回用水量）	—	2013
15	鹤 壁	深鹤山城污水处理厂	6（回用水量）	—	2015
16	济 源	济源市污水处理厂	10	70	2012
17	焦 作	焦作市西部工业集聚区污水处理厂	2.5	60	2013
18	焦 作	沁阳市第二污水处理厂	5	60	2013
19	开 封	开封东区污水处理厂提标改造工程	15	80	2014
20	开 封	开封精细化工产业集聚区污水处理厂	2	60	2014
21	开 封	开封新区马家河污水处理厂	10	60	2013
22	开 封	兰考县污水处理厂扩建工程	3	60	2013
23	开 封	杞县产业集聚区污水处理厂	4	60	2014
24	开 封	杞县葛岗新材料专业园区污水处理厂	3	60	2014
25	漯 河	临颍县产业集聚区污水处理厂	3	60	2012
26	漯 河	漯河市马沟污水处理厂	5	60	2012
27	漯 河	漯河市沙北污水处理厂	6	60	2011
28	漯 河	漯西产业集聚区污水处理厂	4	60	2012
29	洛 阳	洛阳新区污水处理厂	10	60	2012
30	洛 阳	新安县第二污水处理厂	3	60	2013
31	南 阳	南阳市白河南污水处理厂	10	60	2014
32	南 阳	南阳市污水净化中心	20	70	2011
33	平顶山	平顶山市新城区污水处理厂	3	60	2013
34	濮 阳	濮王集聚区污水处理厂	3	60	2012
35	濮 阳	濮阳市城东污水处理厂	5	60	2012

序号	地市	项目名称	设计处理能力（万吨/日）	负荷率（%）	投运年份
36	濮 阳	濮阳市第二污水处理厂	5	60	2012
37	濮 阳	濮阳市污水处理厂脱氮改造工程	3.5	80	2012
38	濮 阳	台前县污水处理厂	4.5	75	2012
39	濮 阳	濮阳县污水处理厂	5	70	2013
40	商 丘	康达环保（商丘）水务有限公司（二期）	10	80	2011
41	新 乡	辉县市共城污水净化有限责任公司	2.6（回用水量）	—	2012
42	新 乡	新乡市贾屯污水处理厂	15	60	2013
43	新 乡	新乡市小店污水处理厂	5	60	2012
44	信 阳	固始县第二污水处理厂	6	60	2014
45	信 阳	潢川县第二污水处理厂	2	60	2014
46	信 阳	信阳市污水处理厂	8（回用水量）	—	2014
47	信 阳	信阳市污水处理厂	20	75	2014
48	许 昌	许昌县第二污水处理厂	1.5	60	2012
49	许 昌	长葛市污水处理厂	4.5	70	2012
50	许 昌	襄城县煤焦化循环经济产业园污水处理厂	3	60	2014
51	许 昌	许昌市邓庄污水处理厂	3	60	2013
52	许 昌	鄢陵县新区污水处理厂	2	60	2013
53	许 昌	禹州市第三污水处理厂一期工程	5	60	2013
54	周 口	周口鹏鹞水务有限公司	12	60	2013
55	周 口	周口市沙北污水处理厂	5	60	2013
56	驻马店	驻马店市再生水厂	6（回用水量）	—	2014
57	驻马店	驻马店市第二污水处理厂（一期）	7.5	60	2013
58	平顶山	平顶山市第二污水处理厂	5	60	2013
59	许 昌	襄城县污水处理厂二期工程	2.5	60	2013
60	焦 作	武陟县污水处理厂（二期）	3	60	2013
61	焦 作	孟州市产业集聚区污水处理工程	5	60	2013
62	新 乡	辉县市孟庄污水处理厂	5	60	2012
63	新 乡	骆驼湾污水处理厂中水回用工程	5	—	2014
64	周 口	淮阳县凌海污水处理有限公司	4	70	2013
65	开 封	兰考县产业集聚区污水处理工程	2.5	60	2013
66	开 封	开封市西区污水处理厂提标改造工程	8	60	2013
67	开 封	尉氏县工业污水处理厂	2.5	60	2014
68	开 封	尉氏县新尉工业园区污水处理厂	1.5	60	2014
69	郑 州	荥阳市第二污水处理工程	2	60	2013
70	信 阳	息县第二污水处理厂	2	60	2014

注：负荷率是指污水处理厂建成投运一年后的负荷率。

表2 造纸行业废水治理项目

序号	地市	企业名称	项目内容	投运年份
1	郑州	河南东风纸业有限责任公司	物理＋化学＋深度治理	2011
2	郑州	河南省新密市春惠纸品加工厂	物化＋好氧生物处理	2011
3	郑州	新密市方圆纸业有限公司	化学＋组合生物处理	2011
4	郑州	新密市天园纸业有限公司	化学＋好氧生物处理	2011
5	焦作	河南华丰纸业有限公司	化学＋生物＋深度治理	2012
6	济源	济源市公美集团有限责任公司	化学混凝气浮法＋深度治理	2012
7	焦作	焦作瑞丰纸业有限公司	厌氧/好氧生物组合工艺＋深度治理	2012
8	开封	开封通富纸业有限公司	深度治理	2013
9	开封	兰考县美莎纸业	化学＋生物＋深度治理	2013
10	漯河	河南银鸽实业投资股份有限公司	生化工艺＋深度治理	2011
11	漯河	舞阳银鸽纸产股份有限公司	生化工艺＋深度治理	2011
12	南阳	邓州市老廷实业有限公司	好氧生物处理＋深度治理	2013
13	平顶山	平顶山市运发纸业有限公司	A/O工艺＋深度治理	2012
14	平顶山	舞钢市海明集团有限公司	生化法＋深度治理	2011
15	濮阳	范县阳光纸业有限公司	污水深度治理	2013
16	濮阳	河南民通华瑞纸业有限公司	废水深度处理及回用	2012
17	濮阳	濮阳市通宇纸业有限公司	中水回用	2013
18	新乡	河南龙泉集团实业有限公司	厌氧处理深度治理	2011
19	新乡	河南省新乡鸿达纸业有限公司	化学＋生物＋深度治理	2011
20	新乡	河南新克耐实业股份有限公司	物化＋好氧生物处理	2012
21	新乡	卫辉市八一天鑫纸业有限责任公司	物化＋好氧生物处理	2012
22	新乡	卫辉市协和实业发展有限公司	物化＋好氧生物处理	2012
23	新乡	新乡新亚纸业集团股份有限公司	催化氧化、高级氧化＋深度治理	2011
24	许昌	河南一林纸业有限公司	物化＋生物＋深度治理	2013
25	驻马店	驻马店市白云纸业有限公司	物化＋厌氧＋生化＋深度化学处理	2011
26	南阳	内乡仙鹤纸业有限公司	污水深度治理	2012
27	焦作	沁阳市盛兴纸业有限公司	化学＋生物＋深度治理	2011
28	焦作	沁阳市联盟纸业有限公司	化学＋生物＋深度治理	2011
29	焦作	河南双马纸品包装有限公司	废水深度治理＋回用	2011

表3 印染行业废水治理项目

序号	地市	企业名称	项目内容	投运年份
1	开封	河南福甬服装有限公司	废水深度治理及清洁生产	2014

表4 石油石化、化工行业废水治理项目

序号	地市	企业名称	项目内容	投运年份
1	郑 州	郑州沃原化工股份有限公司	A²/O工艺+深度治理	2013
2	济 源	济源市恒利肥业有限公司	物理+化学+深度治理	2013
3	济 源	济源市联创化工有限公司	沉淀+曝气+深度治理	2011
4	洛 阳	洛阳骏马化工有限公司	物理+化学+深度治理	2013
5	南 阳	中国石油化工股份有限公司河南油田分公司	新庄油田污水深度处理及回用工程	2013
6	南 阳	中国石油化工股份有限公司河南油田分公司	王集油田污水深度处理工程	2014
7	南 阳	中国石油化工股份有限公司河南油田分公司	采油一厂污水提标改造工程	2012
8	南 阳	中国石油化工股份有限公司河南油田分公司	采油二厂污水提标改造工程	2013
9	洛 阳	中国石油化工股份有限公司洛阳分公司	炼油污水处理厂提标改造工程	2012
10	南 阳	河南嘉田化工有限公司	沉淀分离+深度治理	2011
11	南 阳	河南新大地化工有限公司	A/O工艺+深度治理	2011
12	南 阳	南阳普康药业有限公司镇平分公司	A²/O+深度治理	2011
13	南 阳	中国石油化工股份有限公司河南油田分公司南阳石蜡精细化工厂	污水处理厂提标改造工程	2013
14	平顶山	河南神马尼龙化工有限责任公司	生化法+深度治理	2011
15	濮 阳	河南省中原大化集团有限责任公司	深度治理	2012
16	濮 阳	濮阳宏业汇龙化工有限公司	深度治理	2012
17	三门峡	三门峡金茂化工有限公司	化学混凝沉淀法+深度治理	2013
18	信 阳	潢川县天利化工有限责任公司	物理+化学+深度治理	2015

表5 其他行业废水治理项目

序号	地市	企业名称	项目内容	投运年份
1	郑 州	中孚电力股份有限公司	物理+化学+深度治理	2011
2	郑 州	新密市造纸群工业污水处理厂	物理+化学+深度治理	2014
3	焦 作	温县神龙化纤有限公司	深度治理+中水回用	2013
4	开 封	河南方圆制革有限公司	深度治理+中水回用	2012
5	开 封	杞县宏四发皮革有限公司	深度治理+中水回用	2013
6	开 封	杞县新星皮革有限公司	深度治理+中水回用	2012
7	开 封	尉氏县金城皮毛有限公司	深度治理+中水回用	2012
8	开 封	尉氏县凯华皮革有限公司	深度治理+中水回用	2012
9	漯 河	临颍南德啤酒厂	生化工艺+深度治理	2012
10	郑 州	河南明泰铝业股份有限公司	深度治理+中水回用	2012
11	郑 州	郑州日产汽车有限公司	物化+生化+深度治理	2012
12	焦 作	孟州市桑坡皮毛集团	化学+生物+深度治理	2012
13	焦 作	河南鑫源食品有限公司	化学+生物+深度治理	2012

表6 规模化畜禽养殖场（小区）污染治理项目

序号	地市	企业名称	治理措施	投运年份
1	济源	济源市金河奶牛场	干清粪+废弃物资源化利用（沼气）+沼液处理	2011
2	漯河	临颍北徐集团养殖场	雨污分流+干清粪+资源化综合利用	2012
3	漯河	漯河市九鑫牧业有限公司	雨污分流+干清粪+资源化综合利用	2011
4	平顶山	河南省六旺牧业有限公司	雨污分流+干清粪+资源化综合利用	2013
5	平顶山	河南源源乳业集团河源有限公司	雨污分流+干清粪+资源化综合利用	2013
6	平顶山	郏县发展牧业有限公司	雨污分流+干清粪+资源化综合利用	2015
7	平顶山	平顶山郏县红牛繁育中心	雨污分流+干清粪+资源化综合利用	2015
8	平顶山	汝州市三元牧业有限公司	雨污分流+干清粪+资源化综合利用	2015
9	平顶山	舞钢市瑞祥牧业有限公司	雨污分流+干清粪+资源化综合利用	2013
10	平顶山	叶县双汇牧业有限公司	雨污分流+干清粪+资源化综合利用	2013
11	新乡	河南恒友牧业发展有限公司	雨污分流+干清粪+资源化综合利用	2015
12	新乡	原阳县宝源农牧业有限公司	雨污分流+干清粪+资源化综合利用	2013
13	新乡	原阳县福源奶牛有限公司	雨污分流+干清粪+资源化综合利用	2013
14	信阳	固始县分水颐生奶牛养殖场	雨污分流+干清粪+资源化综合利用	2013
15	信阳	河南信阳万林种猪有限公司	雨污分流+干清粪+资源化综合利用	2014
16	信阳	潢川正达公司	雨污分流+干清粪+资源化综合利用	2015
17	信阳	息县靳国栋养猪场	雨污分流+干清粪+资源化综合利用	2015
18	信阳	息县马新忠养猪场	雨污分流+干清粪+资源化综合利用	2015
19	信阳	信阳市平桥区向阳牧业有限公司	雨污分流+干清粪+资源化综合利用	2015
20	信阳	潢川豫鸣牧业有限责任公司	雨污分流+干清粪+资源化综合利用	2015
21	许昌	禹州市广东温氏家禽有限公司	雨污分流+干清粪+资源化综合利用	2013
22	许昌	禹州市钧龙养殖种殖有限公司生猪养殖厂	雨污分流+干清粪+资源化综合利用	2013
23	许昌	禹州市顺大畜牧业有限公司生猪养殖厂	雨污分流+干清粪+资源化综合利用	2014
24	驻马店	河南省诸美种猪育种有限公司	雨污分流+干清粪+资源化综合利用	2015
25	驻马店	上蔡县宏伟种猪有限公司	雨污分流+干清粪+资源化综合利用	2015
26	焦作	沁阳市跃进养猪场	干清粪+废弃物资源化利用	2012
27	焦作	孟州市发安养殖专业合作社	干清粪+废弃物资源化利用（沼气）	2012
28	新乡	河南大家牧业有限公司	雨污分流+干清粪+资源化综合利用	2013
29	新乡	获嘉县楼村巨兴养殖场	雨污分流+干清粪+资源化综合利用	2013
30	新乡	新乡市卫滨区鑫诚养殖场	雨污分流+干清粪+资源化综合利用	2013
31	新乡	原阳县华宝生态养殖有限公司	雨污分流+干清粪+资源化综合利用	2013
32	安阳	安阳市顺好运养殖有限公司	沼气	2011
33	南阳	内乡县牧原养殖有限公司	厌氧好氧处理＋资源化综合利用	2011

表7 电力行业二氧化硫治理项目

序号	地市	企业名称	机组编号	装机容量（MW）	项目类型	综合脱硫效率（%）	投运年份
1	焦作	焦作金冠嘉华电力有限公司	3	135	改建	90	2011
2	焦作	焦作金冠嘉华电力有限公司	4	135	改建	90	2011

表8 电力行业氮氧化物治理项目

序号	地市	企业名称	机组编号	装机容量（MW）	综合脱硝效率（%）	投运年份
1	安阳	大唐安阳发电厂	1	300	70	2013
2	安阳	大唐安阳发电厂	2	300	70	2013
3	安阳	大唐安阳发电有限责任公司	9	300	70	2015
4	安阳	大唐安阳发电有限责任公司	10	300	70	2015
5	鹤壁	鹤壁丰鹤发电有限责任公司	1	600	70	2012
6	鹤壁	鹤壁丰鹤发电有限责任公司	2	600	70	2014
7	鹤壁	鹤壁同力发电有限责任公司	1	300	70	2015
8	鹤壁	鹤壁同力发电有限责任公司	2	300	70	2014
9	济源	华能沁北发电有限责任公司	1	600	70	2013
10	济源	华能沁北发电有限责任公司	2	600	70	2014
11	济源	华能沁北发电有限责任公司	3	600	70	2015
12	济源	华能沁北发电有限责任公司	4	600	70	2012
13	开封	中电投河南电力有限公司开封发电分公司	1	600	70	2013
14	开封	中电投河南电力有限公司开封发电分公司	2	600	70	2014
15	洛阳	河南华润电力首阳山有限公司	1	600	70	2012
16	洛阳	河南华润电力首阳山有限公司	2	600	70	2013
17	洛阳	大唐洛阳首阳山发电厂	3	300	70	2014
18	洛阳	大唐洛阳首阳山发电厂	4	300	70	2013
19	洛阳	大唐洛阳热电厂	5	300	70	2014
20	洛阳	大唐洛阳热电厂	6	300	70	2013
21	洛阳	洛阳伊川龙泉坑口自备发电有限公司	1	300	70	2014
22	洛阳	洛阳伊川龙泉坑口自备发电有限公司	2	300	70	2013
23	洛阳	洛阳伊川龙泉坑口自备发电有限公司	3	300	70	2014
24	漯河	华电漯河发电有限公司	1	330	70	2014
25	漯河	华电漯河发电有限公司	2	330	70	2014
26	南阳	南阳天益发电有限公司	3	600	70	2013
27	南阳	南阳天益发电有限公司	4	600	70	2014
28	南阳	南阳鸭河口发电有限责任公司	1	350	70	2014
29	南阳	南阳鸭河口发电有限责任公司	2	350	70	2013
30	平顶山	平顶山姚孟发电有限责任公司	3	300	70	2014
31	平顶山	平顶山姚孟发电有限责任公司	4	300	70	2014
32	平顶山	平顶山姚孟发电有限责任公司	5	600	70	2014
33	平顶山	平顶山姚孟发电有限责任公司	6	600	70	2013

序号	地市	企业名称	机组编号	装机容量（MW）	综合脱硝效率（%）	投运年份
34	三门峡	三门峡华阳发电有限责任公司	1	300	70	2015
35	三门峡	三门峡华阳发电有限责任公司	2	300	70	2013
36	三门峡	大唐三门峡发电有限责任公司	3	600	70	2014
37	三门峡	大唐三门峡发电有限责任公司	4	600	70	2015
38	商丘	国电民权发电有限公司	1	600	70	2014
39	商丘	国电民权发电有限公司	2	600	70	2015
40	商丘	商丘裕东发电有限责任公司	1	300	70	2012
41	商丘	商丘裕东发电有限责任公司	2	300	70	2014
42	新乡	华电新乡发电有限公司	1	660	70	2014
43	新乡	华电新乡发电有限公司	2	660	70	2014
44	新乡	新乡豫新发电有限责任公司	6	300	70	2015
45	新乡	新乡豫新发电有限责任公司	7	300	70	2014
46	信阳	大唐信阳华豫发电有限公司	1	300	70	2013
47	信阳	大唐信阳华豫发电有限公司	2	300	70	2014
48	信阳	大唐信阳发电有限公司	3	660	70	2012
49	信阳	大唐信阳发电有限公司	4	660	70	2012
50	许昌	许昌龙岗发电有限责任公司	1	350	70	2013
51	许昌	许昌龙岗发电有限责任公司	2	350	70	2014
52	郑州	国电荥阳煤电一体化有限公司	1	600	70	2012
53	郑州	国电荥阳煤电一体化有限公司	2	600	70	2013
54	郑州	河南中孚电力有限公司	4	300	70	2012
55	郑州	河南中孚电力有限公司	5	300	70	2013
56	郑州	河南中孚电力有限公司	6	300	70	2014
57	郑州	华润电力登封有限公司	1	300	70	2012
58	郑州	华润电力登封有限公司	2	300	70	2013
59	郑州	郑州裕中能源有限责任公司	1	300	70	2013
60	郑州	郑州裕中能源有限责任公司	2	300	70	2014
61	驻马店	河南华润电力古城有限公司	1	300	70	2013
62	驻马店	河南华润电力古城有限公司	2	300	70	2013

表9 钢铁烧结机/球团二氧化硫治理项目

序号	地市	企业名称	生产设施编号	生产设施规模（m²或万吨）	综合脱硫效率（%）	投运年份
1	安阳	安阳钢铁股份有限公司	1	360	70	2012
2	安阳	安阳钢铁股份有限公司	2	360	70	2013
3	安阳	安阳钢铁股份有限公司	3	105	70	2014
4	安阳	安阳钢铁股份有限公司	4	105	70	2015
5	安阳	沙钢集团安阳永兴钢铁有限公司	1	180	70	2012
6	安阳	河南亚新钢铁实业有限公司	2	132	70	2012
7	安阳	河南亚新钢铁实业有限公司	1	132	70	2013

序号	地市	企业名称	生产设施编号	生产设施规模（m²或万吨）	综合脱硫效率（%）	投运年份
8	安阳	河南亚新钢铁实业有限公司	3	132	70	2014
9	安阳	安阳市新普钢铁有限公司	1	132	70	2012
10	安阳	河南凤宝特钢有限公司	1	90	70	2012
11	安阳	河南凤宝特钢有限公司	1	230	70	2013
12	安阳	安阳县博盛钢铁有限责任公司	1	92	70	2012
13	济源	河南济源钢铁（集团）有限公司	2	120	70	2012
14	洛阳	洛阳洛钢集团钢铁有限公司	1	92	70	2014
15	南阳	南阳汉冶特钢有限公司	1	265	70	2012
16	信阳	安钢信阳钢铁有限责任公司	1	105	70	2012
17	信阳	安钢信阳钢铁有限责任公司	2	105	70	2013
18	信阳	安钢信阳钢铁有限责任公司	3	105	70	2014
19	信阳	安钢信阳钢铁有限责任公司	4	105	70	2015
20	驻马店	驻马店南方钢铁集团有限公司	1	92	70	2012

表10 石油石化行业催化裂化装置二氧化硫治理项目

序号	地市	企业名称	生产设施名称及编号	生产设施规模（万吨/年）	综合脱硫效率（%）	投运年份
1	洛阳	中石化洛阳分公司	1催化裂化	160	70	2014
2	洛阳	中石化洛阳分公司	2催化裂化	140	70	2014

表11 水泥行业氮氧化物治理项目

序号	地市	企业名称	生产设施编号	熟料生产规模（吨/日）	综合脱硝效率（%）	投运年份
1	郑州	登封市嵩基水泥有限公司	1	5000	30	2015
2	郑州	郑州新登水泥有限公司	1	5000	30	2015
3	郑州	登封市宏昌水泥有限公司	1	5000	30	2015
4	郑州	郑州煤炭工业集团龙力水泥有限责任公司	1	5000	30	2015
5	郑州	河南永安水泥有限责任公司	1	5000	30	2015
6	郑州	天瑞集团荥阳水泥有限公司	1	12000	30	2014
7	洛阳	洛阳黄河同力水泥有限责任公司	1	5000	30	2014
8	洛阳	洛阳黄河同力水泥有限责任公司	2	5000	30	2014
9	洛阳	洛阳新安电力集团万基水泥有限公司	1	5000	30	2015
10	平顶山	平顶山市瑞平石龙水泥有限公司	1	4500	30	2015
11	平顶山	平顶山市瑞平石龙水泥有限公司	2	4500	30	2015
12	平顶山	河南省大地水泥有限公司	1	5000	30	2015
13	平顶山	河南省大地水泥有限公司	2	5000	30	2015
14	平顶山	天瑞集团汝州水泥有限公司	1	5000	30	2015
15	安阳	河南省海皇益民旋窑水泥有限公司	1	4500	30	2014
16	鹤壁	河南豫鹤同力水泥有限公司	1	5000	30	2014

序号	地市	企业名称	生产设施编号	熟料生产规模（吨/日）	综合脱硝效率（%）	投运年份
17	新 乡	卫辉市天瑞水泥有限公司	1	5000	30	2014
18	新 乡	卫辉市天瑞水泥有限公司	2	5000	30	2014
19	新 乡	河南孟电集团水泥有限公司	5	4500	30	2014
20	新 乡	河南孟电集团水泥有限公司	6	4500	30	2014
21	新 乡	新乡平原同力水泥有限责任公司	1	5000	30	2014
22	新 乡	春江集团有限公司	1	4500	30	2014
23	新 乡	春江集团有限公司	2	4500	30	2014
24	焦 作	焦作市千业水泥有限责任公司	1	5000	30	2014
25	三门峡	义煤集团水泥有限责任公司	1	4500	30	2014
26	三门峡	河南锦荣水泥有限公司	1	4500	30	2014
27	南 阳	中国联合水泥集团有限公司南阳分公司	1	6000	30	2014
28	信 阳	华新水泥（河南信阳）有限公司	1	4500	30	2015
29	信 阳	天瑞集团光山水泥有限公司	1	4500	30	2015
30	驻马店	豫龙同力水泥有限公司	1	4500	30	2015
31	驻马店	豫龙同力水泥有限公司	2	4500	30	2015

表12 其他行业二氧化硫治理项目

序号	地市	企业名称	行业	项目内容和规模	综合脱硫效率（%）	投运年份
1	平顶山	平顶山煤业集团天宏焦化有限责任公司	焦化	80型：1、2、3#：4.3米＋煤气脱硫	90	2014
2	平顶山	平顶山煤业集团天宏焦化有限责任公司	焦化	捣固焦：1、2#：3.8米＋煤气脱硫	90	2014
3	平顶山	平顶山煤业集团朝川焦化有限公司	焦化	80型：1、2、3#：4.3米＋煤气脱硫	90	2014
4	信 阳	信阳豫信轧钢实业有限公司	焦化	新安装脱硫设施	90	2011

湖北省"十二五"主要污染物总量减排目标责任书

为贯彻落实《国民经济和社会发展第十二个五年规划纲要》、《国务院关于印发"十二五"节能减排综合性工作方案的通知》（国发〔2011〕26号）、《国务院关于加强环境保护重点工作的意见》（国发〔2011〕35号），落实目标责任，强化监督管理，确保实现污染减排约束性目标，经国务院授权，环境保护部与湖北省人民政府签订"十二五"主要污染物总量减排目标责任书。具体目标和要求如下：

一、2015年，全省化学需氧量和氨氮排放总量分别控制在104.1万吨、12.00万吨以内，比2010年的112.4万吨、13.29万吨分别减少7.4%、9.7%（其中，工业和生活化学需氧量、氨氮排放量分别控制在59.0万吨、7.43万吨以内，比2010年分别减少5.0%和9.9%）；二氧化硫和氮氧化物排放总量分别控制在63.7万吨、58.6万吨以内，比2010年的69.5万吨、63.1万吨分别减少8.3%、7.2%。

二、湖北省人民政府对本行政区污染减排负总责，应采取有效措施，确保总量削减目标和重点减排任务按期完成。

1. 2011年底前将国家下达的主要污染物排放总量控制指标和重点任务逐级分解到各级政府、有关部门和重点企业。

2. 将主要污染物排放总量控制目标纳入本行政区经济社会发展规划，制定年度减排计划并严格执行。

3. 严格控制新增污染物排放量，把主要污染物排放总量控制指标作为环评审批的前置条件。严格控制新建造纸、印染、农药、氮肥、化工、煤电、钢铁、水泥等项目，新建项目按照最严格的环保要求建设治污设施。新建燃煤机组要配套建设高效脱硫脱硝设施；新建新型干法水泥窑要采用低氮燃烧技术并配套建设烟气脱硝设施；新建的钢铁烧结机、石油石化设备、有色冶炼设备、炼焦炉、燃煤锅炉等重点污染源要安装烟气脱硫设施。

4. 把调整经济结构、转变经济发展方式放在更加突出的位置，国家下达的淘汰落后产能任务要按期完成，加大小锅炉、小火电、小化工等的淘汰力度。核准审批新建项目要求关停的产能必须按期淘汰。

5. 到2015年，所有县级行政区及重点建制镇建成生活污水集中处理设施，完善城镇污水收集管网，城镇污水处理率达到85%。对氨氮、总磷排放不达标的现有污水处理设施进行改造，提高脱氮除磷能力。城镇污水处理厂污泥无害化处理处置率达到50%，再生水回用率达到10%。强化垃圾渗滤液治理，实现达标排放。加大造纸、印染、化工、食品饮料等重点企业工艺技术改造和废水治理力度。全省单位工业增加值化学需氧量和氨氮排放强度分别下降50%。65%以上规模化畜禽养殖场和养殖小区配套建设固体废物和废水贮存处理设施，实施废弃物资源化利用。

6. 到2015年，现役燃煤机组必须安装脱硫设施，不能稳定达标排放的要进行更新改造或淘汰，烟气脱硫设施要按照规定取消烟气旁路，30万千瓦以上燃煤机组全部实施脱硝改造；钢铁烧结机、球团设备及石油石化催化裂化装置全面实施烟气脱硫改造；现役新型干法水泥窑实施低氮燃烧技术改造，熟料生产规模在4000吨/日以上的生产线必须实施脱硝改造；全面推行机动车环保标志管理，基本淘汰2005年以前注册运营的"黄标车"，加快提升车用燃油品质。

7. 加强污染减排统计、监测和考核体系建设，提高机动车和农业源减排监管能力。

8. 列入本责任书的重点减排项目（见附件）应按期建成，并确保稳定运行。

三、环境保护部每年对本责任书的执行情况进行考核，结果报国务院批准后向社会公

布。湖北省人民政府每年对各级政府、有关部门和重点企业污染减排情况进行考核，结果抄送环境保护部。

《湖北省"十二五"主要污染物总量减排目标责任书》一式两份，环境保护部、湖北省人民政府各保存一份。

环境保护部　　　　　　　　　　　　湖北省人民政府

二〇一一年十二月二十日　　　　　　　二〇一一年十二月二十日

附件：

湖北省"十二五"主要污染物减排重点项目表

表1 城镇污水处理设施建设项目

序号	地市	项目名称	设计处理能力（万吨/日）	负荷率（%）	投运年份
1	武汉	黄陵污水处理厂	3.5	75	2014
2	武汉	龙王嘴污水处理厂	30	75	2013
3	武汉	南太子湖污水处理厂	20	75	2013
4	武汉	三金潭污水处理厂	45	75	2014
5	武汉	纸坊污水处理厂	7	75	2014
6	武汉	汉西污水处理厂	45	75	2015
7	武汉	前川污水处理厂	3	75	2012
8	武汉	豹澥污水处理厂	7	75	2012
9	鄂州	鄂州市城区污水处理厂	9	75	2013
10	鄂州	花湖开发区污水处理厂	2	75	2014
11	恩施	鹤峰县城市污水处理厂	1	60	2011
12	恩施	来凤县翔凤镇污水处理厂	1.5	60	2011
13	恩施	咸丰县污水处理厂	1	60	2013
14	恩施	宣恩县城市污水处理厂	1.5	60	2011
15	黄冈	黄冈伊高新绿水务有限公司	3	75	2015
16	黄冈	武穴市污水处理厂二期工程扩建项目	1.5	75	2012
17	黄石	城西北污水处理厂	2.5	60	2012
18	黄石	河西污水处理厂	3	60	2014
19	黄石	团城山污水处理厂	4	60	2011
20	黄石	花湖污水处理厂	2	60	2012
21	荆门	沙洋县污水处理厂	3	60	2011
22	荆门	荆门市杨树港污水处理厂	5	75	2011
23	荆州	监利县污水处理厂	3	60	2011
24	荆州	石首市城南污水处理厂	2	60	2012
25	荆州	公安县佳源水务有限公司（公安县污水处理厂）二期扩建工程	6	75	2012
26	潜江	潜江市城北污水处理厂	3	60	2014
27	十堰	丹江口市右岸新城区污水处理厂	3	60	2014
28	十堰	十堰市西部瞿河污水处理厂	5	60	2011
29	随州	广水市广办污水处理厂	3	60	2015
30	随州	随县污水处理厂	2	60	2015
31	随州	随州市污水处理厂二期	5	75	2012
32	天门	天门市城市污水处理厂	5	60	2012
33	咸宁	崇阳县城市污水处理厂	1	60	2011
34	咸宁	通城县城市污水处理厂	2	60	2011

序号	地市	项目名称	设计处理能力（万吨/日）	负荷率（%）	投运年份
35	襄阳	樊城区太平店污水处理厂	5	60	2012
36	襄阳	襄城观音阁污水处理厂	10	75	2012
37	襄阳	襄城经济开发区污水处理厂	2.5	60	2014
38	襄阳	鱼梁州污水处理厂	30	75	2011
39	襄阳	枣阳市王湾城市污水处理厂	3.0（二期工程）	75	2014
40	孝感	孝南区南大经济开发区污水处理厂	5	60	2014
41	孝感	云梦县城市污水处理厂	5	60	2012
42	宜昌	夷陵经济开发区污水处理厂	3	60	2015
43	宜昌	枝江市姚家港污水处理厂	5	60	2015
44	宜昌	宜昌猇亭污水处理厂	4	60	2013

注：负荷率是指污水处理厂建成投运一年后的负荷率。

表2 造纸行业废水治理项目

序号	地市	企业名称	项目内容	投运年份
1	武汉	金凤凰纸业有限公司	生化处理＋深度治理	2011
2	武汉	武汉晨鸣汉阳纸业股份有限公司二厂	深度治理	2013
3	孝感	孝感申欧发展有限公司	生化处理＋深度治理	2012
4	襄阳	宜城市雪涛纸业有限公司	生化处理＋深度治理	2015
5	襄阳	湖北宏宇纸业有限公司	生化处理＋深度治理	2014
6	襄阳	老河口金赞阳纸业有限公司	生化处理＋深度治理	2012
7	咸宁	赤壁晨鸣纸业有限公司	碱回收＋生化处理＋深度治理	2011
8	随州	湖北雅都恒兴纸业有限公司	生化处理＋深度治理	2011
9	随州	广水中山造纸包装有限责任公司	生化处理＋深度治理	2013
10	随州	广水市中山志达纸业有限公司	生化处理＋深度治理	2012
11	潜江	潜江市乐水林纸科技开发有限公司	碱回收＋生化处理＋深度治理	2012
12	潜江	潜江市福达纸业有限公司	生化处理＋深度治理	2012
13	荆州	监利大枫纸业有限公司	生化处理＋深度治理	2011
14	荆州	荆州麒天纸业有限公司	清洁生产＋深度处理＋废水回用	2013
15	荆州	湖北省公安县龙腾纸业有限公司	清洁生产＋深度处理＋废水回用	2013
16	荆州	松滋市王家大湖纸业有限责任公司	生化处理＋深度治理	2012
17	黄冈	麻城市天汇再生纸业有限公司	气浮＋水解＋酸化＋好氧处理	2015

表3 印染行业废水治理项目

序号	地市	企业名称	项目内容	投运年份
1	宜昌	秭归县吉盛织染有限公司	深度治理＋节水	2012
2	襄阳	宜城市雅新家纺有限公司	水解酸化＋接触氧化法	2012

序号	地市	企业名称	项目内容	投运年份
3	襄 阳	宜城市富亿织造有限公司	水解酸化＋接触氧化法	2012
4	仙 桃	湖北迈亚股份有限公司	物化＋生物深度治理	2013
5	仙 桃	湖北联亮纺织有限公司	厌氧/好氧生物处理	2013
6	仙 桃	湖北凤歌纺织有限公司	深度治理＋节水	2013
7	十 堰	十堰市飞鹏实业有限公司	深度治理＋节水	2012

表4 石油石化、化工行业废水治理项目

序号	地市	企业名称	项目内容	投运年份
1	武 汉	中国石油化工股份有限公司武汉润滑油分公司	污水深度处理和冷凝水回用工程	2013
2	恩 施	恩施州三益化肥有限责任公司	深度治理	2013
3	黄 冈	罗田县宏硕化工有限公司	UASB＋MBR＋NF	2013
4	黄 冈	麻城市华瑞化工有限公司	深度治理	2012
5	黄 冈	浠水县福瑞德化工有限责任公司	深度治理	2013
6	荆 门	湖北大峪口化工有限责任公司	深度治理	2012
7	荆 门	沙洋秦江化工有限公司	深度治理	2014
8	荆 州	湖北汇达科技发展有限公司	深度治理	2012
9	荆 州	湖北新生源生物工程股份有限公司	深度治理	2012
10	荆 州	江陵县中泰化工有限公司	深度治理	2012
11	潜 江	金澳科技（湖北）化工有限公司	气浮、隔油＋生化处理	2012
12	十 堰	湖北东圣丹江化工有限公司	深度治理	2014
13	仙 桃	仙桃市恒祥化工有限责任公司	深度治理	2012
14	襄 阳	谷城县富园化肥有限公司	高氨氮污水深度治理及回用项目	2012
15	襄 阳	湖北东方化工有限公司	深度治理	2012
16	宜 昌	湖北宜化化工股份有限公司	深度治理	2012
17	宜 昌	长阳清江化工有限责任公司	废水深度治理循环再利用	2011
18	宜 昌	中国石油化工股份有限公司湖北化肥分公司	尿素废水水解回收及污水处理改造工程	2013

表5 其他行业废水治理项目

序号	地市	企业名称	项目内容	投运年份
1	武 汉	武汉佳宝糖业有限公司	深度治理	2011
2	恩 施	利川市恒丰食品有限公司	深度治理	2011
3	恩 施	巴王酒业有限责任公司	深度治理	2014
4	黄 冈	黄州工业园污水处理厂	水解酸化＋氧化沟	2012
5	黄 冈	黄冈永安药业有限公司	深度治理	2015
6	荆 州	荆州市皇冠味品有限公司	深度治理	2012
7	潜 江	潜江市制药股份有限公司	深度治理	2014

序号	地市	企业名称	项目内容	投运年份
8	十堰	竹山县天新医药化工有限责任公司	电解＋水解厌氧＋接触氧化处理	2012
9	随州	湖北广仁药业公司	深度治理	2014
10	仙桃	仙桃亲亲食品工业有限公司	深度治理	2012
11	咸宁	湖北联乐集团嘉鱼县富民酿造有限公司	深度治理	2012
12	襄阳	湖北华中药业有限公司	深度治理	2014
13	襄阳	宜城华明浆粕有限责任公司	厌氧调节＋VTBR生物氧化塔	2015
14	孝感	安陆市德安府糖业有限公司	深度治理	2013
15	孝感	云梦县龙云蛋白食品有限公司	深度治理	2013
16	孝感	云梦久顺鸭业公司	深度治理	2011
17	孝感	湖北神丹健康食品有限公司	深度治理	2012
18	孝感	湖北午时药业股份有限公司	深度治理	2012
19	孝感	湖北高金食品有限公司	深度治理	2012
20	宜昌	宜昌嘉源食品公司	深度治理	2011
21	宜昌	宜昌三峡利民生化有限公司	深度治理	2013
22	宜昌	宜昌荣盛食品有限公司	深度治理	2014

表6 规模化畜禽养殖场（小区）污染治理项目

序号	地市	企业名称	治理措施	投运年份
1	武汉	云龙养殖有限公司	雨污分流＋干清粪＋废弃物综合利用	2011
2	武汉	鄂美猪种改良有限公司三门湖核心种猪场	雨污分流＋干清粪＋废弃物综合利用	2014
3	武汉	木兰小泉山肉牛养殖场	雨污分流＋干清粪＋废弃物综合利用	2014
4	武汉	武汉万年青畜牧有限公司	雨污分流＋干清粪＋废弃物综合利用	2015
5	武汉	武汉银河生态农业有限公司	雨污分流＋干清粪＋废弃物综合利用	2013
6	武汉	明翔牧业有限公司	雨污分流＋干清粪＋废弃物综合利用	2013
7	武汉	丰泽农牧科技发展有限公司	雨污分流＋干清粪＋废弃物综合利用	2012
8	武汉	明翔养殖场（青松岗）	雨污分流＋干清粪＋废弃物综合利用	2014
9	武汉	武汉中粮肉食品有限公司原种猪场一场	雨污分流＋干清粪＋废弃物综合利用	2012
10	武汉	武汉市江夏区乌龙泉和祥猪场	雨污分流＋干清粪＋废弃物综合利用	2011
11	武汉	天种雨台山养殖有限公司	雨污分流＋干清粪＋废弃物综合利用	2014
12	武汉	武汉市江夏区刚强良种畜牧有限公司	雨污分流＋干清粪＋废弃物综合利用	2014
13	武汉	湖北金林良种畜牧有限公司	雨污分流＋干清粪＋废弃物综合利用	2013
14	鄂州	鄂州市大丰牧业有限公司蒲团PVC五元猪生态养殖基地	雨污分流＋干清粪＋废弃物综合利用	2015
15	恩施	利川市五洲牧业有限责任公司	雨污分流＋干清粪＋废弃物综合利用	2011
16	恩施	利川市金牧牧业公司	雨污分流＋干清粪＋废弃物综合利用	2013
17	黄冈	团风祥林奶牛养殖有限公司	雨污分流＋干清粪＋废弃物综合利用	2013
18	黄冈	团风天意畜牧良种有限公司	雨污分流＋干清粪＋废弃物综合利用	2012
19	黄石	湖北健丰牧业有限公司	雨污分流＋干清粪＋废弃物综合利用	2014
20	荆门	沙洋马良畜禽公司	雨污分流＋干清粪＋废弃物综合利用	2013

序号	地市	企业名称	治理措施	投运年份
21	荆 门	沙洋太和养猪场	雨污分流＋干清粪＋废弃物综合利用	2013
22	荆 门	钟祥市腾达畜禽养殖有限公司	雨污分流＋干清粪＋废弃物综合利用	2015
23	荆 门	沙洋小天鹅畜禽公司	雨污分流＋干清粪＋废弃物综合利用	2013
24	荆 门	沙洋瑞达养殖场	雨污分流＋干清粪＋废弃物综合利用	2013
25	荆 州	三湖畜牧公司	雨污分流＋干清粪＋废弃物综合利用	2013
26	十 堰	竹山县郧巴黄牛原种场	雨污分流＋干清粪＋废弃物综合利用	2013
27	十 堰	房县陵玲农牧业有限公司	雨污分流＋干清粪＋废弃物综合利用	2012
28	十 堰	竹山县溢水镇蛋鸡繁育基地	雨污分流＋干清粪＋废弃物综合利用	2014
29	十 堰	竹山县深河乡蛋鸡繁育基地	雨污分流＋干清粪＋废弃物综合利用	2012
30	十 堰	丹江口市金汇源农牧实业发展有限公司	雨污分流＋干清粪＋废弃物综合利用	2014
31	十 堰	丹江口市凤源农牧发展有限公司	雨污分流＋干清粪＋废弃物综合利用	2012
32	十 堰	浪河镇阿里山万头猪场	雨污分流＋干清粪＋废弃物综合利用	2015
33	随 州	随州市弘大养殖场	雨污分流＋干清粪＋废弃物综合利用	2014
34	随 州	曾都区均川养殖场	雨污分流＋干清粪＋废弃物综合利用	2014
35	随 州	湖北新光农业科技公司	雨污分流＋干清粪＋废弃物综合利用	2012
36	随 州	随州市民生牲猪养殖有限公司	雨污分流＋干清粪＋废弃物综合利用	2011
37	随 州	广水市孝子店种禽场	雨污分流＋干清粪＋废弃物综合利用	2014
38	天 门	湖北天门黄湖养殖有限公司	雨污分流＋干清粪＋废弃物综合利用	2012
39	天 门	湖北健康天升畜牧有限公司	厌氧发酵＋好氧堆肥	2011
40	襄 阳	湖北良友金牛畜牧科技有限公司	雨污分流＋干清粪＋废弃物综合利用	2014
41	孝 感	云火元养鸡场	雨污分流＋干清粪＋废弃物综合利用	2011
42	孝 感	湖北欣华生态畜禽开发有限公司	雨污分流＋干清粪＋废弃物综合利用	2014
43	孝 感	孝昌县友元种养殖有限公司	雨污分流＋干清粪＋废弃物综合利用	2015
44	宜 昌	远安县凤翔禽业有限公司	雨污分流＋干清粪＋废弃物综合利用	2011

表7 电力行业二氧化硫治理项目

序号	地市	企业名称	机组编号	装机容量（MW）	项目类型	综合脱硫效率（%）	投运年份
1	宜 昌	宜昌东阳光火力发电有限公司	1	300	改建	90	2011
2	宜 昌	宜昌东阳光火力发电有限公司	2	300	改建	90	2011

表8 电力行业氮氧化物治理项目

序号	地市	企业名称	机组编号	装机容量（MW）	综合脱硝效率（%）	投运年份
1	武 汉	华能武汉发电有限责任公司	1	300	70	2015
2	武 汉	华能武汉发电有限责任公司	2	300	70	2015
3	武 汉	华能武汉发电有限责任公司	3	300	70	2014
4	武 汉	华能武汉发电有限责任公司	4	300	70	2014

序号	地市	企业名称	机组编号	装机容量（MW）	综合脱硝效率（%）	投运年份
5	武 汉	华能武汉发电有限责任公司	5	600	70	2013
6	武 汉	华能武汉发电有限责任公司	6	600	70	2013
7	武 汉	国电长源第一发电有限责任公司	12	300	70	2014
8	黄 石	湖北西塞山发电有限公司	1	330	70	2014
9	黄 石	湖北西塞山发电有限公司	2	330	70	2013
10	黄 石	湖北西塞山发电有限公司	3	600	70	2012
11	襄 阳	湖北襄阳发电有限责任公司	1	300	70	2015
12	襄 阳	湖北襄阳发电有限责任公司	2	300	70	2015
13	襄 阳	湖北襄阳发电有限责任公司	3	300	70	2015
14	襄 阳	湖北襄阳发电有限责任公司	4	300	70	2015
15	襄 阳	湖北华电襄阳发电有限公司	5	600	70	2014
16	襄 阳	湖北华电襄阳发电有限公司	6	600	70	2013
17	孝 感	湖北汉新发电有限公司	1	300	70	2014
18	孝 感	湖北汉新发电有限公司	2	300	70	2014
19	孝 感	湖北汉新发电有限公司	3	300	70	2012
20	孝 感	湖北汉新发电有限公司	4	300	70	2012
21	荆 门	国电长源荆门热电厂	6	600	70	2013
22	荆 门	国电长源荆门热电厂	7	600	70	2014
23	鄂 州	湖北能源集团鄂州发电有限公司	1	300	70	2015
24	鄂 州	湖北能源集团鄂州发电有限公司	2	300	70	2015
25	鄂 州	湖北能源集团葛店发电有限公司	3	600	70	2013
26	鄂 州	湖北能源集团葛店发电有限公司	4	600	70	2013
27	黄 冈	黄冈大别山发电有限责任公司		640	70	2013
28	黄 冈	黄冈大别山发电有限责任公司	2	640	70	2014
29	咸 宁	华润电力湖北有限公司	1	300	70	2013
30	咸 宁	华润电力湖北有限公司	2	300	70	2014

表9 钢铁烧结机/球团二氧化硫治理项目

序号	地市	企业名称	生产设施编号	生产设施规模	综合脱硫效率（%）	投运年份
1	武 汉	武汉钢铁集团公司	烧结机	435m²	70	2012
2	武 汉	武汉钢铁集团公司	烧结机	435m²	70	2014
3	武 汉	武汉钢铁集团公司	烧结机	435m²	70	2015
4	黄 石	大冶铁矿	球团	90万吨/年	70	2015
5	鄂 州	武汉钢铁（集团）矿业有限责任公司鄂州球团厂	球团	500万吨/年	70	2015
6	鄂 州	武钢矿业公司程潮铁矿	球团	120万吨/年	70	2013

表10 石油石化行业催化裂化装置二氧化硫治理项目

序号	地市	企业名称	生产设施名称及编号	生产设施规模（万吨/年）	综合脱硫效率（%）	投运年份
1	荆 门	中石化荆门公司	催化裂化装置	120	70	2014
2	荆 门	中石化荆门公司	催化裂解装置	80	70	2014
3	武 汉	中石化武汉石化	第一催化裂化装置	110	70	2014
4	武 汉	中石化武汉石化	第二催化裂化装置	100	70	2014

表11 水泥行业氮氧化物治理项目

序号	地市	企业名称	生产设施编号	熟料生产规模（吨/日）	综合脱硝效率（%）	投运年份
1	襄 阳	华新水泥有限公司	1	4000	30	2014

表12 其他行业二氧化硫治理项目

序号	地市	企业名称	行业	项目内容和规模	综合脱硫效率（%）	投运年份
1	黄 冈	黄梅县朋磊陶瓷瓦有限公司	建材	焦炉煤气脱硫工程	90	2015
2	黄 冈	湖北天成陶瓷有限公司	建材	焦炉煤气脱硫工程	90	2015
3	黄 石	大冶有色金属股份有限公司	有色	冶炼烟气回收及硫酸尾气脱硫工程	90	2012

湖南省"十二五"主要污染物总量减排目标责任书

　　为贯彻落实《国民经济和社会发展第十二个五年规划纲要》、《国务院关于印发"十二五"节能减排综合性工作方案的通知》（国发〔2011〕26号）、《国务院关于加强环境保护重点工作的意见》（国发〔2011〕35号），落实目标责任，强化监督管理，确保实现污染减排约束性目标，经国务院授权，环境保护部与湖南省人民政府签订"十二五"主要污染物总量减排目标责任书。具体目标和要求如下：

　　一、2015年，全省化学需氧量和氨氮排放总量分别控制在124.4万吨、15.29万吨以内，比2010年的134.1万吨、16.95万吨分别减少7.2%、9.8%（其中，工业和生活化学需氧量、氨氮排放量分别控制在66.8万吨、9.16万吨以内，比2010年分别减少7.0%和9.8%）；二氧化硫和氮氧化物排放总量分别控制在65.1万吨、55.0万吨以内，比2010年的71.0万吨、60.4万吨分别减少8.3%、9.0%。

　　二、湖南省人民政府对本行政区污染减排负总责，应采取有效措施，确保总量削减目标和重点减排任务按期完成。

1. 2011年底前将国家下达的主要污染物排放总量控制指标和重点任务逐级分解到各级政府、有关部门和重点企业。

2. 将主要污染物排放总量控制目标纳入本行政区经济社会发展规划，制定年度减排计划并严格执行。

3. 严格控制新增污染物排放量，把主要污染物排放总量控制指标作为环评审批的前置条件。严格控制新建造纸、印染、农药、氮肥、煤电、钢铁、水泥等项目，新建项目按照最严格的环保要求建设治污设施。新建燃煤机组要配套建设高效脱硫脱硝设施；新建新型干法水泥窑要采用低氮燃烧技术并配套建设烟气脱硝设施；新建的钢铁烧结机、石油石化设备、有色冶炼设备、炼焦炉、燃煤锅炉等重点污染源要安装烟气脱硫设施。

4. 把调整经济结构、转变经济发展方式放在更加突出的位置，国家下达的淘汰落后产能任务要按期完成，加大小锅炉、小火电、小化工等的淘汰力度。核准审批新建项目要求关停的产能必须按期淘汰。

5. 到2015年，所有县级行政区及重点建制镇基本建成生活污水集中处理设施，完善城镇污水收集管网，县城以上城镇污水处理率达到80%。改造现有污水处理设施，提高脱氮除磷能力。城镇污水处理厂污泥无害化处理处置率达到50%，再生水回用率达到10%。强化垃圾渗滤液治理，实现达标排放。加大造纸、印染、化工、食品饮料等重点企业工艺技术改造和废水治理力度，确保工业企业废水达标排放。全省单位工业增加值化学需氧量和氨氮排放强度分别下降30%。70%以上规模化畜禽养殖场和养殖小区配套建设固体废物和废水贮存处理设施，实施废弃物资源化利用。

6. 到2015年，现役燃煤机组必须安装脱硫设施，不能稳定达标排放的要进行更新改造或淘汰，烟气脱硫设施要按照规定取消烟气旁路，30万千瓦以上燃煤机组全部实施脱硝改造；钢铁烧结机、球团设备及石油石化催化裂化装置全面实施烟气脱硫改造；现役新型干法水泥窑实施低氮燃烧技术改造，熟料生产规模在4000吨/日以上的生产线必须实施脱硝改造；全面推行机动车环保标志管理，基本淘汰2005年以前注册运营的"黄标车"，加快提升车用燃油品质。

7. 加强污染减排统计、监测和考核体系建设，提高机动车和农业源减排监管能力。

8. 列入本责任书的重点减排项目（见附件）应按期建成，并确保稳定运行。

三、环境保护部每年对本责任书的执行情况进行考核，结果报国务院批准后向社会公

布。湖南省人民政府每年对各级政府、有关部门和重点企业污染减排情况进行考核，结果抄送环境保护部。

《湖南省"十二五"主要污染物总量减排目标责任书》一式两份，环境保护部、湖南省人民政府各保存一份。

环境保护部   湖南省人民政府

二〇一一年十二月二十日   二〇一一年十二月二十日

附件：

湖南省"十二五"主要污染物减排重点项目表

表1 城镇污水处理设施建设项目

序号	地市	项目名称	设计处理能力（万吨/日）	负荷率（%）	投运年份
1	长沙	铜官镇污水处理厂	3	60	2011
2	长沙	浏阳市污水处理厂二期	4	75	2013
3	长沙	坪塘污水处理厂	4	60	2012
4	长沙	长善垸污水处理厂二期	4	75	2015
5	长沙	长沙县榔梨污水处理厂	7	60	2012
6	长沙	永安镇污水处理厂	2	60	2011
7	常德	西湖管理区污水处理厂	0.5	60	2014
8	常德	津市市新洲镇污水处理厂	0.5	60	2014
9	常德	西洞庭管理区城镇生活污水厂	1	60	2012
10	常德	桃源漆河镇污水处理厂	1	60	2013
11	常德	汉寿县太子庙污水处理厂	1	60	2013
12	郴州	永兴县污水处理厂	2.5	60	2012
13	郴州	郴州市第三污水处理厂	4.5	60	2014
14	郴州	资兴市鲤鱼江污水处理厂	2	60	2013
15	郴州	苏仙区良田镇污水处理厂	0.4	60	2014
16	衡阳	耒阳市梅桥污水处理厂	4	70	2013
17	衡阳	城西污水处理厂二期	5	75	2014
18	衡阳	癩子石污水处理厂	10	70	2013
19	衡阳	铜桥港污水处理厂二期	5	75	2011
20	衡阳	常宁市松柏生活污水处理厂	1	70	2014
21	怀化	河西污水处理厂	2	60	2014
22	娄底	娄底市第二污水处理厂	2.5	75	2011
23	娄底	娄底市第一污水处理厂二期	2.5	75	2013
24	娄底	涟源市杨市污水处理厂	2	70	2013
25	娄底	双峰县污水处理厂二期	2.5	80	2015
26	娄底	新化县污水处理厂二期	2	80	2014
27	邵阳	北塔区污水处理厂	6	60	2013
28	邵阳	邵阳市红旗渠污水处理厂	4	60	2011
29	湘潭	九华污水处理厂	10	60	2012
30	湘潭	湘潭县污水处理厂二期	2.5	80	2012
31	湘潭	湘乡市污水处理厂二期	2.5	80	2012
32	湘潭	湘潭河西污水处理厂二期工程	10	75	2012
33	湘潭	韶山银田镇污水处理厂	0.5	60	2013

序号	地市	项目名称	设计处理能力（万吨/日）	负荷率（%）	投运年份
34	湘 西	保靖生活污水生活垃圾处理有限公司	1	60	2011
35	湘 西	龙山县宝塔污水处理厂	1	60	2011
36	湘 西	花垣县城市生活污水处理厂	2	60	2011
37	湘 西	泸溪县白沙城市污水处理厂	1	60	2011
38	湘 西	芙蓉镇污水处理工程	0.5	60	2013
39	益 阳	梅城镇污水处理厂	2	60	2014
40	益 阳	大通湖去污水处理厂	1	60	2013
41	益 阳	沧水铺镇污水处理厂	3	60	2012
42	永 州	永州市下河线污水处理厂二期	5	75	2012
43	永 州	零陵区珠山镇污水处理厂	1	80	2014
44	永 州	新田县污水处理厂二期	1	75	2014
45	岳 阳	岳阳市马壕污水处理厂	5	60	2013
46	岳 阳	岳阳市湖滨污水处理厂	2	60	2014
47	岳 阳	黄梅港污水处理厂	1	60	2013
48	岳 阳	汨罗长乐镇生活污水处理厂	0.5	60	2012
49	岳 阳	平江县长寿镇生活污水处理厂	0.5	60	2013
50	张家界	杨家溪污水处理厂二期	4	80	2013
51	株 洲	白石港水质净化中心	8	60	2013
52	株 洲	云龙新城北部水质净化中心工程	5	60	2014
53	株 洲	霞湾污水处理厂提标改造	10	75	2014
54	株 洲	醴陵市污水处理厂二期	2.5	75	2014
55	株 洲	攸县污水处理厂二期	2.5	75	2014

注：负荷率是指污水处理厂建成投运一年后的负荷率。

表2 造纸行业废水治理项目

序号	地市	企业名称	项目内容	投运年份
1	常 德	雪丽造纸厂	碱回收＋生化处理＋深度治理	2011
2	常 德	华耀浆纸有限公司	碱回收＋生化处理＋深度治理	2011
3	常 德	湖南天洁纸业	碱回收＋生化处理＋深度治理	2011
4	怀 化	会同宝庆恒达纸业有公司	深度治理	2013
5	怀 化	麻阳锦江联合造纸厂	深度治理	2013
6	怀 化	通道神华林化有限公司	深度治理	2011
7	怀 化	芷江荣森生态纸业有限公司（恒兴纸制品厂）	深度治理	2011
8	怀 化	芷江永泰纸制品厂	深度治理	2013
9	怀 化	中方联宜造纸厂	深度治理	2013
10	怀 化	中方县隆盛纸业有限公司	深度治理	2011
11	永 州	永州湘江纸业有限责任公司	碱回收＋生化处理＋深度治理	2012
12	岳 阳	岳阳丰利纸业有限公司	碱回收＋生化处理＋深度治理	2011

表3 印染行业废水治理项目

序号	地市	企业名称	项目内容	投运年份
1	邵阳	湖南市合力化纤有限公司	深度治理＋节水回用	2012
2	邵阳	邵阳易达洗涤有限公司	深度治理＋节水回用	2012
3	邵阳	湖南省金丹科技发展有限公司	深度治理＋节水回用	2012
4	张家界	张家界农丰麻业有限公司	深度治理＋节水回用	2012
5	怀化	湖南省怀化安江惠峰印染有限公司	深度治理＋节水回用	2013

表4 石油石化、化工行业废水治理项目

序号	地市	企业名称	项目内容	投运年份
1	湘潭	湘潭碱业有限公司	氨氮废水综合治理	2012
2	衡阳	湖南省康华化肥工业有限责任公司	深度治理	2013
3	衡阳	衡阳华明生化有限公司	深度治理	2012
4	娄底	湖南宜化化工有限公司	深度治理	2012
5	娄底	冷水江金富源碱业有限公司	废水综合治理	2013
6	岳阳	中国石油化工股份有限公司巴陵分公司	供排水事业部提标改造工程	2014
7	岳阳	中国石油化工股份有限公司巴陵分公司	化肥事业部废水处理改造工程	2013
8	岳阳	中国石油化工股份有限公司催化剂长岭分公司	低氨氮污水处理工程	2012
9	岳阳	中国石油化工股份有限公司长岭炼化分公司	污水处理厂提标改造工程	2013
10	张家界	慈利县顺康生化有限责任公司	深度治理	2014
11	株洲	湖南智成化工有限公司	深度治理	2011

表5 其他行业废水治理项目

序号	地市	企业名称	项目内容	投运年份
1	长沙	长沙市三地连粉业有限公司	ABR厌氧＋接触氧化	2013
2	岳阳	华容县插旗菜业有限公司	废水深度治理	2014
3	湘潭	湘潭钢铁有限公司	深度治理	2011
4	衡阳	紫光古汉集团衡阳中药有限公司	废水深度治理	2011
5	衡阳	燕京啤酒（衡阳）有限公司	废水深度治理	2012

表6 规模化畜禽养殖场（小区）污染治理项目

序号	地市	企业名称	治理措施	投运年份
1	长沙	长沙弘顺农业技术开发有限公司	雨污分流＋干清粪＋资源综合利用	2014
2	长沙	百宜饲料有限公司	雨污分流＋干清粪＋资源综合利用	2011
3	长沙	熊中山养鸡场	雨污分流＋干清粪＋资源综合利用	2012

序号	地市	企业名称	治理措施	投运年份
4	株洲	醴陵市农之源生态农业发展有限公司	雨污分流＋干清粪＋资源综合利用	2011
5	株洲	茶陵县兴达畜牧有限公司	雨污分流＋干清粪＋资源综合利用	2011
6	株洲	株洲市东方红农业科技有限责任公司	雨污分流＋干清粪＋资源综合利用	2012
7	湘潭	湖南鹏扬生态农业有限公司	雨污分流＋干清粪＋资源综合利用	2011
8	湘潭	湖南新五丰生态农业有限公司	雨污分流＋干清粪＋资源综合利用	2011
9	湘潭	陈勇养殖场	雨污分流＋干清粪＋资源综合利用	2011
10	衡阳	湖南新五丰股份有限公司耒阳畜牧生态园	雨污分流＋干清粪＋资源综合利用	2011
11	衡阳	湖南新五丰股份有限公司宁荫田分公司	雨污分流＋干清粪＋资源综合利用	2013
12	郴州	盛发原种扩繁场	雨污分流＋干清粪＋资源综合利用	2011
13	郴州	嘉禾县松艳生态农业发展园	雨污分流＋干清粪＋资源综合利用	2012
14	郴州	鑫泰牧业有限公司	雨污分流＋干清粪＋资源综合利用	2011
15	常德	龙马牧业有限公司	雨污分流＋干清粪＋资源综合利用	2011
16	常德	盛旺达种猪厂	雨污分流＋干清粪＋资源综合利用	2011
17	岳阳	汨罗市双旺养殖有限公司等企业	雨污分流＋干清粪＋资源综合利用	2013
18	益阳	湖南银华畜牧有限责任公司	雨污分流＋干清粪＋资源综合利用	2012
19	益阳	龙灿辉养殖场	雨污分流＋干清粪＋资源综合利用	2012
20	娄底	天华牧业（涟源市）	雨污分流＋干清粪＋资源综合利用	2012
21	娄底	双峰利源生态有限公司	雨污分流＋干清粪＋资源综合利用	2015
22	湘西	吉首市顺风达生猪养殖场	雨污分流＋干清粪＋资源综合利用	2014
23	湘西	芦溪县益华种猪扩繁有限公司	雨污分流＋干清粪＋资源综合利用	2012
24	张家界	永定区养猪协会民众生猪养殖场	雨污分流＋干清粪＋资源综合利用	2012
25	张家界	慈利县景龙桥太平养殖场	雨污分流＋干清粪＋资源综合利用	2013
26	怀化	鸭毛垅生猪养殖小区	雨污分流＋干清粪＋资源综合利用	2011
27	怀化	大康牧业养殖场	雨污分流＋干清粪＋资源综合利用	2011
28	永州	祁阳县畜牧场	雨污分流＋干清粪＋资源综合利用	2011
29	永州	永州市原种猪扩繁育公司	雨污分流＋干清粪＋资源综合利用	2012
30	邵阳	邵阳市郊东养猪场	雨污分流＋干清粪＋资源综合利用	2013
31	邵阳	豫湘原种猪养殖场	雨污分流＋干清粪＋资源综合利用	2013
32	邵阳	湖南南山种畜良种牧草良种繁殖场	雨污分流＋干清粪＋资源综合利用	2013

表7 电力行业二氧化硫治理项目

序号	地市	企业名称	机组编号	装机容量（MW）	项目类型	综合脱硫效率（%）	投运年份
1	益阳	国电益阳发电有限公司	3	630	改建	90	2011
2	益阳	国电益阳发电有限公司	4	630	改建	90	2011
3	张家界	张家界桑梓综合利用发电厂	1	60	新建	70	2011
4	张家界	张家界桑梓综合利用发电厂	2	60	新建	70	2011

表8 电力行业氮氧化物治理项目

序号	地市	企业名称	机组编号	装机容量（MW）	综合脱硝效率（%）	投运年份
1	株 洲	大唐华银株洲发电有限公司	3	310	70	2014
2	株 洲	大唐华银株洲发电有限公司	4	310	70	2012
3	湘 潭	大唐湘潭发电有限责任公司	1	300	70	2012
4	湘 潭	大唐湘潭发电有限责任公司	2	300	70	2015
5	湘 潭	大唐湘潭发电有限责任公司	3	600	70	2014
6	湘 潭	大唐湘潭发电有限责任公司	4	600	70	2013
7	郴 州	华润电力湖南有限公司	1	600	70	2013
8	郴 州	华润电力湖南有限公司	2	600	70	2014
9	郴 州	湖南华润电力鲤鱼江有限公司	1	300	70	2013
10	郴 州	湖南华润电力鲤鱼江有限公司	2	300	70	2014
11	常 德	湖南华电石门发电有限公司	3	300	70	2015
12	常 德	湖南华电石门发电有限公司	4	300	70	2014
13	常 德	大唐石门发电有限责任公司	1	300	70	2013
14	常 德	大唐石门发电有限责任公司	2	300	70	2014
15	耒 阳	大唐集团耒阳电厂	3	300	70	2013
16	耒 阳	大唐集团耒阳电厂	4	300	70	2014
17	常 德	湖南创元发电有限公司	1	300	70	2013
18	常 德	湖南创元发电有限公司	2	300	70	2014
19	益 阳	国电益阳发电有限公司	1	300	70	2013
20	益 阳	国电益阳发电有限公司	2	300	70	2015
21	益 阳	国电益阳发电有限公司	3	630	70	2012
22	益 阳	国电益阳发电有限公司	4	630	70	2011
23	娄 底	湖南华银电力金竹山火力发电分公司	B区1	600	70	2014
24	娄 底	湖南华银电力金竹山火力发电分公司	B区2	600	70	2013
25	岳 阳	华能湖南岳阳发电有限公司	1	362.5	70	2012
26	岳 阳	华能湖南岳阳发电有限公司	2	362.5	70	2012
27	岳 阳	华能湖南岳阳发电有限公司	3	300	70	2014
28	岳 阳	华能湖南岳阳发电有限公司	4	300	70	2013

表9 钢铁烧结机/球团二氧化硫治理项目

序号	地市	企业名称	生产设施编号	生产设施规模（m^2或万吨）	综合脱硫效率（%）	投运年份
1	湘 潭	湖南华菱湘潭钢铁有限公司	3#烧结机	360	70	2011
2	湘 潭	湖南华菱湘潭钢铁有限公司	1#烧结机	180	70	2013
3	娄 底	湖南华菱涟源钢铁有限公司	1#烧结机	130	70	2012
4	娄 底	冷水江钢铁有限责任公司	1#烧结机	105	70	2013
5	娄 底	冷水江钢铁有限责任公司	2#烧结机	105	70	2014

表10 石油石化行业催化裂化装置二氧化硫治理项目

序号	地市	企业名称	生产设施名称及编号	生产设施规模（万吨/年）	综合脱硫效率（%）	投运年份
1	岳阳	中石化巴陵石化分公司	催化裂化	120	70	2015
2	岳阳	中石化长岭分公司	第一催化裂化	120	70	2014

表11 水泥行业氮氧化物治理项目

序号	地市	企业名称	生产设施编号	熟料生产规模（吨/日）	综合脱硝效率（%）	投运年份
1	长沙	湖南浏阳南方水泥有限公司	1	5000	30	2013
2	株洲	中材株洲水泥有限责任公司	1	5000	30	2013
3	湘潭	中材牛力湘潭有限公司	1	5000	30	2011
4	衡阳	湖南耒阳南方水泥有限公司（耒阳东兴水泥有限公司）	2	4500	30	2013
5	岳阳	临湘海螺水泥有限责任公司	1	5000	30	2014
6	邵阳	邵阳南方水泥有限公司	1	5000	30	2012
7	常德	临澧冀东水泥有限公司	1	5000	30	2013
8	郴州	华新水泥（郴州）有限公司	1	4500	30	2013
9	永州	华新水泥（道县）有限公司	1	5000	30	2013
10	娄底	双峰海螺水泥有限公司	1	5000	30	2013

表12 其他行业二氧化硫治理项目

序号	地市	企业名称	行业	项目内容和规模	综合脱硫效率（%）	投运年份
1	株洲	株洲冶炼集团股份有限公司	有色	4#挥发窑烟气脱硫	85	2011
2	株洲	株洲冶炼集团股份有限公司	有色	5#挥发窑烟气脱硫	85	2011
3	湘潭	湘潭碱业有限公司	化工	2×35吨锅炉脱硫	70	2011
4	衡阳	湖南水口山有色金属集团有限公司第四冶炼厂	有色	冶炼烟气脱硫	70	2013
5	衡阳	湖南省湘衡盐矿	采盐	150吨锅炉烟气脱硫	70	2013
6	岳阳	中石化资产管理有限公司巴陵石化分公司	石化	220锅炉烟气脱硫	70	2014
7	岳阳	中石化资产管理有限公司巴陵石化分公司	石化	240锅炉烟气脱硫	70	2014
8	岳阳	岳阳丰利纸业有限公司	造纸	90吨燃煤锅炉脱硫	70	2012
9	怀化	湖南省湘维有限公司	化纤	3×75吨锅炉烟气脱硫	70	2014
10	益阳	沅江纸业有限公司	造纸	150吨锅炉烟气脱硫	70	2013
11	常德	澧县新澧化工有限公司	化工	85吨锅炉烟气脱硫	70	2013
12	常德	湖南省湘澧盐矿	采盐	3×70吨锅炉烟气脱硫	70	2012
13	永州	永州湘江纸业有限责任公司	造纸	150吨锅炉烟气脱硫	70	2013

序号	地市	企业名称	行业	项目内容和规模	综合脱硫效率（%）	投运年份
14	娄 底	湖南振强锑业有限责任公司	有色	炼锑烟气脱硫	70	2012
15	娄 底	冷水江市志荣锑品冶炼厂	有色	炼锑烟气脱硫	70	2012
16	娄 底	冷水江市禾青锑品冶炼厂	有色	炼锑烟气脱硫	70	2012
17	娄 底	冷水江市光荣锑品冶炼厂	有色	炼锑烟气脱硫	70	2012
18	娄 底	冷水江市星火锑品冶炼厂	有色	炼锑烟气脱硫	70	2012
19	娄 底	冷水江市飞水锑品冶炼厂	有色	炼锑烟气脱硫	70	2012
20	娄 底	冷水江市矿山红江锑品冶炼厂	有色	炼锑烟气脱硫	70	2012
21	湘 西	花垣县太丰冶炼有限责任公司	有色	有色金属熔炼炉安装烟气脱硫设施	60	2014

广东省"十二五"主要污染物总量减排目标责任书

为贯彻落实《国民经济和社会发展第十二个五年规划纲要》、《国务院关于印发"十二五"节能减排综合性工作方案的通知》（国发〔2011〕26号）、《国务院关于加强环境保护重点工作的意见》（国发〔2011〕35号），落实目标责任，强化监督管理，确保实现污染减排约束性目标，经国务院授权，环境保护部与广东省人民政府签订"十二五"主要污染物总量减排目标责任书。具体目标和要求如下：

一、2015年，全省化学需氧量和氨氮排放总量分别控制在170.1万吨、20.39万吨以内，比2010年的193.3万吨、23.52万吨分别减少12.0%、13.3%（其中工业和生活化学需氧量、氨氮排放量分别控制在113.8万吨、15.16万吨以内，比2010年分别减少12.9%和13.5%）；二氧化硫和氮氧化物排放总量分别控制在71.5万吨、109.9万吨以内，比2010年的83.9万吨、132.3万吨分别减少14.8%、16.9%。

二、广东省人民政府对本行政区污染减排负总责，应采取有效措施，确保总量削减目标和重点减排任务按期完成。

1. 2011年底前将国家下达的主要污染物排放总量控制指标和重点任务逐级分解到各级政府和重点企业。

2. 将主要污染物排放总量控制目标纳入本行政区经济社会发展规划，制定年度减排计划并严格执行。

3. 严格控制新增污染物排放量，把主要污染物排放总量控制指标作为环评审批的前置条件，在珠江三角洲地区开展煤炭消费总量控制试点。严格控制新建造纸、印染、农药、氮肥、化工、常规煤电、钢铁、水泥等项目，新建项目按照最严格的环保要求建设治污设施。新建燃煤机组要配套建设高效脱硫脱硝设施；新建新型干法水泥窑要采用低氮燃烧技术并配套建设烟气脱硝设施；新建的钢铁烧结机、石油石化设备、有色冶炼设备、炼焦炉、燃煤锅炉等重点污染源要安装烟气脱硫设施。

4. 把调整经济结构、转变经济发展方式放在更加突出的位置，国家下达的淘汰落后产能任务要按期完成，加大小锅炉、小热电、小化工等的淘汰力度。实施广州市新塘、东莞市麻涌小热电、小锅炉集中整治。核准审批新建项目要求关停的产能必须按期淘汰。

5. 到2015年，珠江三角洲地区重点城市（广州、深圳、珠海、佛山、东莞、中山）的所有建制镇及其他地区的所有中心镇建成城镇污水集中处理设施，完善城镇污水收集管网，城镇污水处理率达到85%。改造现有污水处理设施，提高脱氮除磷能力。城镇污水处理厂污泥无害化处理处置率达到50%，再生水回用率达到10%。强化垃圾渗滤液治理，实现达标排放。加大造纸、印染、化工、食品饮料等重点企业工艺技术改造和废水治理力度，全省单位工业增加值主要污染物排放强度下降50%。80%以上规模化畜禽养殖场和养殖小区配套建设固体废物和废水贮存处理设施，实施废弃物资源化利用。

6. 到2015年，现役燃煤机组必须安装脱硫设施，不能稳定达标排放的要进行更新改造或淘汰，烟气脱硫设施要按照规定取消烟气旁路，30万千瓦以上（珠江三角洲地区20万千瓦以上)燃煤机组（不含循环流化床锅炉发电机组）全部实施脱硝改造；钢铁烧结机、球团设备及石油石化催化裂化装置全面实施烟气脱硫改造；现役新型干法水泥窑实施低氮燃烧技术改造，熟料生产规模在4000吨/日以上的生产线必须实施脱硝改造；全面推行机动车环保标志管理，基本淘汰2005年以前注册运营的"黄标车"，加快提升车用燃油品质。

7. 加强污染减排统计、监测和考核体系建设，提高机动车和农业源减排监管能力。

8. 列入本责任书的重点减排项目（见附件）应按期建成，并确保稳定运行。

三、环境保护部每年对本责任书的执行情况进行考核，结果报国务院批准后向社会公布。广东省人民政府每年对各级政府、有关部门和重点企业污染减排情况进行考核，结果抄送环境保护部。

《广东省"十二五"主要污染物总量减排目标责任书》一式两份，环境保护部、广东省人民政府各保存一份。

环境保护部   广东省人民政府

二〇一一年十二月二十日   二〇一一年十二月二十日

附件：

广东省"十二五"主要污染物减排重点项目表

表1 城镇污水处理设施建设项目

序号	地市	项目名称	设计处理能力（万吨/日）	负荷率（%）	投运年份
1	广州	增城永和污水处理厂	5	60	2011
2	广州	狮岭污水处理厂	4.9	60	2011
3	广州	花东污水处理厂	4.8	60	2012
4	广州	大岗污水处理厂	4	60	2011
5	广州	中部污水处理厂	4	60	2011
6	潮州	潮安县污水处理厂	6	60	2015
7	潮州	潮州市第二污水处理厂	6	60	2015
8	潮州	径南工业园区污水处理厂	2	60	2015
9	潮州	饶平县城北污水处理厂	4	60	2015
10	东莞	东莞市南畲朗污水处理厂	20	60	2011
11	东莞	东莞市企石污水处理厂	5	60	2011
12	佛山	镇安污水处理厂	25	60	2011
13	佛山	狮山东南污水处理厂	5	60	2012
14	佛山	大沥盐步污水处理厂	10	60	2011
15	佛山	大沥城西污水处理厂	5	60	2012
16	佛山	逢沙污水处理厂	5	60	2012
17	佛山	狮山松岗污水处理厂	4	60	2012
18	佛山	水乡工业园污水处理厂	4	60	2014
19	河源	紫金县古竹污水处理厂	4	60	2013
20	揭阳	仙梅污水处理厂	6	60	2013
21	揭阳	揭阳市区污水处理厂	12	70	2015
22	揭阳	普宁市区污水处理厂	10	75	2012
23	茂名	河西城区生活污水处理厂	5	60	2013
24	茂名	茂南区污水处理厂（一期）	2.5	60	2015
25	梅州	清源水质净化中心	10	75	2013
26	清远	清远市清新与旧城污水处理厂	4	75	2015
27	清远	龙塘水质净化厂	4	75	2013
28	清远	英德市西城污水处理厂	6	75	2015
29	清远	佛冈县城污水处理厂	3	75	2013
30	清远	源潭污水处理厂	3	75	2015
31	清远	东城污水处理厂	4	60	2013
32	清远	横荷污水处理厂	4	60	2014
33	清远	洲心污水处理厂	2	60	2014
34	清远	石角第二污水处理厂	2	60	2013
35	汕头	汕头市南区污水处理厂濠江分厂	10	60	2012

序号	地市	项目名称	设计处理能力（万吨/日）	负荷率（%）	投运年份
36	汕 头	莲下镇污水处理厂	5	60	2015
37	汕 头	潮南区陈店镇污水处理厂	3	60	2015
38	汕 头	东里镇污水处理厂	4	60	2015
39	汕 头	清源水质净化厂	6	75	2015
40	汕 头	龙湖区新溪镇污水处理厂	6	60	2015
41	汕 头	潮南区陇田镇污水处理厂	1.5	60	2015
42	汕 头	汕头市南区污水处理厂海门分厂	5	60	2015
43	汕 尾	甲子镇生活污水处理厂	1.5	60	2014
44	汕 尾	碣石镇生活污水处理厂	1.5	60	2014
45	韶 关	韶关市第二污水处理厂（三期）	5	60	2014
46	深 圳	福田污水处理厂	40	60	2015
47	深 圳	龙华污水处理厂	40	60	2013
48	深 圳	观澜污水处理厂	26	60	2013
49	深 圳	公明污水处理厂	10	60	2013
50	深 圳	滨河污水处理厂	4（回用水量）	—	2011
51	湛 江	湛江市霞山污水处理厂	20	75	2011
52	湛 江	麻章区污水处理厂	5	60	2012
53	肇 庆	肇庆市第三污水处理厂	10	60	2015
54	肇 庆	高新区第一污水处理厂	8	60	2013
55	中 山	中山市三乡镇污水处理厂	7	75	2013
56	中 山	中山市黄圃镇污水处理厂	4	60	2013
57	珠 海	南区污水处理厂（二期扩建）	4	75	2015
58	珠 海	南水水质净化厂	5	60	2011
59	珠 海	富山水质净化厂	4	60	2012
60	珠 海	白蕉水质净化厂	4	60	2012
61	江 门	江门市文昌沙水质净化厂	20	60	2011
62	江 门	台山市台城污水处理厂	8	60	2011

注：负荷率是指污水处理厂建成投运一年后的负荷率。

表2 造纸行业废水治理项目

序号	地市	企业名称	项目内容	投运年份
1	广 州	广州威达高实业有限公司	生化处理＋深度治理	2012
2	江 门	江门市丰达纸业有限公司	生化处理＋深度治理	2012
3	江 门	江门甘蔗化工厂（集团）股份有限公司（造纸）	生化处理＋深度治理	2012
4	江 门	广东省银洲湖纸业基地集中污水处理厂	生化处理＋深度治理	2012
5	江 门	开平永顺包装造纸有限公司	生化处理＋深度治理	2012
6	揭 阳	揭东试验区龙新纸品有限公司	生化处理＋深度治理	2013
7	揭 阳	揭东县华豪纸制品有限公司	生化处理＋深度治理	2012

序号	地市	企业名称	项目内容	投运年份
8	揭阳	揭东县炮台镇兴业造纸厂	生化处理＋深度治理	2012
9	揭阳	揭西县金和光辉食品厂	生化处理＋深度治理	2012
10	茂名	茂名市茂南昌和纸业有限公司	治理回用	2012
11	汕头	汕头市澄海区洋新纸业有限公司	生化处理＋深度治理	2012
12	汕头	汕头市澄海区莲下诚德造纸厂	生化处理＋深度治理	2012
13	阳江	阳春市豪达纸业有限公司	生化处理＋深度治理	2011
14	肇庆	肇庆市中盛纸业有限公司	生化处理＋深度治理	2011
15	珠海	珠海华丰纸业有限公司	生化处理＋深度治理	2012

表3 印染行业废水治理项目

序号	地市	企业名称	项目内容	投运年份
1	广州	广州锦兴纺织漂染有限公司	深度治理＋节水	2012
2	广州	增城颖海染厂有限公司	深度治理＋节水	2013
3	佛山	佛山市顺德区港汇环保工程有限公司	深度治理＋节水	2014
4	河源	河源康益染整有限公司	深度治理＋节水	2013
5	惠州	鸿业纺织漂染有限公司	深度治理＋节水	2012
6	惠州	汉兴漂染织染有限公司	深度治理＋节水	2012
7	江门	香港润成（开平）整染厂	深度治理＋节水	2013
8	江门	开平市信油染整厂有限公司	深度治理＋节水	2013
9	江门	开平奔达纺织第三有限公司	深度治理＋节水	2013
10	江门	开平市中源纺织染整二厂有限公司	深度治理＋节水	2013
11	江门	台山市骏华纺织印染有限公司	深度治理＋节水	2013
12	揭阳	普宁市锦地印染有限公司	深度治理＋节水	2011
13	揭阳	揭阳经济开发试验区华生染整有限公司	深度治理＋节水	2011
14	揭阳	揭阳市集兴漂染有限公司	深度治理＋节水	2011
15	揭阳	揭西县元亨食品有限公司	深度治理＋节水	2011
16	肇庆	四会市东岳纺织有限公司	深度治理＋节水	2013
17	肇庆	鼎湖永盛化纤纺织印染厂有限公司	深度治理＋节水	2013
18	肇庆	肇庆市佳荣针织染整有限公司	深度治理＋节水	2013
19	肇庆	高要市晋益纤维有限公司	深度治理＋节水	2013

表4 石油石化、化工行业废水治理项目

序号	地市	企业名称	项目内容	投运年份
1	广州	中国石油化工股份有限公司广州分公司	炼油污水污污分治工程	2014
2	惠州	中海石油炼化有限责任公司惠州炼油分公司	气浮、隔油＋生化处理	2014
3	茂名	中国石油化工股份有限公司茂名分公司炼油分部	达标污水回用工程	2014

表5 其他行业废水治理项目

序号	地市	企业名称	项目内容	投运年份
1	广　州	广州奥桑味精食品有限公司	深度治理	2012
2	江　门	罗赛洛（广东）明胶有限公司	深度治理	2011
3	江　门	广东江门生物开发中心有限公司	深度治理	2012
4	揭　东	揭东县联德食品有限公司	深度治理	2012
5	揭　阳	揭东县裕中食品有限公司	深度治理	2012
6	揭　阳	揭阳市冠昌不锈钢制品有限公司	混凝沉淀＋吸附过滤	2012
7	揭　阳	广东大明钢铁实业有限公司	混凝沉淀＋吸附过滤	2011
8	揭　阳	广东大兴钢铁实业有限公司	深度治理	2012
9	揭　阳	广东东钢实业有限公司	混凝沉淀＋吸附过滤	2012
10	揭　阳	广东港德实业有限公司	混凝沉淀＋吸附过滤	2012
11	揭　阳	广东开盛钢铁实业有限公司	混凝沉淀＋吸附过滤	2012
12	揭　阳	广东三兴实业有限公司	混凝沉淀＋吸附过滤	2012
13	揭　阳	广东泰钢实业有限公司	混凝沉淀＋吸附过滤	2012
14	揭　阳	广东友钢钢铁有限公司	混凝沉淀＋吸附过滤	2012
15	揭　阳	广东中润钢铁实业有限公司	混凝沉淀＋吸附过滤	2012
16	揭　阳	揭阳市通宇钢铁有限公司	混凝沉淀＋吸附过滤	2011
17	茂　名	化州市笪桥糖业有限公司	深度治理	2011
18	茂　名	高州市合盛皮业有限公司	深度治理	2012
19	茂　名	高州环亚皮革有限公司	深度治理	2012
20	茂　名	广州白云江高（电白）产业转移园工业污水处理厂	改良式SBR＋人工湿地处理	2012
21	清　远	清新县太平镇龙湾电镀定点基地污水处理厂	反渗透＋电化学方法	2013
22	韶　关	广东省韶关钢铁集团有限公司	混凝沉淀＋吸附过滤，中水回用	2013
23	阳　江	广东羽威羽绒实业有限公司	深度治理	2013
24	阳　江	阳江市谊林海达速冻水产有限公司	深度治理	2012
25	湛　江	湛江农垦东方红农场东方红第二纤维厂	物化＋生物处理	2012
26	湛　江	广东省徐闻三和发展有限公司	深度治理	2015
27	湛　江	广东省徐闻龙塘酒精有限公司	深度治理	2014
28	湛　江	佛山顺德（廉江）产业转移工业园污水处理厂	深度治理	2015

表6 规模化畜禽养殖场（小区）污染治理项目

序号	地市	企业名称	治理措施	投运年份
1	广　州	卢尤伟养殖场	雨污分流＋干清粪＋废弃物综合利用	2013
2	广　州	天宏猪场	雨污分流＋干清粪＋废弃物综合利用	2014
3	广　州	广州市华美牛奶公司	雨污分流＋干清粪＋废弃物综合利用	2014
4	广　州	广州珠江牛奶有限公司	雨污分流＋干清粪＋废弃物综合利用	2013

序号	地市	企业名称	治理措施	投运年份
5	佛山	海联养殖场	雨污分流＋干清粪＋废弃物综合利用	2013
6	佛山	联丰农场	雨污分流＋干清粪＋废弃物综合利用	2013
7	佛山	乐从中兴猪场	雨污分流＋干清粪＋废弃物综合利用	2013
8	佛山	佛山市高明区新广农牧有限公司	雨污分流＋干清粪＋废弃物综合利用	2013
9	佛山	佛山市三水区南边丰恒猪场芦苞分场	雨污分流＋干清粪＋废弃物综合利用	2014
10	佛山	孖岗奶牛场（黄湛江供迳口伊利厂）	雨污分流＋干清粪＋废弃物综合利用	2014
11	河源	广东瑞昌食品进出口有限公司灯塔种猪场	雨污分流＋干清粪＋废弃物综合利用	2012
12	河源	河源广南畜牧发展有限公司	雨污分流＋干清粪＋废弃物综合利用	2012
13	河源	紫金宝金畜牧有限公司	雨污分流＋干清粪＋废弃物综合利用	2012
14	茂名	信宜市粤信肉类食品有限公司城东养殖分公司	雨污分流＋干清粪＋废弃物综合利用	2014
15	茂名	广东省高州市顺达猪场	雨污分流＋干清粪＋废弃物综合利用	2011
16	茂名	广东省高州市湖塘畜牧水产发展有限公司	雨污分流＋干清粪＋废弃物综合利用	2011
17	茂名	高州市菜篮子工程基地顺达种猪场生猪标准化规模养殖场	雨污分流＋干清粪＋废弃物综合利用	2011
18	梅州	梅州名望丰华生态种猪发展有限公司	雨污分流＋干清粪＋废弃物综合利用	2015
19	梅州	梅州市宝兴畜牧科技有限公司	雨污分流＋干清粪＋废弃物综合利用	2013
20	揭阳	普宁市福泰养殖业有限公司生猪养殖场	雨污分流＋干清粪＋废弃物综合利用	2011
21	清远	温氏猪场	雨污分流＋干清粪＋废弃物综合利用	2013
22	清远	联益畜牧水产场	雨污分流＋干清粪＋废弃物综合利用	2012
23	清远	江坲猪场	雨污分流＋干清粪＋废弃物综合利用	2012
24	清远	吉百利生态农庄有限公司	雨污分流＋干清粪＋废弃物综合利用	2012
25	清远	清远市种猪场	雨污分流＋干清粪＋废弃物综合利用	2012
26	清远	华农温氏连山分公司桂花种猪场	雨污分流＋干清粪＋废弃物综合利用	2014
27	韶关	韶关市温氏集团有限公司	雨污分流＋干清粪＋废弃物综合利用	2013
28	韶关	韶关市天益农业科技发展公司	雨污分流＋干清粪＋废弃物综合利用	2013
29	阳江	大洋公司岗美镇黄村猪场	雨污分流＋干清粪＋废弃物综合利用	2012
30	阳江	广东王将种猪有限公司	雨污分流＋干清粪＋废弃物综合利用	2012
31	阳江	广东源丰农业有限公司	雨污分流＋干清粪＋废弃物综合利用	2012
32	云浮	罗定广东温氏畜牧有限公司船步猪场	雨污分流＋干清粪＋废弃物综合利用	2012
33	湛江	湛江集福畜牧科技有限公司	雨污分流＋干清粪＋废弃物综合利用	2014
34	湛江	麻章区壮大畜牧发展有限公司迈合猪场	雨污分流＋干清粪＋废弃物综合利用	2014
35	湛江	湛江利苑农业发展有限公司	雨污分流＋干清粪＋废弃物综合利用	2014
36	肇庆	高要农牧美益畜牧发展有限公司	雨污分流＋干清粪＋废弃物综合利用	2013
37	肇庆	高要市白诸镇金山水库猪场	雨污分流＋干清粪＋废弃物综合利用	2014
38	肇庆	高要市白诸镇布院种猪场	雨污分流＋干清粪＋废弃物综合利用	2015
39	肇庆	广东广三保畜牧有限公司	雨污分流＋干清粪＋废弃物综合利用	2013
40	肇庆	怀集广东温氏畜牧有限公司大岗种猪场	雨污分流＋干清粪＋废弃物综合利用	2012
41	肇庆	怀集县温氏公司闸岗扩繁场	雨污分流＋干清粪＋废弃物综合利用	2011
42	肇庆	怀集广东温氏禽畜有限公司闸岗种猪场	雨污分流＋干清粪＋废弃物综合利用	2012
43	肇庆	怀集广东温氏禽畜有限公司马宁种猪场	雨污分流＋干清粪＋废弃物综合利用	2013
44	肇庆	肇庆市种畜繁育场	雨污分流＋干清粪＋废弃物综合利用	2013

序号	地市	企业名称	治理措施	投运年份
45	肇　庆	肇庆市金源养殖场	雨污分流＋干清粪＋废弃物综合利用	2013
46	肇　庆	肇庆市食品进出口公司大旗岭猪场	雨污分流＋干清粪＋废弃物综合利用	2013
47	肇　庆	肇庆市鼎湖区温氏畜牧有限公司奶牛场	雨污分流＋干清粪＋废弃物综合利用	2012

表7 电力行业二氧化硫治理项目

序号	地市	企业名称	机组编号	装机容量（MW）	项目类型	综合脱硫效率（%）	投运年份
1	梅　州	华润电力（兴宁）有限公司	1	135	改建	90	2015
2	梅　州	华润电力（兴宁）有限公司	2	135	改建	90	2015

表8 电力行业氮氧化物治理项目

序号	地市	企业名称	机组编号	装机容量（MW）	综合脱硝效率（%）	投运年份
1	深　圳	深圳妈湾电力有限公司	1	300	70	2013
2	深　圳	深圳妈湾电力有限公司	2	300	70	2012
3	深　圳	深圳妈湾电力有限公司	3	300	70	2012
4	深　圳	深圳妈湾电力有限公司	4	300	70	2012
5	深　圳	深圳妈湾电力有限公司	5	320	70	2012
6	深　圳	深圳妈湾电力有限公司	6	320	70	2012
7	珠　海	广东省粤电集团有限公司珠海发电厂	1	700	70	2012
8	珠　海	广东省粤电集团有限公司珠海发电厂	2	700	70	2012
9	珠　海	广东珠海金湾发电厂有限公司	3	600	70	2012
10	珠　海	广东珠海金湾发电厂有限公司	4	600	70	2012
11	汕　头	华能汕头电厂	1	300	70	2014
12	汕　头	华能汕头电厂	2	300	70	2014
13	汕　头	华能汕头电厂	3	600	70	2013
14	韶　关	韶关发电厂	10	300	70	2014
15	韶　关	韶关发电厂	11	300	70	2014
16	河　源	河源电厂	1	600	70	2013
17	河　源	河源电厂	2	600	70	2013
18	汕　尾	广东红海湾发电有限公司	1	600	70	2013
19	汕　尾	广东红海湾发电有限公司	2	600	70	2013
20	东　莞	广东电力发展股份有限公司沙角A电厂	4	300	70	2012
21	东　莞	广东电力发展股份有限公司沙角A电厂	5	300	70	2012
22	东　莞	深圳市广深沙角B电力有限公司沙角B火力发电厂	1	350	70	2013
23	东　莞	深圳市广深沙角B电力有限公司沙角B火力发电厂	2	350	70	2013
24	东　莞	广东广合电力有限公司沙角发电厂C厂	1	660	70	2013
25	东　莞	广东广合电力有限公司沙角发电厂C厂	2	660	70	2013
26	东　莞	广东广合电力有限公司沙角发电厂C厂	3	660	70	2013
27	江　门	台山电厂	1	600	70	2012

序号	地市	企业名称	机组编号	装机容量（MW）	综合脱硝效率（%）	投运年份
28	江门	台山电厂	2	600	70	2012
29	江门	台山电厂	3	600	70	2013
30	江门	台山电厂	4	600	70	2012
31	湛江	湛江电力有限公司	1	300	70	2014
32	湛江	湛江电力有限公司	2	300	70	2014
33	湛江	湛江电力有限公司	3	300	70	2014
34	湛江	湛江电力有限公司	4	300	70	2014
35	潮州	广东大唐国际潮州发电有限责任公司	1	600	70	2014
36	潮州	广东大唐国际潮州发电有限责任公司	2	600	70	2013
37	潮州	广东大唐国际潮州发电有限责任公司	3	1000	70	2012
38	潮州	广东大唐国际潮州发电有限责任公司	4	1000	70	2013
39	揭阳	广东粤电靖海发电有限公司	1	600	70	2013
40	揭阳	广东粤电靖海发电有限公司	2	600	70	2013

表9 钢铁烧结机/球团项目二氧化硫治理项目

序号	地市	企业名称	生产设施编号	生产设施规模（m²或万吨）	综合脱硫效率（%）	投运年份
1	韶关	广东韶钢松山股份有限公司	5#烧结机	360	70	2013
2	韶关	广东韶钢松山股份有限公司	6#烧结机	360	70	2013
3	湛江	湛江龙腾物流有限公司球团项目	1#生产线	500	70	2012

表10 石油石化行业催化裂化装置二氧化硫治理项目

序号	地市	企业名称	生产设施名称及编号	生产设施规模（万吨/年）	综合脱硫效率（%）	投运年份
1	广州	中国石油化工股份有限公司广州分公司	重油催化裂化装置	100	70	2011
2	广州	中国石油化工股份有限公司广州分公司	蜡油催化裂化装置	200	70	2014
3	惠州	中海石油炼化有限责任公司惠州炼油分公司	1#催化裂化	120	70	2012
4	湛江	中国石油化工股份有限公司湛江东兴炼油厂	2#催化裂化	120	70	2014
5	茂名	中国石油化工股份有限公司茂名分公司	2#催化裂化	100	70	2014
6	茂名	中国石油化工股份有限公司茂名分公司	3#催化裂化	140	70	2014

表11 水泥行业氮氧化物治理项目

序号	地市	企业名称	生产设施编号	熟料生产规模（吨/日）	综合脱硝效率（%）	投运年份
1	肇庆	华润水泥（封开）有限公司	1#	4500	30	2012
2	肇庆	华润水泥（封开）有限公司	2#	4500	30	2013
3	肇庆	华润水泥（封开）有限公司	3#	4500	30	2014
4	肇庆	华润水泥（封开）有限公司	4#	4500	30	2014
5	肇庆	华润水泥（封开）有限公司	5#	4500	30	2015
6	肇庆	华润水泥（封开）有限公司	6#	4500	30	2015
7	清远	英德海螺水泥有限责任公司	1#	5000	30	2013
8	清远	英德龙山水泥有限责任公司	1#	5000	30	2014
9	云浮	中材天山（云浮）水泥有限公司	1#	5000	30	2013
10	云浮	中材亨达水泥有限公司	1#	4500	30	2014

广西壮族自治区
"十二五"主要污染物总量减排目标责任书

　　为贯彻落实《国民经济和社会发展第十二个五年规划纲要》、《国务院关于印发"十二五"节能减排综合性工作方案的通知》（国发〔2011〕26号）、《国务院关于加强环境保护重点工作的意见》（国发〔2011〕35号），落实目标责任，强化监督管理，确保实现污染减排约束性目标，经国务院授权，环境保护部与广西壮族自治区人民政府签订"十二五"主要污染物总量减排目标责任书。具体目标和要求如下：

　　一、2015年，全区化学需氧量和氨氮排放总量分别控制在74.6万吨、7.71万吨以内，比2010年的80.7万吨、8.45万吨分别减少7.6%、8.7%（其中工业和生活化学需氧量、氨氮排放量分别控制在53.6万吨、5.13万吨以内，比2010年分别减少7.8%和8.9%）；二氧化硫和氮氧化物排放总量分别控制在52.7万吨、41.1万吨以内，比2010年的57.2万吨、45.1万吨分别减少7.9%、8.8%。

　　二、广西壮族自治区人民政府对本行政区污染减排负总责，应采取有效措施，确保总量削减目标和重点减排任务按期完成。

1. 2011年底前将国家下达的主要污染物排放总量控制指标和重点任务逐级分解到各级政府、有关部门和重点企业。

2. 将主要污染物排放总量控制目标纳入本行政区经济社会发展规划，制定年度减排计划并严格执行。

3. 严格控制新增污染物排放量，把主要污染物排放总量控制指标作为环评审批的前置条件。严格控制新建造纸、印染、农药、氮肥、制糖、酒精、煤电、钢铁、水泥等项目，新建项目按照最严格的环保要求建设治污设施。新建燃煤机组要配套建设高效脱硫脱硝设施；新建新型干法水泥窑要采用低氮燃烧技术并配套建设烟气脱硝设施；新建的钢铁烧结、石油石化设备、有色冶炼设备、炼焦炉、燃煤锅炉等重点污染源要安装烟气脱硫设施。

4. 把调整经济结构、转变经济发展方式放在更加突出的位置，国家下达的淘汰落后产能任务要按期完成，加大小锅炉、小火电、小化工等的淘汰力度。核准审批新建项目要求关停的产能必须按期淘汰。

5. 到2015年，基本实现县县和重点建制镇具备污水处理能力，完善城镇污水收集管网，城镇污水处理率达到75%。改造现有污水处理设施，提高脱氮除磷能力。城镇污水处理厂污泥无害化处理处置率达到50%，再生水回用率达到5%。强化垃圾渗滤液治理，实现达标排放。加大制糖、造纸、酒精、淀粉、食品饮料等重点企业工艺技术改造和废水治理力度。全区单位工业增加值化学需氧量和氨氮排放强度分别下降50%。60%以上规模化畜禽养殖场和养殖小区配套建设固体废物和废水贮存处理设施，实施废弃物资源化利用。

6. 到2015年，现役燃煤机组必须安装脱硫设施，不能稳定达标排放的要进行更新改造或淘汰，烟气脱硫设施要按照规定取消烟气旁路，30万千瓦以上燃煤机组全部实施脱硝改造；钢铁烧结机、球团设备及石油石化催化裂化装置全面实施烟气脱硫改造；现役新型干法水泥窑实施低氮燃烧技术改造，熟料生产规模在4000吨/日以上的生产线必须实施脱硝改造；全面推行机动车环保标志管理，基本淘汰2005年以前注册运营的"黄标车"，加快提升车用燃油品质。

7. 加强污染减排统计、监测和考核体系建设，提高机动车和农业源减排监管能力。

8. 列入本责任书的重点减排项目（见附件）应按期建成，并确保稳定运行。

三、环境保护部每年对本责任书的执行情况进行考核，结果报国务院批准后向社会公布。广西壮族自治区人民政府每年对各级政府、有关部门和重点企业污染减排情况进行考核，结果抄送环境保护部。

《广西壮族自治区"十二五"主要污染物总量减排目标责任书》一式两份，环境保护部、广西壮族自治区人民政府各保存一份。

环境保护部　　　　　　　　　　　　广西壮族自治区人民政府

二〇一一年十二月二十日　　　　　　　二〇一一年十二月二十日

附件:

广西壮族自治区"十二五"主要污染物减排重点项目表

表1 城镇污水处理设施建设项目

序号	地市	项目名称	设计处理能力（万吨/日）	负荷率（%）	投运年份
1	南 宁	南宁市江南污水处理厂	48	75	2014
2	南 宁	南宁市埌东污水处理厂	30	75	2013
3	南 宁	南宁市五象污水处理厂	5	60	2015
4	南 宁	南宁市三塘污水处理厂	2	60	2015
5	南 宁	宾阳县黎塘镇污水处理厂	1.7	60	2015
6	南 宁	武鸣县污水处理厂	1（回用水量）	—	2014
7	百 色	平果中环水业有限公司	1（回用水量）	—	2013
8	北 海	北海市红坎污水处理厂	20	60	2014
9	北 海	大冠沙污水处理厂	2.2	60	2014
10	北 海	涠洲岛污水处理厂	0.5	60	2014
11	贵 港	贵港市江南污水处理厂	5	60	2014
12	贵 港	港南区桥圩镇污水处理厂	0.6	60	2015
13	桂 林	桂林市临桂新区污水处理厂	3	60	2012
14	桂 林	桂林市东区污水处理厂（七里店污水厂）	16	60	2013
15	桂 林	阳朔县第二污水处理厂	3	60	2013
16	贺 州	贺州市八步区信都镇污水处理厂	0.4	60	2015
17	来 宾	来宾市河西污水处理厂	4	60	2015
18	来 宾	来宾市凤凰污水处理厂	0.8	60	2015
19	来 宾	来宾市迁江污水处理厂	0.8	60	2014
20	柳 州	柳东新区官塘污水处理厂	4	60	2015
21	玉 林	玉林市污水处理厂	2（回用水量）	—	2014
22	钦 州	钦州港区工业污水集中处理厂	1.5	60	2012
23	钦 州	钦州市河东污水处理厂	8	60	2012
24	钦 州	灵山县陆屋镇污水处理厂	0.5	60	2015
25	钦 州	钦州市浦北县寨圩镇污水处理厂	0.3	60	2015
26	钦 州	钦北区小董镇污水处理厂	0.5	60	2015
27	钦 州	钦北区大寺镇污水处理厂	0.4	60	2015
28	钦 州	钦州钦南区犀牛脚镇污水处理工程	0.3	60	2015

注：负荷率是指污水处理厂建成投运一年后的负荷率。

表2 造纸行业废水治理项目

序号	地市	企业名称	项目内容	投运年份
1	南 宁	广西华劲集团股份有限公司南宁纸业分公司	生化处理＋深度处理	2011
2	南 宁	广西南宁凤凰纸业有限公司	生化处理＋深度处理	2012
3	南 宁	横县冠桂糖业有限公司纸业分公司	生化处理＋深度处理	2012
4	南 宁	南宁金浪浆业有限公司	生化处理＋深度处理	2012
5	南 宁	南宁糖业股份有限公司蒲庙造纸厂	生化处理＋深度处理	2012
6	柳 州	广西凤糖鹿寨纸业有限公司	生化处理＋深度处理	2013
7	柳 州	广西国发林业造纸有限责任公司	生化处理＋深度处理	2013
8	柳 州	柳州两面针纸业有限公司（广西壮族自治区柳江造纸厂）	生化处理＋深度处理	2013
9	梧 州	广西藤县福利造纸厂	生化处理＋深度处理	2013
10	防城港	防城港宏源浆纸有限公司	完善治理设施、提标、管理减排	2013
11	贵 港	广西贵港市红旗纸业有限公司	生化处理＋深度处理	2013
12	玉 林	北流市顺达纸业有限公司	生化处理	2012
13	玉 林	博白县华强纸业有限公司	生化处理	2012
14	玉 林	容县创兴造纸厂	生化处理	2012
15	玉 林	容县石桥纸厂	生化处理	2012
16	玉 林	兴业县三星纸业有限公司	生化处理	2012
17	玉 林	玉林市新佳造纸厂	生化处理	2012
18	玉 林	玉林市玉州区聚发造纸厂	生化处理	2012
19	玉 林	玉林市玉州区仁东中庞二纸厂	生化处理	2012
20	百 色	田阳南华纸业有限公司	生化处理＋深度处理	2013
21	贺 州	广西贺达纸业有限责任公司	生化处理＋深度处理	2013
22	贺 州	广西贺州市鹏源纸业有限公司	生化处理＋深度处理	2011
23	贺 州	贺州康宁纸业有限公司（原贺州里松伟康造纸厂）	生化处理＋深度处理	2011
24	来 宾	广西东糖纸业有限公司	生化处理＋深度处理	2012

表3 印染行业废水治理项目

序号	地市	企业名称	项目内容	投运年份
1	贵 港	广西桂平立泰隆针织印染有限公司	深度治理＋节水	2014
2	桂 林	桂林桂棉股份有限公司	深度治理＋节水	2013
3	河 池	广西江缘茧丝有限公司	深度处理＋闭水循环回用方法	2011
4	河 池	环江盛隆茧丝有限公司	深度治理＋节水	2014
5	河 池	都安万有茧丝有限公司	厌氧生物处理＋好氧生物处理	2014
6	河 池	凤山县制丝有限责任公司	深度治理＋节水	2014
7	来 宾	丝绸之路集团广西丝绸有限公司	深度治理＋节水	2014
8	柳 州	鹿寨县贵盛茧丝工贸有限公司	深度治理＋节水	2012

序号	地市	企业名称	项目内容	投运年份
9	柳州	柳州市柳城县鹏鑫源蚕丝绸有限公司	深度治理＋节水	2013
10	柳州	广西鹿寨洛江茧丝绸有限责任公司	深度治理＋节水	2014

表4 石油石化、化工行业废水治理项目

序号	地市	企业名称	项目内容	投运年份
1	南宁	广西南宁市丰登化工有限责任公司	深度处理	2012
2	河池	广西河池化工股份有限公司	采用活性污泥法进行废水末端处理	2011
3	河池	广西河池市全江化工投资有限责任公司	深度处理（闭路循环、氧化塘）	2011
4	桂林	桂林远东化工有限公司（桂林东方肥料有限公司）	深度处理	2013
5	桂林	桂林秦堤农业发展有限公司	深度处理	2013
6	百色	广西百色鑫龙工贸有限责任公司	深度处理	2013
7	百色	中油广西田东石油化工总厂有限公司	气浮、隔油＋生化处理	2013
8	崇左	广西丰泉化工有限公司	深度处理	2015

表5 其他行业废水治理项目

序号	地市	企业名称	项目内容	投运年份
1	南宁	广西明阳生化科技股份有限公司	厌氧＋好氧法	2011
2	南宁	广西武鸣县合立淀粉酒精有限公司	厌氧＋好氧法	2011
3	南宁	横县冠桂糖业有限公司谢圩分公司	深度处理	2013
4	百色	广西田林红枫淀粉厂	深度处理	2011
5	百色	田阳宏源实业有限公司	深度处理	2013
6	崇左	崇左市丰益酒精厂	酒精废液浓缩焚烧系统	2012
7	崇左	崇左市洪华淀粉厂（原称：崇左市新江龙淀粉厂）	厌氧＋好氧法，深度处理	2013
8	崇左	崇左市金龙淀粉厂	厌氧＋好氧法，深度处理	2012
9	崇左	崇左市万达淀粉有限责任公司	厌氧＋好氧法，深度处理	2012
10	崇左	崇左市新和酒业有限公司	酒精废液浓缩焚烧装置	2011
11	崇左	广西崇左东亚糖业有限公司	深度处理	2013
12	崇左	广西东门南华糖业有限责任公司	深度处理	2014
13	崇左	广西扶南东亚糖业有限公司	深度处理	2013
14	崇左	广西南宁金光淀粉有限公司扶绥中意淀粉厂	厌氧＋好氧法，深度处理	2011
15	崇左	龙州县三华淀粉厂	厌氧＋好氧法，深度处理	2014
16	崇左	龙州县响水镇龙江淀粉厂	厌氧＋好氧法，深度处理	2012
17	崇左	龙州县珍茗茶业有限公司淀粉厂	厌氧＋好氧法，深度处理	2013
18	崇左	宁明县天弘工贸有限责任公司	酒精废液浓缩焚烧系统	2013
19	崇左	凭祥市春华酒业有限公司	酒精废液浓缩焚烧系统	2015

序号	地市	企业名称	项目内容	投运年份
20	崇 左	龙州县天侨淀粉有限公司	厌氧＋好氧	2013
21	崇 左	凭祥市才源实业有限责任公司	深度处理	2014
22	崇 左	广西大新县世纪飞龙制糖有限公司	深度处理	2014
23	防城港	广西农垦糖业集团昌菱制糖有限公司（酒精车间）	酒精废液生产液态生物有机肥	2013
24	防城港	广西上上糖业有限公司（酒精车间）	酒精废液生产液态生物有机肥	2013
25	贵 港	贵港市覃塘区振南叠峰淀粉化工有限公司	厌氧＋好氧法	2013
26	贵 港	广西贵糖（集团）有限公司	深度处理	2013
27	来 宾	广西博宣食品有限公司	深度处理	2013
28	来 宾	广西来宾东糖迁江有限公司	深度处理	2013
29	来 宾	广西来宾永鑫糖业有限公司	深度处理	2013
30	来 宾	广西农垦思源酒业有限公司	厌氧＋深度处理	2013
31	来 宾	武宣县金黔湾食品工业有限责任公司	厌氧＋好氧法	2011
32	钦 州	钦州市久隆永达淀粉厂	水解酸化＋CASS	2011
33	钦 州	钦州市那丽鸿达淀粉厂	水解酸化＋CASS	2011
34	钦 州	钦州市那丽万隆淀粉有限公司	水解酸化＋CASS	2011
35	钦 州	钦州市那彭淀粉厂	水解酸化＋CASS	2011

表6 规模化畜禽养殖场（小区）污染治理项目

序号	地市	企业名称	治理措施	投运年份
1	南 宁	南宁市路东养猪场	雨污分流＋干清粪＋废弃物综合利用	2014
2	南 宁	广西五合桂宁种猪有限公司	雨污分流＋干清粪＋废弃物综合利用	2014
3	南 宁	广西柯莉莱原种猪有限责任公司	雨污分流＋干清粪＋废弃物综合利用	2013
4	南 宁	广西农垦永新原种猪场	雨污分流＋干清粪＋废弃物综合利用	2013
5	南 宁	广西横县西南畜牧发展有限公司	雨污分流＋干清粪＋废弃物综合利用	2013
6	崇 左	大新县雷平永俊瘦肉型种猪场	雨污分流＋干清粪＋废弃物综合利用	2013
7	贵 港	广西扬翔农牧有限责任公司凤凰种猪场	雨污分流＋干清粪＋废弃物综合利用	2013
8	贵 港	广西温氏大洋种猪场	雨污分流＋干清粪＋废弃物综合利用	2013
9	贵 港	广西桂平市中联畜牧有限公司	雨污分流＋干清粪＋废弃物综合利用	2014
10	贵 港	平南县新桥畜牧水产公司	雨污分流＋干清粪＋废弃物综合利用	2013
11	桂 林	桂林市盛霞种猪有限公司	雨污分流＋干清粪＋废弃物综合利用	2013
12	桂 林	桂林荣发畜牧有限责任公司	雨污分流＋干清粪＋废弃物综合利用	2013
13	贺 州	富川广东温氏畜牧有限公司	雨污分流＋干清粪＋废弃物综合利用	2013
14	来 宾	来宾市兴宾区业泉实业有限公司	雨污分流＋干清粪＋废弃物综合利用	2013
15	来 宾	武宣种畜场	雨污分流＋干清粪＋废弃物综合利用	2013
16	柳 州	广西农垦永新畜牧集团新兴有限公司	雨污分流＋废弃物综合利用＋新建污水处理站	2013
17	柳 州	柳州市柳新畜牧业有限责任公司	雨污分流＋干清粪＋废弃物综合利用	2013
18	钦 州	钦州市畜禽良种场	雨污分流＋干清粪＋废弃物综合利用	2013

19	钦　州	五祥猪场	雨污分流＋干清粪＋废弃物综合利用	2011
20	玉　林	玉林市巨东种养有限公司	雨污分流＋干清粪＋废弃物综合利用	2013
21	玉　林	三和种养有限公司	雨污分流＋干清粪＋废弃物综合利用	2013
22	玉　林	广西银农业责任有限公司	雨污分流＋干清粪＋废弃物综合利用	2013
23	玉　林	张上强养殖场	雨污分流＋干清粪＋废弃物综合利用	2013
24	玉　林	黄仁旗猪场	雨污分流＋干清粪＋废弃物综合利用	2012
25	玉　林	梁永富猪场	雨污分流＋干清粪＋废弃物综合利用	2012
26	玉　林	容县黎木村陈海深猪场	雨污分流＋干清粪＋废弃物综合利用	2012
27	玉　林	新城畜牧有限公司	雨污分流＋干清粪＋废弃物综合利用	2013

表7　电力行业二氧化硫治理项目

序号	地市	企业名称	机组编号	装机容量（MW）	项目类型	综合脱硫效率（％）	投运年份
1	贵　港	贵港发电有限公司	1	630	改建	90	2013
2	贵　港	贵港发电有限公司	2	630	改建	90	2012

表8　电力行业氮氧化物治理项目

序号	地市	企业名称	机组编号	装机容量（MW）	综合脱硝效率（％）	投运年份
1	桂　林	国电永福发电有限公司	3	320	70	2013
2	桂　林	国电永福发电有限公司	4	320	70	2014
3	北　海	国投北部湾发电有限公司	1	320	70	2013
4	北　海	国投北部湾发电有限公司	2	320	70	2013
5	防城港	中电广西防城港电力有限公司	1	630	70	2013
6	防城港	中电广西防城港电力有限公司	2	630	70	2013
7	钦　州	国投钦州发电有限公司	1	630	70	2013
8	钦　州	国投钦州发电有限公司	2	630	70	2013
9	贵　港	华电贵港发电有限公司	1	630	70	2013
10	贵　港	华电贵港发电有限公司	2	630	70	2012
11	来　宾	广西方元电力股份有限公司来宾电厂	3	300	70	2013
12	来　宾	广西方元电力股份有限公司来宾电厂	4	300	70	2013
13	来　宾	广西来宾法资发电有限公司	1	360	70	2013
14	来　宾	广西来宾法资发电有限公司	2	360	70	2013
15	来　宾	大唐桂冠合山发电有限责任公司	1	330	70	2013
16	来　宾	大唐桂冠合山发电有限责任公司	2	330	70	2014

表9　钢铁烧结机/球团项目二氧化硫治理项目

序号	地市	企业名称	生产设施编号	生产设施规模（m²或万吨）	综合脱硫效率（％）	投运年份
1	柳　州	广西柳州钢铁（集团）公司	—	360	70	2012

表10 水泥行业氮氧化物治理项目

序号	地市	企业名称	生产设施编号	熟料生产规模（吨/日）	综合脱硝效率（%）	投运年份
1	桂　林	兴安海螺水泥有限责任公司		9000	30	2013
2	贵　港	华润水泥（贵港）有限公司		10000	30	2013
3	贵　港	华润水泥（平南）有限公司		21000	30	2013
4	贵　港	台泥（贵港）水泥有限公司		30000	30	2013
5	玉　林	兴业葵阳海螺水泥有限责任公司		5000	30	2013
6	玉　林	广西北流海螺水泥有限责任公司		8500	30	2013
7	百　色	广西登高（集团）田东水泥有限公司		4000	30	2013
8	崇　左	扶绥新宁海螺水泥有限责任公司		12500	30	2013
9	南　宁	华润水泥（南宁）有限公司		4000	30	2013
10	桂　林	桂林南方水泥		4000	30	2013
11	防城港	华润水泥（上思）有限公司		4500	30	2013
12	百　色	广西东泥股份有限公司		4000	30	2013

表11 其他行业二氧化硫治理项目

序号	地市	企业名称	行业	项目内容和规模	综合脱硫效率（%）	投运年份
1	柳　州	融安嘉和锌品有限责任公司	有色	制酸工艺改二转二吸	95	2013
2	河　池	广西金河矿业股份有限公司	有色	烟气脱硫	70	2013
3	河　池	河池市南方有色冶炼有限责任公司	有色	烟气脱硫	70	2013
4	河　池	南丹县南方有色冶炼有限责任公司	有色	烟气脱硫	70	2013
5	河　池	南丹县吉朗钢业有限公司	有色	烟气脱硫	70	2013

海南省"十二五"主要污染物总量减排目标责任书

为贯彻落实《国民经济和社会发展第十二个五年规划纲要》、《国务院关于印发"十二五"节能减排综合性工作方案的通知》（国发〔2011〕26号）、《国务院关于加强环境保护重点工作的意见》（国发〔2011〕35号），落实目标责任，强化监督管理，确保实现污染减排约束性目标，经国务院授权，环境保护部与海南省人民政府签订"十二五"主要污染物总量减排目标责任书。具体目标和要求如下：

一、2015年，全省化学需氧量和氨氮排放总量分别控制在20.4万吨、2.29万吨以内，均与2010年持平（其中工业和生活化学需氧量排放量控制在9.2万吨，与2010年持平；工业和生活氨氮排放量控制在1.37万吨，比2010年增加1.0%）；二氧化硫和氮氧化物排放总量分别控制在4.2万吨、9.8万吨以内，比2010年的3.1万吨、8.0万吨分别增加34.9%、22.3%。

二、海南省人民政府对本行政区污染减排负总责，应采取有效措施，确保总量削减目标和重点减排任务按期完成。

1. 2011年底前将国家下达的主要污染物排放总量控制指标和重点任务逐级分解到各级政府、有关部门和重点企业。

2. 将主要污染物排放总量控制目标纳入本行政区经济社会发展规划，制定年度减排计划并严格执行。

3. 严格控制新增污染物排放量，把主要污染物排放总量控制指标作为环评审批的前置条件。严格控制新建造纸、制糖、煤电、钢铁、水泥等项目，新建项目按照最严格的环保要求建设治污设施。新建燃煤机组要配套建设高效脱硫脱硝设施；新建新型干法水泥窑要采用低氮燃烧技术并配套建设烟气脱硝设施；新建的钢铁烧结机、石油石化设备、有色冶炼设备、炼焦炉、燃煤锅炉等重点污染源要安装烟气脱硫设施。

4. 把调整经济结构、转变经济发展方式放在更加突出的位置，国家下达的淘汰落后产能任务要按期完成，加大小锅炉、小火电、小化工等的淘汰力度。核准审批新建项目要求关停的产能必须按期淘汰。

5. 到2015年，重点建制镇基本建成生活污水集中处理设施，完善城镇污水收集管网，城镇污水处理率达到80%。改造现有污水处理设施，提高脱氮能力。城镇污水处理厂污泥无害化处理处置率达到50%，再生水回用率达到5%。强化垃圾渗滤液治理，实现达标排放。加大造纸、印染、化工、食品饮料等重点企业工艺技术改造和废水治理力度，确保工业企业废水达标排放。50%以上规模化畜禽养殖场和养殖小区配套建设固体废物和废水贮存处理设施，实施废弃物资源化利用。

6. 到2015年，现役燃煤机组必须安装脱硫设施，不能稳定达标排放的要进行更新改造或淘汰，烟气脱硫设施要按照规定取消烟气旁路，30万千瓦以上燃煤机组全部实施脱硝改造；钢铁烧结机、球团设备及石油石化催化裂化装置全面实施烟气脱硫改造；现役新型干法水泥窑实施低氮燃烧技术改造，熟料生产规模在4000吨/日以上的生产线必须实施脱硝改造；全面推行机动车环保标志管理，基本淘汰2005年以前注册运营的"黄标车"，加快提升车用燃油品质。

7. 加强污染减排统计、监测和考核体系建设，提高机动车和农业源减排监管能力。

8. 列入本责任书的重点减排项目（见附件）应按期建成，并确保稳定运行。

三、环境保护部每年对本责任书的执行情况进行考核，结果报国务院批准后向社会公布。海南省人民政府每年对各级政府、有关部门和重点企业污染减排情况进行考核，结果抄送环境保护部。

《海南省"十二五"主要污染物总量减排目标责任书》一式两份，环境保护部、海南省人民政府各保存一份。

环境保护部   海南省人民政府

二〇一一年十二月二十日   二〇一一年十二月二十日

附件：

海南省"十二五"主要污染物减排重点项目表

表1 城镇污水处理设施建设项目

序号	市县	项目名称	设计处理能力（万吨/日）	负荷率（%）	投运年份
1	琼海	博鳌旅游区污水处理厂	1.5	60	2014
2	琼海	官塘污水处理厂	0.5	60	2014
3	定安	南丽湖污水处理厂	0.4	60	2014
4	三亚	三亚海棠湾污水处理厂	3	60	2012
5	三亚	三亚荔枝沟污水处理厂	1.5	60	2012
6	临高	临高县新盈污水处理厂	0.8	60	2014
7	文昌	清澜污水处理厂	1.5	60	2014
8	文昌	文昌污水处理厂	3	60	2011
9	昌江	棋子湾污水处理厂	0.3（回用水量）	—	2014
10	澄迈	金江污水处理厂扩建	1.5	60	2014
11	澄迈	澄迈老城污水处理厂	1.5	60	2013

注：负荷率是指污水处理厂建成投运一年后的负荷率。

表2 造纸行业废水治理项目

序号	市县	企业名称	项目内容	投运年份
1	万宁	海南万州福利包装有限公司	深度治理	2012
2	儋州	海南嘉宝纸业有限公司	深度治理	2013

表3 其他行业废水治理项目

序号	市县	企业名称	项目内容	投运年份
1	海口	海口海风堂食品有限公司	深度治理	2012
2	儋州	儋州长坡南华糖业有限公司	SBR法深度治理	2013
3	澄迈	澄迈县程鹏糖业有限公司恒生糖厂	SBR法深度治理	2013
4	昌江	昌江糖业有限责任公司	SBR法深度治理	2013
5	临高	临高龙力糖业有限公司	SBR法深度治理	2013
6	定安	定安乐椰食品有限公司	深度治理	2012
7	定安	海南铭果园食品有限公司	深度治理	2012

表4 规模化畜禽养殖场（小区）污染治理项目

序号	市县	企业名称	治理措施	投运年份
1	海 口	海口歌颂坡鸡场	雨污分流＋干清粪＋资源综合利用	2013
2	海 口	海南罗牛山大致坡猪场	雨污分流＋干清粪＋资源综合利用	2013
3	白 沙	白沙欣辉畜牧养殖有限公司	雨污分流＋干清粪＋资源综合利用	2013
4	儋 州	温氏十八种猪场	雨污分流＋干清粪＋资源综合利用	2013
5	万 宁	海南罗牛山种猪育种有限公司礼纪猪场	雨污分流＋干清粪＋资源综合利用	2013
6	定 安	定安裕泰科技饲料有限公司	雨污分流＋干清粪＋资源综合利用	2013
7	定 安	定安罗牛山种猪场	雨污分流＋干清粪＋资源综合利用	2013
8	琼 海	海南罗牛山分场养猪场	雨污分流＋干清粪＋资源综合利用	2013
9	琼 海	万诚农业开发有限公司猪场	雨污分流＋干清粪＋资源综合利用	2013
10	文 昌	哥颂猪场	雨污分流＋干清粪＋资源综合利用	2013

表5 电力行业氮氧化物治理项目

序号	市县	企业名称	机组编号	装机容量（MW）	综合脱硝效率（%）	投运年份
1	澄 迈	华能海南发电股份有限公司海口电厂	8	330	70	2014
2	澄 迈	华能海南发电股份有限公司海口电厂	9	330	70	2015

表6 石油石化行业催化裂化装置二氧化硫治理项目

序号	市县	企业名称	生产设施名称及编号	生产设施规模（万吨/年）	综合脱硫效率（%）	投运年份
1	儋 州（洋浦）	中石化海南炼化有限公司	重油催化裂化	280	70	2014

重庆市"十二五"主要污染物总量减排目标责任书

为贯彻落实《国民经济和社会发展第十二个五年规划纲要》、《国务院关于印发"十二五"节能减排综合性工作方案的通知》（国发〔2011〕26号）、《国务院关于加强环境保护重点工作的意见》（国发〔2011〕35号），落实目标责任，强化监督管理，确保实现污染减排约束性目标，经国务院授权，环境保护部与重庆市人民政府签订"十二五"主要污染物总量减排目标责任书。具体目标和要求如下：

一、2015年，全市化学需氧量和氨氮排放总量分别控制在39.5万吨、5.10万吨以内，比2010年的42.6万吨、5.59万吨分别减少7.2%、8.8%（其中，工业和生活化学需氧量、氨氮排放量分别控制在27.5万吨、3.81万吨以内，比2010年分别减少6.5%和9.0%）；二氧化硫和氮氧化物排放总量分别控制在56.6万吨、35.6万吨以内，比2010年的60.9万吨、38.2万吨分别减少7.1%、6.9%。

二、重庆市人民政府对本行政区污染减排负总责，应采取有效措施，确保总量削减目标和重点减排任务按期完成。

1. 2011年底前将国家下达的主要污染物排放总量控制指标和重点任务逐级分解到各级政府、有关部门和重点企业。

2. 将主要污染物排放总量控制目标纳入本行政区经济社会发展规划，制定年度减排计划并严格执行。

3. 严格控制新增污染物排放量，把主要污染物排放总量控制指标作为环评审批的前置条件。严格控制新建造纸、印染、农药、氮肥、农副食品加工、煤电、钢铁、水泥等项目，新建项目按照最严格的环保要求建设治污设施。新建燃煤机组要配套建设高效脱硫脱硝设施；新建新型干法水泥窑要采用低氮燃烧技术并配套建设烟气脱硝设施；新建的钢铁烧结机、石油石化设备、有色冶炼设备、炼焦炉、燃煤锅炉等重点污染源要安装烟气脱硫设施。

4. 把调整经济结构、转变经济发展方式放在更加突出的位置，国家下达的淘汰落后产能任务要按期完成，加大小锅炉、小火电、小化工等的淘汰力度。核准审批新建项目要求关停的产能必须按期淘汰。2011年底前完成重钢整体搬迁工程。

5. 到2015年，重点建制镇基本建成生活污水集中处理设施，完善城镇污水收集管网，城镇污水处理率达到75%。城镇污水处理厂污泥无害化处理处置率达到50%，进一步提高再生水利用率。加大造纸、印染、化工、食品饮料等重点企业工艺技术改造和废水治理力度，确保工业企业废水达标排放。全市单位工业增加值化学需氧量和氨氮排放强度分别下降50%。50%以上规模化畜禽养殖场和养殖小区配套建设固体废物和废水贮存处理设施，实施废弃物资源化利用。

6. 到2015年，现役燃煤机组必须安装脱硫设施，不能稳定达标排放的要进行更新改造或淘汰，烟气脱硫设施要按照规定取消烟气旁路，30万千瓦以上燃煤机组全部实施脱硝改造；钢铁烧结机、球团设备及石油石化催化裂化装置全面实施烟气脱硫改造；现役新型干法水泥窑实施低氮燃烧技术改造，熟料生产规模在4000吨/日以上的生产线必须实施脱硝改造；全面推行机动车环保标志管理，基本淘汰2005年以前注册运营的"黄标车"，加快提升车用燃油品质。

7. 加强污染减排统计、监测和考核体系建设，提高机动车和农业源减排监管能力。

8. 列入本责任书的重点减排项目（见附件）应按期建成，并确保稳定运行。

三、环境保护部每年对本责任书的执行情况进行考核，结果报国务院批准后向社会公布。重庆市人民政府每年对各级政府、有关部门和重点企业污染减排情况进行考核，结果抄送环境保护部。

《重庆市"十二五"主要污染物总量减排目标责任书》一式两份，环境保护部、重庆市人民政府各保存一份。

环境保护部   重庆市人民政府

二〇一一年十二月二十日   二〇一一年12月20日

附件：

重庆市"十二五"主要污染物减排重点项目表

表1 城镇污水处理设施建设项目

序号	区县	项目名称	设计处理能力（万吨/日）	负荷率（%）	投运年份
1	北 碚	歇马镇污水处理厂	0.35	60	2012
2	大 足	龙水镇污水处理厂	1.2	60	2013
3	奉 节	吐祥镇污水处理厂	0.13	60	2012
4	奉 节	兴隆镇污水处理厂	0.5	60	2014
5	涪 陵	重庆市涪陵区李渡大耍坝污水处理厂	3	60	2013
6	合 川	钱塘镇污水处理厂	0.2	60	2013
7	合 川	太和镇污水处理厂	0.25	60	2013
8	江 北	重庆市唐家沱污水处理厂	40	75	2014
9	九龙坡	白含污水处理厂	1.1	60	2012
10	九龙坡	西彭污水处理厂	1.5	60	2012
11	梁 平	屏锦镇污水处理厂	0.5	60	2013
12	南 岸	茶园污水处理厂	3	60	2013
13	南 岸	重庆市鸡冠石污水处理厂	80	80	2013
14	荣 昌	荣昌县广顺污水处理厂	0.31	60	2013
15	沙坪坝	回龙坝污水处理厂	0.38	60	2012
16	沙坪坝	西永污水处理厂	3	60	2012
17	沙坪坝	中梁镇污水处理厂	0.06	60	2012
18	万 州	瀼渡污水处理厂	0.5	60	2013
19	秀 山	秀山县污水处理厂	1.2	60	2012
20	酉 阳	酉阳县城污水处理厂	2	60	2013
21	渝 北	渝北城南污水处理厂	3	60	2013
22	长 寿	江南街道污水处理厂	0.3	60	2012
23	忠 县	忠县水坪污水处理厂	0.5	60	2014

注：负荷率是指污水处理厂建成投运一年后的负荷率。

表2 造纸行业废水治理项目

序号	区县	企业名称	项目内容	投运年份
1	潼 南	重庆创盈纸业有限公司	废水治理＋循环利用	2014
2	潼 南	重庆市富发纸业有限责任公司	废水治理＋循环利用	2013
3	梁 平	重庆市恒丰纸业有限公司	生化＋深度治理	2011
4	梁 平	重庆市连声纸业有限公司	生化＋深度治理	2013

表3 印染行业废水治理项目

序号	区县	企业名称	项目内容	投运年份
1	万 州	重庆市万州区民建纺织印染有限责任公司	深度治理	2012

表4 石油石化、化工行业废水治理项目

序号	区县	企业名称	项目内容	投运年份
1	垫 江	重庆富源化工股份有限公司	深度治理	2013

表5 其他行业废水治理项目

序号	区县	企业名称	项目内容	投运年份
1	涪 陵	重庆市涪陵榨菜集团股份有限公司华舞榨菜厂	深度治理	2012

表6 规模化畜禽养殖场（小区）污染治理项目

序号	区县	企业名称	治理措施	投运年份
1	潼 南	重庆市荣大种猪发展有限公司	雨污分流＋干清粪＋废弃物综合利用	2012
2	丰 都	重庆恒都农业开发有限公司社坛肉牛养殖场	雨污分流＋干清粪＋废弃物综合利用	2011
3	合 川	重庆荣豪农业发展有限公司	雨污分流＋干清粪＋废弃物综合利用	2013
4	合 川	重庆市仁平养殖场	雨污分流＋干清粪＋废弃物综合利用	2012
5	合 川	重庆万源食品有限公司	雨污分流＋干清粪＋废弃物综合利用	2013
6	涪 陵	重庆袁平安榜扩繁场	雨污分流＋干清粪＋废弃物综合利用	2012
7	涪 陵	正驰生态农业有限公司养殖场	雨污分流＋干清粪＋废弃物综合利用	2013
8	涪 陵	重庆市涪陵区东江养殖有限公司（桂楼）	雨污分流＋干清粪＋废弃物综合利用	2012
9	荣 昌	华渝种猪场	雨污分流＋干清粪＋废弃物综合利用	2011
10	荣 昌	鑫景种猪场	雨污分流＋干清粪＋废弃物综合利用	2012
11	荣 昌	荣昌县新希望猪资源开发有限公司	雨污分流＋干清粪＋废弃物综合利用	2011
12	巫 溪	巫溪县文鑫奶牛场	雨污分流＋干清粪＋废弃物综合利用	2012
13	长 寿	重庆市五宝原种猪场	雨污分流＋干清粪＋废弃物综合利用	2011
14	长 寿	长水禽业有限公司	雨污分流＋干清粪＋废弃物综合利用	2011
15	长 寿	王家坝猪场	雨污分流＋干清粪＋废弃物综合利用	2011
16	璧 山	黄大勇养猪场	雨污分流＋干清粪＋废弃物综合利用	2012
17	璧 山	温氏大兴养鸡场	雨污分流＋干清粪＋废弃物综合利用	2013
18	綦 江	华胜猪场	雨污分流＋干清粪＋废弃物综合利用	2012
19	铜 梁	飞凤养殖场	雨污分流＋干清粪＋废弃物综合利用	2013

表7 电力行业二氧化硫治理项目

序号	区县	企业名称	机组编号	装机容量（MW）	项目类型	综合脱硫效率（%）	投运年份
1	江津	华能重庆珞璜发电有限责任公司	1	360	改建	90	2013
2	江津	华能重庆珞璜发电有限责任公司	2	360	改建	90	2013

表8 电力行业氮氧化物治理项目

序号	区县	企业名称	机组编号	装机容量（MW）	综合脱硝效率（%）	投运年份
1	江津	华能重庆珞璜发电有限责任公司	1	360	70	2013
2	江津	华能重庆珞璜发电有限责任公司	2	360	70	2014
3	江津	华能重庆珞璜发电有限责任公司	3	360	70	2013
4	江津	华能重庆珞璜发电有限责任公司	4	360	70	2014
5	江津	华能重庆珞璜发电有限责任公司	5	600	70	2012
6	江津	华能重庆珞璜发电有限责任公司	6	600	70	2012
7	万盛	国电恒泰重庆发电有限公司	1	300	70	2014
8	万盛	国电恒泰重庆发电有限公司	2	300	70	2013
9	开县	重庆白鹤电力有限责任公司	1	300	70	2013
10	开县	重庆白鹤电力有限责任公司	2	300	70	2014
11	合川	重庆合川发电有限公司	1	300	70	2012
12	合川	重庆合川发电有限公司	2	300	70	2013

表9 水泥行业氮氧化物治理项目

序号	区县	企业名称	生产设施编号	熟料生产规模（吨/日）	综合脱硝效率（%）	投运年份
1	忠县	重庆海螺水泥有限责任公司	1	4500	30	2012
2	忠县	重庆海螺水泥有限责任公司	2	4500	30	2012
3	丰都	东方希望重庆水泥有限公司	1	4800	30	2013
4	丰都	东方希望重庆水泥有限公司	2	4800	30	2013
5	铜梁	铜梁中联水泥有限公司	2	4800	30	2013
6	万盛	重庆南桐特种水泥有限公司	1	4500	30	2014
7	合川	台泥（重庆）水泥有限公司	1	4600	30	2014
8	合川	台泥（重庆）水泥有限公司	2	4600	30	2014
9	合川	冀东水泥重庆合川有限责任公司	1	4600	30	2014
10	永川	重庆拉法基瑞安参天水泥有限公司	1	4600	30	2014
11	璧山	冀东水泥璧山有限责任公司	1	4500	30	2014
12	石柱	重庆市石柱科华水泥有限公司	1	4800	30	2014

四川省"十二五"主要污染物总量减排目标责任书

　　为贯彻落实《国民经济和社会发展第十二个五年规划纲要》、《国务院关于印发"十二五"节能减排综合性工作方案的通知》（国发〔2011〕26号）、《国务院关于加强环境保护重点工作的意见》（国发〔2011〕35号），落实目标责任，强化监督管理，确保实现污染减排约束性目标，经国务院授权，环境保护部与四川省人民政府签订"十二五"主要污染物总量减排目标责任书。具体目标和要求如下：

　　一、2015年，全省化学需氧量和氨氮排放总量分别控制在123.1万吨、13.31万吨以内，比2010年的132.4万吨、14.56万吨分别减少7.0%、8.6%（其中，工业和生活化学需氧量、氨氮排放量分别控制在71.3万吨、7.78万吨以内，比2010年分别减少5.0%和8.5%）；二氧化硫和氮氧化物排放总量分别控制在84.4万吨、57.7万吨以内，比2010年的92.7万吨、62.0万吨分别减少9.0%、6.9%。

　　二、四川省人民政府对本行政区污染减排负总责，应采取有效措施，确保总量削减目标和重点减排任务按期完成。

1. 2011年底前将国家下达的主要污染物排放总量控制指标和重点任务逐级分解到各级政府、有关部门和重点企业。

2. 将主要污染物排放总量控制目标纳入本行政区经济社会发展规划，制定年度减排计划并严格执行。

3. 严格控制新增污染物排放量，把主要污染物排放总量控制指标作为环评审批的前置条件。严格控制新建造纸、印染、化工、煤电、钢铁、水泥等项目，新建项目按照最严格的环保要求建设治污设施。新建燃煤机组要配套建设高效脱硫脱硝设施；新建新型干法水泥窑要采用低氮燃烧技术并配套建设烟气脱硝设施；新建的钢铁烧结机、石油石化设备、有色冶炼设备、炼焦炉、燃煤锅炉等重点污染源要安装烟气脱硫设施。

4. 把调整经济结构、转变经济发展方式放在更加突出的位置，国家下达的淘汰落后产能任务要按期完成，加大小锅炉、大电厂供热覆盖范围内的小热电、小化工等的淘汰力度。核准审批新建项目要求关停的产能必须按期淘汰。

5. 到2015年，除甘孜、阿坝、凉山三州外，县城及有条件的重点建制镇基本建成生活污水集中处理设施，完善城镇污水收集管网，县城及以上城市（除少数高寒地区县城外）污水处理率达到75%。改造现有污水处理设施，提高脱氮除磷能力。地级以上城市污水处理厂污泥无害化处理处置率达到50%。强化垃圾渗滤液治理，实现达标排放。加大造纸、印染、化工、钢铁、有色冶炼、食品饮料等重点企业工艺技术改造和废水治理力度。50%以上规模化畜禽养殖场和养殖小区配套建设固体废物和废水贮存处理设施，实施废弃物资源化利用。

6. 到2015年，现役燃煤机组必须安装脱硫设施，不能稳定达标排放的要进行更新改造或淘汰，烟气脱硫设施要按照规定取消烟气旁路，30万千瓦以上燃煤机组全部实施脱硝改造；钢铁烧结机、球团设备及石油石化催化裂化装置全面实施烟气脱硫改造；现役新型干法水泥窑实施低氮燃烧技术改造，熟料生产规模在4000吨/日以上的生产线必须实施脱硝改造；全面推行机动车环保标志管理，基本淘汰2005年以前注册运营的"黄标车"，加快提升车用燃油品质。

7. 加强污染减排统计、监测和考核体系建设，提高机动车和农业源减排监管能力。

8. 列入本责任书的重点减排项目（见附件）应按期建成，并确保稳定运行。

三、环境保护部每年对本责任书的执行情况进行考核，结果报国务院批准后向社会公布。四川省人民政府每年对各级政府、有关部门和重点企业污染减排情况进行考核，结果抄送环境保护部。

　　《四川省"十二五"主要污染物总量减排目标责任书》一式两份，环境保护部、四川省人民政府各保存一份。

环境保护部　　　　　　　　　　　　　　　四川省人民政府

二〇一一年十二月廿四日　　　　　　　　　二〇一一年十二月廿四日

附件：

四川省"十二五"主要污染物减排重点项目表

表1 城镇污水处理设施建设项目

序号	地市	项目名称	设计处理能力（万吨/日）	负荷率（%）	投运年份
1	自 贡	沿滩生活污水处理厂（Ⅰ期）	1	60	2015
2	自 贡	自贡市污水处理厂（Ⅱ期）	5	75	2014
3	自 贡	贡井污水处理厂（Ⅱ期）	3	75	2014
4	自 贡	富顺污水处理厂（Ⅱ期）	1.5	75	2014
5	自 贡	荣县污水处理厂（Ⅱ期）	1.5	75	2014
6	泸 州	泸州纳溪区国兴污水处理厂（Ⅰ期）	0.75	60	2012
7	泸 州	二道溪污水处理厂（Ⅰ期）	2	60	2012
8	泸 州	泸县污水处理厂（Ⅰ期）	0.5	60	2012
9	泸 州	叙永县城市生活污水处理厂（Ⅰ期）	2	60	2012
10	泸 州	合江县污水处理厂（Ⅰ期）	1	60	2012
11	德 阳	德阳市绵远河城市生活污水处理厂	5	60	2013
12	德 阳	中江县城市污水处理厂	1.5	60	2015
13	德 阳	罗江县城市污水处理厂	1	60	2015
14	绵 阳	绵阳市塔子坝污水处理厂（Ⅰ—Ⅲ期）	20	75	2012
15	绵 阳	梓潼县污水处理厂	1.5	60	2012
16	绵 阳	三台县城市生活污水处理厂	2.5	60	2012
17	广 元	剑阁县污水处理厂	1	60	2012
18	遂 宁	安居区第一城市生活污水处理厂	0.5	60	2012
19	内 江	内江市污水处理厂（Ⅱ期）	5	75	2014
20	南 充	营山污水处理厂（Ⅰ期）	1.5	60	2011
21	宜 宾	屏山县新县城污水处理厂（Ⅰ期）	0.5	60	2013
22	巴 中	巴中市污水处理厂	4	75	2014
23	雅 安	荥经县污水处理厂	0.5	60	2014
24	雅 安	汉源污水处理厂	1	60	2014
25	阿 坝	茂县污水处理厂	0.6	60	2012
26	阿 坝	汶川县城市污水处理厂	1.2	60	2012
27	阿 坝	九寨沟县城市污水处理厂	1	60	2012
28	阿 坝	理县污水处理厂	0.6	60	2013
29	甘 孜	泸定县污水处理厂	0.5	60	2012
30	甘 孜	稻城亚丁自然保护区污水处理厂	1	60	2012
31	凉 山	德昌县污水处理厂	1	60	2013
32	凉 山	冕宁县城市生活污水处理厂	0.6	60	2013
33	凉 山	会理县城市生活污水处理厂	1	60	2012
34	凉 山	宁南县城区污水处理厂	0.5	60	2014
35	凉 山	会东县城污水处理厂	1	60	2014

注：负荷率是指污水处理厂建成投运一年后的负荷率。

表2 造纸行业废水治理项目

序号	地市	企业名称	项目内容	投运年份
1	泸 州	四川银鸽竹浆纸业有限公司	生化处理＋深度治理	2011
2	绵 阳	安县纸业有限公司	生化处理＋深度治理	2012
3	乐 山	四川省乐山市福华纸业有限责任公司	生化处理＋深度治理	2011
4	乐 山	四川永丰纸业股份有限公司	生化处理＋深度治理	2011
5	宜 宾	四川高县华盛纸业有限公司	生化处理＋深度治理	2013
6	雅 安	四川金安浆业有限公司	生化处理＋深度治理	2012
7	眉 山	四川仲辉实业集团有限公司	生化处理＋深度治理	2014
8	眉 山	四川省西龙纸业有限公司	生化处理＋深度治理	2011
9	眉 山	四川省眉山市鸿源纸业有限公司	生化处理＋深度治理	2014
10	眉 山	四川省眉山丰华纸业有限公司	生化处理＋深度治理	2014
11	眉 山	四川新吉鸿纸业有限责任公司	生化处理＋深度治理	2012

表3 印染行业废水治理项目

序号	地市	企业名称	项目内容	投运年份
1	成 都	成都民康印染有限公司	深度治理＋节水	2013
2	成 都	四川川棉印染有限公司	深度治理＋节水	2014
3	德 阳	四川广汉市腈纶纺针织厂	絮凝沉淀＋厌氧＋接触氧化	2011
4	广 安	四川川东麻纺有限公司	深度治理＋节水	2014
5	眉 山	四川省彭山龙腾纺织印染有限责任公司	深度治理＋节水	2012

表4 石油石化、化工行业废水治理项目

序号	地市	企业名称	项目内容	投运年份
1	达 州	达州市大竹玖源化工有限公司	深度处理	2014

表5 其他行业废水治理项目

序号	地市	企业名称	项目内容	投运年份
1	成 都	联邦制药（成都）有限公司	新增生产废水预处理（新增厌氧IC反应器2台）	2011
2	绵 阳	绵阳市凯特包装材料有限公司	深度治理	2012
3	广 安	广安勇鹏食品有限公司	厌氧＋好氧	2012
4	广 安	华蓥山酒业公司	厌氧＋好氧	2012

表6 规模化畜禽养殖场（小区）污染治理项目

序号	地市	企业名称	治理措施	投运年份
1	成 都	成都鑫盛养殖有限公司	雨污分流＋干清粪＋废弃物综合利用	2013
2	成 都	邛崃市海山林农牧发展有限公司	雨污分流＋干清粪＋废弃物综合利用	2012
3	成 都	邛崃市大鹏奶牛养殖有限公司	雨污分流＋干清粪＋废弃物综合利用	2012
4	成 都	成都亨通养殖有限公司	雨污分流＋干清粪＋废弃物综合利用	2012
5	成 都	成都市理想三河猪业有限公司	雨污分流＋干清粪＋废弃物综合利用	2012
6	成 都	昌盛农民养猪专业合作社养殖场	雨污分流＋干清粪＋废弃物综合利用	2013
7	成 都	成都巨星猪业有限公司兴裕猪场	雨污分流＋干清粪＋废弃物综合利用	2011
8	自 贡	富顺县众鑫农业开发有限公司	雨污分流＋干清粪＋废弃物综合利用	2011
9	自 贡	四川巴尔农牧集团金台生猪养殖场	雨污分流＋干清粪＋废弃物综合利用	2014
10	自 贡	自贡市金猪养殖有限公司幸福养殖场	雨污分流＋干清粪＋废弃物综合利用	2013
11	攀枝花	攀枝花宝宏商贸公司宏升养殖场	雨污分流＋干清粪＋废弃物综合利用	2012
12	攀枝花	米易县万民农牧有限责任公司	雨污分流＋干清粪＋废弃物综合利用	2013
13	泸 州	泸州市安平生猪专业合作社养殖场	雨污分流＋干清粪＋废弃物综合利用	2013
14	泸 州	泸州市田园乐生猪专业合作社种猪场	雨污分流＋干清粪＋废弃物综合利用	2013
15	德 阳	什邡市三和养殖有限公司	雨污分流＋干清粪＋废弃物综合利用	2011
16	德 阳	绵竹盛源牧业有限公司	雨污分流＋干清粪＋废弃物综合利用	2012
17	绵 阳	绵阳明兴农业科技开发有限公司	雨污分流＋干清粪＋废弃物综合利用	2012
18	绵 阳	江油市雨锐畜牧食品有限公司	雨污分流＋干清粪＋废弃物综合利用	2014
19	绵 阳	小寨子畜牧科技有限公司	雨污分流＋干清粪＋废弃物综合利用	2014
20	绵 阳	绵阳市西谷养殖有限公司	雨污分流＋干清粪＋废弃物综合利用	2012
21	遂 宁	绿野生态农牧业有限公司	雨污分流＋干清粪＋废弃物综合利用	2011
22	遂 宁	蓬溪华亨泰丰农牧有限公司	雨污分流＋干清粪＋废弃物综合利用	2011
23	内 江	四川省德福隆养殖有限公司	雨污分流＋干清粪＋废弃物综合利用	2011
24	广 元	剑阁县白龙镇现代畜牧示范园区民生万头生猪养殖场	雨污分流＋干清粪＋废弃物综合利用	2012
25	广 元	广元市明兰养殖场	粪液分流＋沼气＋生物循环处理	2011
26	乐 山	峨眉山市全林农业科技有限公司	雨污分流＋干清粪＋废弃物综合利用	2011
27	乐 山	马边金梁山农业开发有限公司沙溪沟生猪养殖场	雨污分流＋干清粪＋废弃物综合利用	2011
28	乐 山	沙湾区兴农牧业发展有限公司	雨污分流＋干清粪＋废弃物综合利用	2012
29	乐 山	犍为县和凤生猪专业合作社虞晟养殖场	雨污分流＋干清粪＋废弃物综合利用	2013
30	南 充	四川宏泰来农业科技有限公司	雨污分流＋干清粪＋废弃物综合利用	2011
31	南 充	仪陇县星辉农业科技有限责任公司	雨污分流＋干清粪＋废弃物综合利用	2013
32	南 充	营山县三益养殖场	雨污分流＋干清粪＋废弃物综合利用	2013
33	南 充	蓬安县鸿发养殖场	雨污分流＋干清粪＋废弃物综合利用	2012
34	宜 宾	四川省和久农业集团有限公司	雨污分流＋干清粪＋废弃物综合利用	2012
35	宜 宾	君富良种养殖公司	雨污分流＋干清粪＋废弃物综合利用	2012
36	广 安	广安双英养殖有限公司	雨污分流＋干清粪＋废弃物综合利用	2013
37	广 安	岳池特驱种猪繁育有限责任公司	雨污分流＋干清粪＋废弃物综合利用	2012
38	广 安	天鹏养殖有限责任公司	雨污分流＋干清粪＋废弃物综合利用	2012

序号	地市	企业名称	治理措施	投运年份
39	广 安	武胜天兆畜牧科技有限公司中心养殖场	雨污分流＋干清粪＋废弃物综合利用	2013
40	达 州	大竹县铭泰农业开发有限责任公司	雨污分流＋干清粪＋废弃物综合利用	2011
41	达 州	宣汉浩源生态养殖合作社养殖场	雨污分流＋干清粪＋废弃物综合利用	2012
42	巴 中	显锋生态农业发展有限公司	雨污分流＋干清粪＋废弃物综合利用	2012
43	巴 中	巴州区傅氏养殖场	雨污分流＋干清粪＋废弃物综合利用	2012
44	巴 中	平昌县俊明种猪扩繁有限公司	雨污分流＋干清粪＋废弃物综合利用	2012
45	巴 中	通江县兴鑫牧业养殖有限公司	雨污分流＋干清粪＋废弃物综合利用	2012
46	雅 安	荣兴养殖场	雨污分流＋干清粪＋废弃物综合利用	2013
47	眉 山	洪雅县现代牧场	雨污分流＋干清粪＋废弃物综合利用	2013
48	眉 山	彭山永昌奶业有限责任公司	雨污分流＋干清粪＋废弃物综合利用	2012
49	眉 山	青神时小成养猪场	雨污分流＋干清粪＋废弃物综合利用	2011
50	资 阳	简阳田园现代农业有限公司	雨污分流＋干清粪＋废弃物综合利用	2011
51	资 阳	简阳原野农牧发展有限公司	雨污分流＋干清粪＋废弃物综合利用	2011
52	阿 坝	汶川县羌禹生物有限公司	雨污分流＋干清粪＋废弃物综合利用	2014
53	阿 坝	九寨食品有限公司	雨污分流＋干清粪＋废弃物综合利用	2014
54	凉 山	德林养殖有限责任公司	雨污分流＋干清粪＋废弃物综合利用	2014
55	凉 山	西昌市鑫源生态农牧示范养殖场	雨污分流＋干清粪＋废弃物综合利用	2014

表7 电力行业二氧化硫治理项目

序号	地市	企业名称	机组编号	装机容量（MW）	项目类型	综合脱硫效率（%）	投运年份
1	泸 州	川南发电有限公司	1	600	改建	90	2011

表8 电力行业氮氧化物治理项目

序号	地市	企业名称	机组编号	装机容量（MW）	综合脱硝效率（%）	投运年份
1	成 都	金堂电厂	61	600	70	2013
2	成 都	金堂电厂	62	600	70	2014
3	泸 州	四川泸州川南发电有限责任公司	61	600	70	2014
4	泸 州	四川泸州川南发电有限责任公司	62	600	70	2015
5	绵 阳	四川巴蜀电力开发有限责任公司江油电厂	31	330	70	2014
6	绵 阳	四川巴蜀电力开发有限责任公司江油电厂	32	330	70	2014
7	绵 阳	四川巴蜀电力开发有限责任公司江油电厂	33	300	70	2015
8	绵 阳	四川巴蜀电力开发有限责任公司江油电厂	34	300	70	2015
9	宜 宾	四川华电珙县发电有限公司	62	600	70	2014
10	宜 宾	川投福溪电厂	61	600	70	2014
11	宜 宾	川投福溪电厂	62	600	70	2014
12	广 安	四川广安发电有限责任公司	31	300	70	2014
13	广 安	四川广安发电有限责任公司	32	300	70	2014

序号	地市	企业名称	机组编号	装机容量（MW）	综合脱硝效率（%）	投运年份
14	广 安	四川广安发电有限责任公司	33	300	70	2014
15	广 安	四川广安发电有限责任公司	34	300	70	2014
16	广 安	四川广安发电有限责任公司	61	600	70	2012
17	广 安	四川广安发电有限责任公司	62	600	70	2013
18	达 州	国电达州发电有限责任公司	31	300	70	2015
19	达 州	国电达州发电有限责任公司	32	300	70	2013
20	达 州	国电深能四川华蓥山发电有限公司	31	300	70	2014
21	达 州	国电深能四川华蓥山发电有限公司	32	300	70	2015

表9 钢铁烧结机/球团二氧化硫治理项目

序号	地市	企业名称	生产设施编号	生产设施规模（m²或万吨）	综合脱硫效率（%）	投运年份
1	攀枝花	攀枝花市中汇特钢有限公司	1	95	70	2013

表10 石油石化行业催化裂化装置二氧化硫治理项目

序号	地市	企业名称	生产设施名称及编号	生产设施规模（万吨/年）	综合脱硫效率（%）	投运年份
1	南 充	四川石化（南充炼油厂）	重油催化裂化	50	70	2014

表11 水泥行业氮氧化物治理项目

序号	地市	企业名称	生产设施编号	熟料生产规模（吨/日）	综合脱硝效率（%）	投运年份
1	成 都	四川亚东水泥有限公司	1	4200	30	2013
2	成 都	四川亚东水泥有限公司	2	4200	30	2013
3	绵 阳	北川中联水泥有限公司	1	4800	30	2013
4	绵 阳	江油红狮水泥有限公司	1	4000	30	2013
5	绵 阳	四川国大水泥股份有限公司	1	4000	30	2013
6	内 江	四川省星船城水泥有限公司	1	4000	30	2013
7	乐 山	德胜水泥公司	1	4600	30	2014
8	乐 山	四川峨胜水泥股份有限公司	1	4600	30	2013
9	乐 山	四川峨胜水泥股份有限公司	2	4600	30	2013
10	乐 山	四川峨胜水泥股份有限公司	3	4600	30	2014
11	乐 山	四川峨胜水泥股份有限公司	4	4600	30	2014
12	乐 山	四川峨胜水泥股份有限公司	5	4600	30	2014
13	乐 山	四川省佛光水泥有限公司	1	4500	30	2014
14	乐 山	四川金顶（集团）股份有限公司	1	4600	30	2013
15	宜 宾	四川省芙蓉集团筠连县干法水泥厂	1	4000	30	2013

序号	地市	企业名称	生产设施编号	熟料生产规模（吨/日）	综合脱硝效率（%）	投运年份
16	广 安	四川华蓥山广能集团蓥峰特种水泥有限责任公司	1	4000	30	2014
17	广 安	邻水汇鑫建材有限公司	1	4000	30	2014
18	达 州	华新水泥（渠县）有限公司	1	4000	30	2013
19	达 州	达州海螺水泥有限责任公司	1	5000	30	2013

表12 其他行业二氧化硫治理项目

序号	地市	企业名称	行业	项目内容和规模	综合脱硫效率（%）	投运年份
1	达 州	达州市福达焦化有限公司	焦化	煤气脱硫	90	2013
2	乐 山	四川省井研县东恒焦煤厂	焦化	煤气脱硫	90	2014
3	乐 山	四川省井研县东恒焦煤厂一分厂	焦化	煤气脱硫	90	2014

贵州省"十二五"主要污染物总量减排目标责任书

为贯彻落实《国民经济和社会发展第十二个五年规划纲要》、《国务院关于印发"十二五"节能减排综合性工作方案的通知》（国发〔2011〕26号）、《国务院关于加强环境保护重点工作的意见》（国发〔2011〕35号），落实目标责任，强化监督管理，确保实现污染减排约束性目标，经国务院授权，环境保护部与贵州省人民政府签订"十二五"主要污染物总量减排目标责任书。具体目标和要求如下：

一、2015年，全省化学需氧量和氨氮排放总量分别控制在32.7万吨、3.72万吨以内，比2010年的34.8万吨、4.03万吨分别减少6.0%、7.7%（其中，工业和生活化学需氧量、氨氮排放量分别控制在26.4万吨、2.94万吨以内，比2010年分别减少6.1%和7.8%）；二氧化硫和氮氧化物排放总量分别控制在106.2万吨、44.5万吨以内，比2010年的116.2万吨、49.3万吨分别减少8.6%、9.8%。

二、贵州省人民政府对本行政区污染减排负总责，应采取有效措施，确保总量削减目标和重点减排任务按期完成。

1. 2011年底前将国家下达的主要污染物排放总量控制指标和重点任务逐级分解到各级政府、有关部门和重点企业。

2. 将主要污染物排放总量控制目标纳入本行政区经济社会发展规划，制定年度减排计划并严格执行。

3. 严格控制新增污染物排放量，把主要污染物排放总量控制指标作为环评审批的前置条件。严格控制新建造纸、印染、农药、氮肥、煤电、钢铁、水泥等项目，新建项目按照最严格的环保要求建设治污设施。新建燃煤机组要配套建设高效脱硫脱硝设施；新建新型干法水泥窑要采用低氮燃烧技术并配套建设烟气脱硝设施；新建的钢铁烧结机、石油石化设备、有色冶炼设备、炼焦炉、燃煤锅炉等重点污染源要安装烟气脱硫设施。

4. 把调整经济结构、转变经济发展方式放在更加突出的位置，国家下达的淘汰落后产能任务要按期完成，加大小锅炉、小热电、小化工等的淘汰力度。核准审批新建项目要求关停的产能必须按期淘汰。

5. 到2015年，基本实现县县和重点建制镇具备污水处理能力，完善城镇污水收集管网，县城以上城镇污水处理率达到75%。改造现有污水处理设施，提高脱氮除磷能力。日处理规模1万吨以上的城镇污水处理厂污泥无害化处理处置率达到40%，积极推行再生水利用。强化垃圾渗滤液治理，实现达标排放。加大造纸、印染、化工、食品饮料等重点企业工艺技术改造和废水治理力度。80%以上规模化畜禽养殖场和养殖小区配套建设固体废物和废水贮存处理设施，实施废弃物资源化利用。

6. 到2015年，现役燃煤机组必须安装脱硫设施，不能稳定达标排放的要进行更新改造或淘汰，烟气脱硫设施要按照规定取消烟气旁路，30万千瓦以上燃煤机组全部实施脱硝改造；钢铁烧结机、球团设备及石油石化催化裂化装置全面实施烟气脱硫改造；现役新型干法水泥窑实施低氮燃烧技术改造，熟料生产规模在4000吨/日以上的生产线必须实施脱硝改造；全面推行机动车环保标志管理，基本淘汰2005年以前注册运营的"黄标车"，加快提升车用燃油品质。

7. 加强污染减排统计、监测和考核体系建设，提高机动车和农业源减排监管能力。

8. 列入本责任书的重点减排项目（见附件）应按期建成，并确保稳定运行。

三、环境保护部每年对本责任书的执行情况进行考核，结果报国务院批准后向社会公布。贵州省人民政府每年对各级政府、有关部门和重点企业污染减排情况进行考核，结果抄送环境保护部。

　　《贵州省"十二五"主要污染物总量减排目标责任书》一式两份，环境保护部、贵州省人民政府各保存一份。

　　　　　　　环境保护部　　　　　　　　　　　　贵州省人民政府

　　　　　　二〇一一年十二月二十日　　　　　　　二〇一一年十二月二十日

附件：

贵州省"十二五"主要污染物减排重点项目表

表1 城镇污水处理设施建设项目

序号	地市	项目名称	设计处理能力（万吨/日）	负荷率（%）	投运年份
1	贵 阳	新庄污水处理厂	25	85	2014
2	贵 阳	花溪区青岩镇污水处理厂	0.5	60	2014
3	贵 阳	修文县扎佐镇污水处理厂	0.48	60	2013
4	贵 阳	清镇市新店镇污水处理厂	0.45	60	2012
5	贵 阳	贵阳市城市污水厂	13（回用水量）	—	2015
6	六盘水	盘县柏果镇污水处理厂	0.37	60	2013
7	六盘水	钟山区大湾镇污水处理厂	0.54	60	2013
8	六盘水	钟山区汪家寨镇污水处理厂	0.48	60	2014
9	六盘水	六盘水城市污水厂	2.8（回用水量）	—	2014
10	遵 义	遵义北部污水处理厂	1.5	60	2012
11	遵 义	新蒲新区新蒲镇污水处理厂	0.64	60	2013
12	遵 义	新蒲新区新舟镇污水处理厂	0.4	60	2012
13	遵 义	正安县安场镇污水处理厂	0.2	60	2013
14	遵 义	务川县镇南镇污水处理厂	0.1	60	2013
15	遵 义	习水县习酒镇污水处理厂	0.1	60	2013
16	遵 义	仁怀市中枢污水处理场二期	0.2	60	2012
17	遵 义	仁怀市二合镇污水处理厂	0.2	60	2013
18	安 顺	平坝县马场镇污水处理厂	0.4	60	2014
19	安 顺	平坝县高峰镇污水处理厂	0.64	60	2014
20	安 顺	平坝县夏云镇污水处理厂	0.48	60	2014
21	安 顺	安顺市西秀区轿子山镇污水处理厂	0.06	60	2013
22	黔西南	兴义市万屯镇污水处理厂	0.4	60	2013
23	黔西南	兴仁县巴铃镇污水处理厂	0.58	60	2014
24	黔西南	普安县城污水处理厂	0.35	60	2011
25	毕 节	毕节市撒拉溪镇污水处理厂	0.73	60	2014
26	毕 节	毕节市杨家湾镇污水处理厂	0.57	60	2014
27	毕 节	毕节市海子街镇污水处理厂	0.83	60	2012
28	毕 节	威宁县城污水处理厂	1	60	2011
29	黔东南	凯里市炉山污水处理厂	0.64	60	2013
30	黔东南	凯里市鸭塘污水处理厂	3	60	2013
31	黔东南	凯里市三棵树污水处理厂	0.64	60	2013
32	黔东南	岑巩县污水处理厂	0.3	60	2011
33	黔东南	天柱县污水处理厂	0.6	60	2011
34	黔东南	从江县洛贯片区污水处理厂	0.56	60	2014
35	黔 南	福泉市龙昌镇污水处理厂	0.4	60	2014

注：负荷率是指污水处理厂建成投运一年后的负荷率。

表2 造纸行业废水治理项目

序号	地市	企业名称	项目内容	投运年份
1	黔东南	三穗县磊鑫纸业有限公司	生化处理+深度治理	2012
2	黔东南	凯里市龙顺纸业有限责任公司	生化处理+深度治理	2013
3	黔 南	都匀市恒丰纸业有限公司	生化处理+深度治理	2012
4	黔 南	贵定德鑫纸业有限公司	生化处理+深度治理	2014
5	黔 南	贵定县宝达纸业有限责任公司	生化处理+深度治理	2014

表3 印染行业废水治理项目

序号	地市	企业名称	项目内容	投运年份
1	黔东南	黄平县飞利丝绸有限责任公司	生化处理+深度治理	2014

表4 石油石化、化工行业废水治理项目

序号	地市	企业名称	项目内容	投运年份
1	贵 阳	贵州美丰化工有限责任公司	生化处理+深度治理	2014
2	铜 仁	贵州星龙化工有限公司	生化处理+深度治理	2015
3	黔东南	贵州恒昊投资有限公司黔东南分公司	生化处理+深度治理	2013
4	黔西南	贵州兴化化工股份有限公司	生化处理+深度治理	2014
5	安 顺	安顺市宏盛化工有限公司	生化处理+深度治理	2013
6	毕 节	毕节金河化工有限公司	生化处理+深度治理	2013
7	黔 南	贵州省都匀市福泰化工有限公司	生化处理+深度治理	2013
8	黔 南	贵州开磷剑江化肥有限责任公司	生化处理+深度治理	2013

表5 其他行业废水治理项目

序号	地市	企业名称	项目内容	投运年份
1	遵 义	贵州茅台酒厂集团啤酒有限公司	生化处理	2013
2	遵 义	贵州茅台酒股份有限公司	生化处理	2013
3	遵 义	贵州鸭溪酒业有限公司	生化处理	2013
4	遵 义	习水县土城镇仲华酒厂	生化处理	2012
5	遵 义	习水县土城镇渔场酒厂	生化处理	2013
6	遵 义	贵州省习水县云峰酒业有限公司	生化处理	2013
7	遵 义	贵州省仁怀市茅台镇郑氏酒业有限公司	生化处理	2013
8	遵 义	习水县土城镇狮子沟酒厂	生化处理	2012
9	遵 义	贵州省怀仁市鲁班镇黔庄酒业有限公司	生化处理	2013
10	遵 义	茅台镇吴公岩酒业有限公司	生化处理	2013
11	遵 义	贵州省仁怀市茅台镇五加一酒业有限公司	生化处理	2013

序号	地市	企业名称	项目内容	投运年份
12	遵 义	贵州省仁怀市茅台镇金酱酒业有限公司	生化处理	2012
13	遵 义	贵州省仁怀市茅台镇极品酒厂	生化处理	2012
14	遵 义	贵州省仁怀市茅台镇酒城酒业有限公司	生化处理	2012
15	遵 义	贵州省仁怀市茅台镇中心酒厂	生化处理	2013
16	遵 义	贵州省仁怀市茅台镇糊涂酒业有限公司	生化处理	2013
17	遵 义	贵州省仁怀市茅台镇中天酒业有限公司	生化处理	2012
18	遵 义	贵州省仁怀市茅台镇国宝酒厂	生化处理	2012
19	遵 义	贵州省仁怀市茅台镇京华酒业有限公司	生化处理	2012
20	毕 节	贵州省金沙窖酒酒业有限公司	生化处理	2012
21	铜 仁	贵州华力玉醇酒业有限公司	生化处理	2012
22	黔东南	黎平县承德酒业有限责任公司	生化处理	2013

表6 规模化畜禽养殖场（小区）污染治理项目

序号	地市	企业名称	治理措施	投运年份
1	贵 阳	惠民养殖场	雨污分流＋干清粪＋废弃物资源综合利用	2012
2	贵 阳	天语蛋鸡养殖有限公司	雨污分流＋干清粪＋废弃物资源综合利用	2012
3	贵 阳	宏达养殖公司	雨污分流＋干清粪＋废弃物资源综合利用	2012
4	贵 阳	修文县三湾生态蛋鸡养殖有限公司	雨污分流＋干清粪＋废弃物资源综合利用	2013
5	贵 阳	贵阳市修文县黔营牧业有限公司	雨污分流＋干清粪＋废弃物资源综合利用	2013
6	贵 阳	清镇市良种猪繁育场	雨污分流＋干清粪＋废弃物资源综合利用	2014
7	六盘水	六盘水丰茂农业公司	雨污分流＋干清粪＋废弃物资源综合利用	2012
8	铜 仁	贵州德江亿源生猪养殖场	雨污分流＋干清粪＋废弃物资源综合利用	2015
9	黔西南	黔西南州唯美公蛋鸡养殖场	雨污分流＋干清粪＋废弃物资源综合利用	2013
10	黔 南	红红公司养殖场	雨污分流＋干清粪＋废弃物资源综合利用	2013

表7 电力行业二氧化硫治理项目

序号	地市	企业名称	机组编号	装机容量（MW）	项目类型	综合脱硫效率（%）	投运年份
1	铜 仁	贵州大龙发电有限公司	1	300	改建	90	2012
2	铜 仁	贵州大龙发电有限公司	2	300	改建	90	2011
3	毕 节	贵州大方发电有限公司	1	300	改建	90	2011
4	毕 节	贵州大方发电有限公司	2	300	改建	00	2012
5	毕 节	贵州大方发电有限公司	3	300	改建	90	2011
6	毕 节	贵州大方发电有限公司	4	300	改建	90	2013

表8 电力行业氮氧化物治理项目

序号	地市	企业名称	机组编号	装机容量（MW）	综合脱硝效率（%）	投运年份
1	遵 义	贵州鸭溪发电有限公司	1	300	70	2012
2	遵 义	贵州鸭溪发电有限公司	2	300	70	2013
3	遵 义	贵州鸭溪发电有限公司	3	300	70	2014
4	遵 义	贵州鸭溪发电有限公司	4	300	70	2015
5	六盘水	盘南电厂	1	600	70	2012
6	六盘水	盘南电厂	2	600	70	2013
7	六盘水	盘南电厂	3	600	70	2014
8	六盘水	盘南电厂	4	600	70	2015
9	六盘水	贵州发耳电厂	1	600	70	2013
10	六盘水	贵州发耳电厂	2	600	70	2013
11	六盘水	贵州发耳电厂	3	600	70	2014
12	六盘水	贵州发耳电厂	4	600	70	2015
13	安 顺	国电安顺发电有限责任公司	1	300	70	2014
14	安 顺	国电安顺发电有限责任公司	2	300	70	2013
15	安 顺	国电安顺发电有限责任公司	3	300	70	2012
16	安 顺	国电安顺发电有限责任公司	4	300	70	2015
17	毕 节	贵州黔西中水发电有限公司	1	300	70	2012
18	毕 节	贵州黔西中水发电有限公司	2	300	70	2013
19	毕 节	贵州黔西中水发电有限公司	3	300	70	2014
20	毕 节	贵州黔西中水发电有限公司	4	300	70	2015
21	毕 节	中电投贵州金元集团股份有限公司纳雍发电总厂	1	300	70	2013
22	毕 节	中电投贵州金元集团股份有限公司纳雍发电总厂	2	300	70	2014
23	毕 节	中电投贵州金元集团股份有限公司纳雍发电总厂	3	300	70	2015
24	毕 节	中电投贵州金元集团股份有限公司纳雍发电总厂	4	300	70	2015
25	毕 节	中电投贵州金元集团股份有限公司纳雍发电总厂	5	300	70	2014
26	毕 节	中电投贵州金元集团股份有限公司纳雍发电总厂	6	300	70	2014
27	毕 节	中电投贵州金元集团股份有限公司纳雍发电总厂	7	300	70	2015
28	毕 节	中电投贵州金元集团股份有限公司纳雍发电总厂	8	300	70	2015
29	毕 节	贵州大方发电有限公司	1	300	70	2012
30	毕 节	贵州大方发电有限公司	2	300	70	2013
31	毕 节	贵州大方发电有限公司	3	300	70	2014
32	毕 节	贵州大方发电有限公司	4	300	70	2015
33	毕 节	中电投贵州金元集团贵州西电黔北发电总厂	5	300	70	2013
34	毕 节	中电投贵州金元集团贵州西电黔北发电总厂	6	300	70	2014
35	毕 节	中电投贵州金元集团贵州西电黔北发电总厂	7	300	70	2015
36	毕 节	中电投贵州金元集团贵州西电黔北发电总厂	8	300	70	2015
37	铜 仁	贵州华电大龙发电有限公司	1	300	70	2014
38	铜 仁	贵州华电大龙发电有限公司	2	300	70	2015
39	黔东南	黔东电力有限公司	1	600	70	2014
40	黔东南	黔东电力有限公司	2	600	70	2015

表9 钢铁烧结机/球团二氧化硫治理项目

序号	地市	企业名称	生产设施编号	生产设施规模（m²或万吨）	综合脱硫效率（%）	投运年份
1	六盘水	首钢水城钢铁（集团）有限责任公司	1	265	70	2012
2	六盘水	首钢水城钢铁（集团）有限责任公司	2	130	70	2015
3	六盘水	首钢水城钢铁（集团）有限责任公司	3	130	70	2015
4	六盘水	贵州博宏小河金属铸业发展有限责任公司	1	90	70	2014

表10 其他行业二氧化硫治理项目

序号	地市	企业名称	行业	项目内容和规模	综合脱硫效率（%）	投运年份
1	六盘水	贵州水矿西洋焦化有限公司	焦化		90	2015
2	六盘水	六盘水威箐焦化有限公司	焦化		90	2015
3	铜仁	贵州星龙化工有限公司	焦化	综合利用焦炉煤气	90	2012

云南省"十二五"主要污染物总量减排目标责任书

为贯彻落实《国民经济和社会发展第十二个五年规划纲要》、《国务院关于印发"十二五"节能减排综合性工作方案的通知》（国发〔2011〕26号）、《国务院关于加强环境保护重点工作的意见》（国发〔2011〕35号），落实目标责任，强化监督管理，确保实现污染减排约束性目标，经国务院授权，环境保护部与云南省人民政府签订"十二五"主要污染物总量减排目标责任书。具体目标和要求如下：

一、2015年，全省化学需氧量和氨氮排放总量分别控制在52.9万吨、5.51万吨以内，比2010年的56.4万吨、6.00万吨分别减少6.2%、8.1%（其中，工业和生活化学需氧量、氨氮排放量分别控制在45.0万吨、4.29万吨以内，比2010年分别减少6.2%和8.0%）；二氧化硫和氮氧化物排放总量分别控制在67.6万吨、49.0万吨以内，比2010年的70.4万吨、52.0万吨分别减少4.0%、5.8%。

二、云南省人民政府对本行政区污染减排负总责，应采取有效措施，确保总量削减目标和重点减排任务按期完成。

1. 2011年底前将国家下达的主要污染物排放总量控制指标和重点任务逐级分解到各级政府、有关部门和重点企业。

2. 将主要污染物排放总量控制目标纳入本行政区经济社会发展规划，制定年度减排计划并严格执行。

3. 严格控制新增污染物排放量，把主要污染物排放总量控制指标作为环评审批的前置条件。严格控制新建造纸、印染、农药、氮肥、制糖、煤电、钢铁、水泥等项目，新建项目按照最严格的环保要求建设治污设施。新建燃煤机组要配套建设高效脱硫脱硝设施；新建新型干法水泥窑要采用低氮燃烧技术并配套建设烟气脱硝设施；新建的钢铁烧结机、石油石化设备、有色冶炼设备、炼焦炉、燃煤锅炉等重点污染源要安装烟气脱硫设施。

4. 把调整经济结构、转变经济发展方式放在更加突出的位置，国家下达的淘汰落后产能任务要按期完成。核准审批新建项目要求关停的产能必须按期淘汰。

5. 到2015年，基本实现县县和有条件的重点建制镇具备污水处理能力，完善城镇污水收集管网，城镇污水处理率达到75%。城镇污水处理厂污泥无害化处理处置率达到50%，再生水回用率达到10%。强化垃圾渗滤液治理，实现达标排放。加大造纸、印染、化工、食品饮料等重点企业工艺技术改造和废水治理力度。50%以上规模化畜禽养殖场和养殖小区配套建设固体废物和废水贮存处理设施，实施废弃物资源化利用。

6. 到2015年，现役燃煤机组必须安装脱硫设施，不能稳定达标排放的要进行更新改造或淘汰，烟气脱硫设施要按照规定取消烟气旁路，30万千瓦以上燃煤机组全部实施脱硝改造；钢铁烧结机、球团设备全面实施烟气脱硫改造；现役新型干法水泥窑推行低氮燃烧技术改造，熟料生产规模在4000吨/日以上的生产线推行脱硝改造；全面推行机动车环保标志管理，基本淘汰2005年以前注册运营的"黄标车"，加快提升车用燃油品质。

7. 加强污染减排统计、监测和考核体系建设，提高机动车和农业源减排监管能力。

8. 列入本责任书的重点减排项目（见附件）应按期建成，并确保稳定运行。

三、环境保护部每年对本责任书的执行情况进行考核，结果报国务院批准后向社会公布。云南省人民政府每年对各级政府、有关部门和重点企业污染减排情况进行考核，结果抄送环境保护部。

《云南省"十二五"主要污染物总量减排目标责任书》一式两份，环境保护部、云南省人民政府各保存一份。

环境保护部　　　　　　　　　　　　云南省人民政府

二〇一一年十二月二十日　　　　　　　二〇一一年十二月二十日

附件：

云南省"十二五"主要污染物减排重点项目表

表1 城镇污水处理设施建设项目

序号	地市	项目名称	设计处理能力（万吨/日）	负荷率（%）	投运年份
1	昆 明	富民县污水处理厂	0.8	60	2011
2	昆 明	宜良县污水处理厂	2	60	2011
3	昆 明	禄劝县污水处理厂	0.6	60	2011
4	曲 靖	马龙县城市生活污水处理厂	1	60	2012
5	曲 靖	陆良县污水处理厂	2	60	2011
6	曲 靖	富源县污水处理厂	2	60	2011
7	玉 溪	新平县污水处理厂（二期）	0.5	60	2013
8	保 山	施甸县污水处理厂	1	60	2012
9	保 山	腾冲县污水处理厂	2.5	60	2012
10	保 山	龙陵县污水处理厂	1	60	2012
11	保 山	昌宁县污水处理厂	1	60	2012
12	昭 通	巧家污水处理厂	1.5	60	2013
13	昭 通	盐津县污水处理厂	0.5	60	2012
14	昭 通	大关县污水处理厂	0.4	60	2011
15	昭 通	永善县城市污水处理厂	1	60	2012
16	昭 通	绥江县污水处理厂	1	60	2012
17	昭 通	镇雄污水处理厂	2.5	60	2011
18	昭 通	彝良县污水处理厂	0.75	60	2013
19	丽 江	永胜县污水处理厂	0.5	60	2011
20	丽 江	丽江第二污水处理厂	2	60	2012
21	丽 江	宁蒗县污水处理厂	1	60	2011
22	丽 江	华坪县污水处理厂	0.6	60	2011
23	普 洱	宁洱县污水处理厂	1	60	2011
24	普 洱	景东县污水处理厂	1	60	2011
25	普 洱	镇沅县污水处理厂	0.5	60	2011
26	普 洱	江城县污水处理厂	0.4	60	2011
27	普 洱	孟连县污水处理厂	0.75	60	2011
28	普 洱	澜沧县污水处理厂	1	60	2011
29	普 洱	西盟县污水处理厂	0.3	60	2011
30	普 洱	墨江哈尼族自治县污水处理厂	0.5	60	2014
31	普 洱	景谷傣族彝族自治县污水处理厂	0.5	60	2014
32	临 沧	凤庆县污水处理厂	1.5	60	2011
33	临 沧	云县污水处理厂	1.4	60	2011
34	临 沧	双江县污水处理厂	1	60	2011
35	临 沧	耿马县污水处理厂	1	60	2011

序号	地市	项目名称	设计处理能力（万吨/日）	负荷率（%）	投运年份
36	临沧	永德县污水处理厂	0.6	60	2011
37	临沧	镇康县污水处理厂	0.4	60	2011
38	临沧	沧源县污水处理厂	0.5	60	2012
39	临沧	耿马县孟定镇污水处理厂	0.5	60	2014
40	楚雄	大姚县污水处理厂	1	60	2012
41	楚雄	永仁县污水处理厂	0.5	60	2012
42	楚雄	姚安县污水处理厂	1	60	2013
43	楚雄	牟定县污水处理厂	1.2	60	2012
44	楚雄	楚雄市污水处理厂	8	60	2011
45	楚雄	元谋县污水处理厂	1.5	60	2013
46	楚雄	禄丰县污水处理厂	2	60	2013
47	楚雄	武定深隆污水处理有限公司	1	60	2012
48	红河	元阳县污水处理厂	1	60	2011
49	红河	金平县污水处理厂	0.8	60	2011
50	红河	蒙自县城市排水公司（二期）	4	60	2011
51	红河	泸西县污水处理厂	2	60	2011
52	红河	建水县污水处理厂	2.5	60	2011
53	红河	个旧市排水公司（二期）	5	60	2011
54	红河	屏边县污水处理厂	0.6	60	2011
55	红河	红河县污水处理厂	0.5	60	2011
56	红河	河口县污水处理厂	0.8	60	2012
57	红河	绿春县污水处理厂	0.5	60	2012
58	红河	大屯海污水处理厂	3	60	2012
59	红河	开远市污水处理厂	6（回用水量）	—	2012
60	文山	西畴县污水处理厂	0.3	60	2013
61	文山	马关县污水处理厂	1	60	2012
62	文山	麻栗坡县城水处理厂	0.4	60	2012
63	文山	文山州富宁县污水处理厂	1	60	2011
64	文山	丘北县污水处理厂	0.8	60	2014
65	文山	广南县污水处理厂	0.8	60	2011
66	西双版纳	勐海县污水处理厂	0.9	60	2012
67	西双版纳	勐腊县污水处理厂	0.9	60	2012
68	大理	鹤庆县污水处理厂	0.8	60	2011
69	大理	云龙县污水处理厂	0.5	60	2011
70	大理	南涧县污水处理厂	0.5	60	2011
71	大理	剑川县污水处理厂	0.5	60	2011
72	大理	巍山县污水处理厂	0.5	60	2012
73	大理	弥渡县污水处理厂	0.6	60	2012
74	大理	漾濞县污水处理厂	0.5	60	2012
75	大理	永平县污水处理厂	0.8	60	2012
76	德宏	梁河县污水处理厂	0.5	60	2012

序号	地市	项目名称	设计处理能力（万吨/日）	负荷率（%）	投运年份
77	德宏	陇川县城市污水处理厂	0.5	60	2013
78	怒江	福贡县污水处理厂	0.3	60	2013
79	怒江	贡山县污水处理厂	0.3	60	2013
80	怒江	泸水县污水处理厂	1	60	2011
81	怒江	兰坪白族普米族自治县污水处理厂	1	60	2011
82	迪庆	香格里拉县污水处理厂（二期）	1	60	2011
83	迪庆	维西县污水处理厂	0.8	60	2011
84	迪庆	德钦县污水处理厂	0.3	60	2012

注：负荷率是指污水处理厂建成投运一年后的负荷率。

表2 造纸行业废水治理项目

序号	地市	企业名称	项目内容	投运年份
1	曲靖	云南陆良银河纸业有限公司	碱回收＋生化处理＋深度治理	2011

表3 印染行业废水治理项目

序号	地市	企业名称	项目内容	投运年份
1	曲靖	曲靖联合印染有限公司	深度治理＋节水	2011

表4 石油石化、化工行业废水治理项目

序号	地市	企业名称	项目内容	投运年份
1	曲靖	云南云维集团有限公司	生化＋中水回用	2011
2	红河	红河锦东化工股份有限公司	生化＋中水回用	2014
3	红河	云南解化清洁能源开发有限公司解化化工分公司	生化＋中水回用	2011
4	红河	泸西县伟洪吉宇化工有限责任公司	生化＋中水回用	2014

表5 其他行业废水治理项目

序号	地市	企业名称	项目内容	投运年份
1	保山	云南保升龙糖业有限责任公司（芒合）	酒精废醪液浓缩加有机肥、制糖废水生化处理及循环利用	2011
2	保山	云南保升龙糖业有限责任公司怒江分公司	酒精废醪液浓缩加有机肥、制糖废水生化处理及循环利用	2011
3	保山	云南省昌宁恒盛糖业有限责任公司湾甸糖厂	酒精废醪液浓缩加有机肥、制糖废水生化处理及循环利用	2011
4	保山	保山市隆阳区福隆糖业有限责任公司	深度治理＋资源综合利用	2014

序号	地市	企业名称	项目内容	投运年份
5	保 山	保山晶泰糖业有限公司	深度治理＋资源综合利用	2014
6	保 山	云南省保山市腾龙糖业有限公司	深度治理＋资源综合利用	2014
7	德 宏	云南德宏英茂糖业有限公司景罕糖厂	厌氧-缺氧-好氧法	2014
8	德 宏	云南德宏英茂糖业有限公司弄璋糖厂	厌氧-缺氧-好氧法	2014
9	德 宏	云南德宏英茂糖业有限公司龙江糖厂	厌氧-缺氧-好氧法	2014
10	德 宏	云南陇川糖厂	厌氧-缺氧-好氧法	2014
11	德 宏	云南德宏力量生物制品有限公司芒市糖厂	厌氧-缺氧-好氧法	2014
12	德 宏	德宏梁河力量生物制品有限公司勐养糖厂	厌氧-缺氧-好氧法	2014
13	德 宏	云南省盈江县盏西糖业有限责任公司	深度治理＋资源综合利用	2014
14	曲 靖	德鑫循环经济工业园（100万吨焦化厂）	物化＋生化＋深度治理	2012
15	曲 靖	德鑫循环经济工业园（10万吨/年煤气制甲醇）	物化＋生化	2014
16	曲 靖	竹园镇兴发焦化厂	物化＋生化＋深度治理	2012
17	曲 靖	富村世纪金泰焦化厂	物化＋生化＋深度治理	2014
18	曲 靖	大河镇腾源焦化厂	物化＋生化＋深度治理	2013
19	玉 溪	云南元江县金珂集团糖业有限责任公司	深度治理＋资源综合利用	2014
20	玉 溪	云南新平云新糖业有限责任公司	深度治理＋资源综合利用	2014
21	玉 溪	云南新平南恩糖纸有限责任公司	深度治理＋资源综合利用	2014
22	开 远	云南开远市明威有限公司	深度治理＋资源综合利用	2014
23	普 洱	孟连昌裕糖业有限责任公司	深度治理＋资源综合利用	2014
24	普 洱	景东恒东制糖有限公司	深度治理＋资源综合利用	2014
25	临 沧	双江南华糖业有限公司	深度治理	2013
26	临 沧	镇康南华南伞糖业有限公司	深度治理＋资源综合利用	2014
27	临 沧	云南省凤庆县糖业集团营盘有限责任公司	深度治理＋资源综合利用	2014
28	临 沧	永德县大雪山实业有限责任公司	深度治理＋资源综合利用	2014
29	临 沧	临翔南华晶鑫糖业有限公司	深度治理＋资源综合利用	2014
30	临 沧	耿马南华糖业有限公司	深度治理＋资源综合利用	2014
31	临 沧	云南永德糖业集团有限公司康甸糖业公司	深度治理＋资源综合利用	2014
32	临 沧	沧源南华勐省糖业有限公司	深度治理＋资源综合利用	2014
33	临 沧	云南省云县幸福糖业有限公司	深度治理＋资源综合利用	2014
34	临 沧	云南省云县甘化有限公司	深度治理＋资源综合利用	2014
35	文 山	广南冠桂糖业有限公司	深度治理＋资源综合利用	2014
36	文 山	文山县克林糖业有限责任公司	深度治理＋资源综合利用	2014
37	红 河	云南省红河糖业有限责任公司	深度治理＋资源综合利用	2014
38	西双版纳	黎明糖厂	深度治理＋资源综合利用	2011
39	西双版纳	云南中云勐腊糖业有限公司	深度治理＋资源综合利用	2014
40	西双版纳	勐腊县勐捧糖业有限责任公司	深度治理＋资源综合利用	2014

表6 规模化畜禽养殖场（小区）污染治理项目

序号	地市	企业名称	治理措施	投运年份
1	昭通	昭阳区万宝生猪有限公司	雨污分流＋干清粪＋废弃物综合利用	2013
2	昭通	威信县双河官田坝养殖场	雨污分流＋干清粪＋废弃物综合利用	2014
3	昭通	水富县万顺吉利养殖有限公司	雨污分流＋干清粪＋废弃物综合利用	2014
4	曲靖	师宗县畜禽养殖场	雨污分流＋干清粪＋废弃物综合利用	2011
5	曲靖	麒麟区规模化养殖场	雨污分流＋干清粪＋废弃物综合利用	2014
6	曲靖	沾益县畜禽养殖场	雨污分流＋干清粪＋废弃物综合利用	2014
7	曲靖	中安东恒猪育种公司	雨污分流＋干清粪＋废弃物综合利用	2012
8	曲靖	大河睿智养殖基地	雨污分流＋干清粪＋废弃物综合利用	2011
9	曲靖	大河保利万头乌猪养殖场	雨污分流＋干清粪＋废弃物综合利用	2012
10	曲靖	营上景茂生态有限公司	雨污分流＋干清粪＋废弃物综合利用	2014
11	曲靖	后所东来红养殖基地	雨污分流＋干清粪＋废弃物综合利用	2014
12	曲靖	营上田园养殖场	雨污分流＋干清粪＋废弃物综合利用	2014
13	曲靖	富村兴旺畜牧开发公司	雨污分流＋干清粪＋废弃物综合利用	2012
14	曲靖	老厂博誉凯农业科技开发有限公司	雨污分流＋干清粪＋废弃物综合利用	2012
15	曲靖	古敢林山野生动物驯养繁殖有限责任公司	雨污分流＋干清粪＋废弃物综合利用	2011
16	曲靖	墨红瑞泽商贸有限公司	雨污分流＋干清粪＋废弃物综合利用	2014
17	德宏	天成养殖场	雨污分流＋干清粪＋废弃物综合利用	2014
18	德宏	陇川县水牛养殖示范场	雨污分流＋干清粪＋废弃物综合利用	2014
19	大理	洱源县有机牧场	雨污分流＋干清粪＋废弃物综合利用	2012
20	大理	鹤庆PIC猪场	雨污分流＋干清粪＋废弃物综合利用	2011
21	保山	保山市隆阳区永坤实业有限责任公司	雨污分流＋干清粪＋废弃物综合利用	2014
22	保山	施甸县绿森公司	雨污分流＋干清粪＋废弃物综合利用	2014
23	保山	保山绿源畜牧有限责任公司	雨污分流＋干清粪＋废弃物综合利用	2014
24	保山	曙光蛋鸡养殖场	雨污分流＋干清粪＋废弃物综合利用	2014

表7 电力行业氮氧化物治理项目

序号	地市	企业名称	机组编号	装机容量（MW）	综合脱硝效率（%）	投运年份
1	昆明	国电阳宗海发电有限公司	3	300	70	2014
2	昆明	国电阳宗海发电有限公司	4	300	70	2015
3	昆明	云南华电昆明发电有限公司	1	300	70	2013
4	昆明	云南华电昆明发电有限公司	2	300	70	2014
5	曲靖	国投曲靖发电有限公司	1	300	70	2013
6	曲靖	国投曲靖发电有限公司	2	300	70	2014
7	曲靖	国投曲靖发电有限公司	3	300	70	2013
8	曲靖	国投曲靖发电有限公司	4	300	70	2014
9	曲靖	国电宣威发电有限责任公司	7	300	70	2012
10	曲靖	国电宣威发电有限责任公司	8	300	70	2013
11	曲靖	国电宣威发电有限责任公司	9	300	70	2014

序号	地市	企业名称	机组编号	装机容量（MW）	综合脱硝效率（%）	投运年份
12	曲靖	国电宣威发电有限责任公司	10	300	70	2012
13	曲靖	国电宣威发电有限责任公司	11	300	70	2013
14	曲靖	国电宣威发电有限责任公司	12	300	70	2012
15	曲靖	云南滇东能源有限公司滇东发电厂	1	600	70	2015
16	曲靖	云南滇东能源有限公司滇东发电厂	2	600	70	2013
17	曲靖	云南滇东能源有限公司滇东发电厂	3	600	70	2014
18	曲靖	云南滇东能源有限公司滇东发电厂	4	600	70	2014
19	曲靖	云南滇东雨旺能源有限公司（二期）	1	600	70	2013

表8 钢铁烧结机/球团二氧化硫治理项目

序号	地市	企业名称	设备编号	生产设施规模（m² 或万吨）	综合脱硫效率（%）	投运年份
1	昆明	昆明晋宁云峰钢铁有限公司	1	90	70	2014
2	昆明	晋宁鸿达钢铁机械制造有限公司	1	90	70	2014
3	昆明	昆明钢铁集团有限责任公司	3	300	70	2013
4	昆明	安宁市永昌钢铁有限公司	3	125	70	2013
5	昆明	安宁市永昌钢铁有限公司	4	125	70	2013
6	曲靖	曲靖双友钢铁有限公司	2	180	70	2014
7	曲靖	云南曲靖越钢集团有限公司	1	90	70	2014
8	曲靖	云南曲靖越钢集团有限公司	2	90	70	2014
9	曲靖	马龙县元泰钢铁有限公司	1	180	70	2013
10	曲靖	云南曲靖呈钢钢铁有限公司	1	105	70	2013
11	曲靖	马龙县亚兴钢铁有限公司	1	105	70	2014
12	曲靖	马龙县龙丰钢铁有限公司	1	240	70	2014
13	曲靖	沾益县万利有限责任公司	1	90	70	2014
14	曲靖	沾益县鑫福煤焦有限责任公司汇利铁厂	1	90	70	2014
15	曲靖	沾益县鑫福煤焦有限责任公司汇利铁厂	2	90	70	2014
16	玉溪	云南省玉溪市豪源钢铁有限责任公司	1	108	70	2014
17	玉溪	玉溪市金泰钢铁有限责任公司	1	95	70	2014
18	玉溪	玉昆钢铁集团有限公司（东前铁厂）	1	90	70	2014
19	玉溪	云南易门闽乐钢铁有限公司	1	92	70	2014
20	玉溪	云南玉溪仙福钢铁集团（有限）公司	1	90	70	2014
21	玉溪	云南玉溪仙福钢铁集团（有限）公司	2	90	70	2014
22	红河	红河钢铁有限公司	1	260	70	2013

表9 水泥行业氮氧化物治理项目

序号	地市	企业名称	生产设施编号	熟料生产规模（吨/日）	综合脱硝效率（%）	投运年份
1	曲 靖	曲靖昆钢嘉华水泥公司	1	4000	30	2013
2	文 山	云南兴建水泥有限公司	1	6000	30	2014
3	昭 通	昭通得云建材有限责任公司	1	4000	30	2014
4	昭 通	华新水泥（昭通）有限公司	1	4000	30	2014

表10 其他行业二氧化硫治理项目

序号	地市	企业名称	行业	项目内容和规模	综合脱硫效率（%）	投运年份
1	曲 靖	竹园镇兴发焦化厂	焦化	脱硫	90	2012
2	曲 靖	富村世纪金泰焦化厂	焦化	脱硫	90	2014
3	曲 靖	大河镇腾源焦化厂	焦化	脱硫	90	2013
4	红 河	云锡股份有限公司	有色	新建脱硫设施	70	2014

西藏自治区"十二五"主要污染物总量减排目标责任书

为贯彻落实《国民经济和社会发展第十二个五年规划纲要》、《国务院关于印发"十二五"节能减排综合性工作方案的通知》（国发〔2011〕26号）、《国务院关于加强环境保护重点工作的意见》（国发〔2011〕35号），落实目标责任，强化监督管理，确保实现污染减排约束性目标，经国务院授权，环境保护部与西藏自治区人民政府签订"十二五"主要污染物总量减排目标责任书。具体目标和要求如下：

一、2015年，全区化学需氧量、氨氮、二氧化硫和氮氧化物排放总量努力控制在2.7万吨（其中工业和生活2.3万吨）、0.33万吨（其中工业和生活0.28万吨）、0.4万吨和3.8万吨以内，与2010年持平，最大允许排放总量不得超过环境保护部核定的排放量。

二、西藏自治区人民政府对本行政区污染减排负总责，应采取有效措施，确保总量削减目标和重点减排任务按期完成。

1. 2011年底前将国家下达的主要污染物排放总量控制指标和重点任务逐级分解到各级政

府、有关部门和重点企业。

2. 将主要污染物排放总量目标指标纳入本行政区经济社会发展规划，制定年度减排计划并严格执行。

3. 严格控制新增污染物排放量，把主要污染物排放总量控制指标作为环评审批的前置条件。新建项目按照要求建设治污设施。新建燃煤机组要配套建设高效脱硫脱硝设施；新建新型干法水泥窑要采用低氮燃烧技术并配套建设烟气脱硝设施；新建的钢铁烧结机、石油石化设备、有色冶炼设备、炼焦炉、燃煤锅炉等重点污染源要安装烟气脱硫设施。

4. 把调整经济结构、转变经济发展方式放在更加突出的位置，国家下达的淘汰落后产能任务要按期完成，加大小锅炉等的淘汰力度。核准审批新建项目要求关停的产能必须按期淘汰。

5. 到2015年，有条件的地级市基本建成生活污水集中处理设施，完善城镇污水收集管网，提高城镇污水处理率。加强城镇污水处理厂污泥无害化处理处置。加大重点企业监管力度，实现达标排放。积极推进规模化畜禽养殖场和养殖小区配套建设固体废物和废水贮存处理设施，实施废弃物资源化利用。

6. 到2015年，现役新型干法水泥窑实施低氮燃烧技术改造，熟料生产规模在4000吨/日以上的生产线必须实施脱硝改造；全面推行机动车环保标志管理，基本淘汰2005年以前注册运营的"黄标车"，加快提升车用燃油品质。

7. 加强污染减排统计、监测和考核体系建设，提高机动车和农业源减排监管能力。

8. 列入本责任书的重点减排项目（见附件）应按期建成，并确保稳定运行。

三、环境保护部每年对本责任书的执行情况进行考核，结果报国务院批准后向社会公布。西藏自治区人民政府每年对各级政府、有关部门和重点企业污染减排情况进行考核，结果抄送环境保护部。

《西藏自治区"十二五"主要污染物总量减排目标责任书》一式两份，环境保护部、西藏自治区人民政府各保存一份。

　　　　　　　　环境保护部　　　　　　　　　　　　西藏自治区人民政府

　　　　　　　二〇一一年十月二十日　　　　　　　二〇一一年十二月二十日

附件：

西藏自治区"十二五"主要污染物减排重点项目表

表1 城镇污水处理设施建设项目

序号	地市	项目名称	设计处理能力（万吨/日）	负荷率（%）	投运年份
1	拉萨	拉萨市污水处理厂	5	60	2012
2	日喀则	日喀则市污水处理厂	2.5	60	2014
3	日喀则	亚东县城污水处理厂	0.5	60	2015
4	日喀则	樟木镇污水处理厂	0.5	60	2015
5	山南	泽当镇污水处理厂	2.5	60	2013
6	那曲	那曲镇污水处理厂	2	60	2014
7	林芝	八一镇污水处理厂	1.5	60	2013
8	阿里	狮泉河镇污水处理厂	1	60	2015

注：负荷率是指污水处理厂建成投运一年后的负荷率。

表2 印染行业废水治理项目

序号	地市	企业名称	项目内容	投运年份
1	拉萨	西藏第三极羊绒制品有限公司	深度治理＋节水	2012
2	拉萨	西藏圣信工贸有限公司	深度治理＋节水	2012
3	日喀则	西藏日喀则地区藏域工贸进出口有限公司	深度治理＋节水	2012

表3 其他行业废水治理项目

序号	地市	企业名称	项目内容	投运年份
1	拉萨	西藏藏缘青稞酒业有限公司	深度治理	2013
2	拉萨	西藏奇圣土特产品有限公司	深度治理	2013
3	拉萨	西藏高原之宝牦牛乳业股份有限公司	深度治理	2013
4	拉萨	西藏雄巴拉曲神水藏药厂	深度治理	2013
5	拉萨	西藏金哈达药业有限公司	深度治理	2013
6	日喀则	西藏仁布达热瓦青稞酒有限公司	深度治理	2013
7	山南	西藏山南地区雅江定点屠宰场	深度治理	2013
8	山南	西藏山南雍布拉康藏药厂	深度治理	2013
9	山南	西藏金珠雅砻藏药有限责任公司	深度治理	2013
10	昌都	西藏芒康县盐井青稞葡萄酒厂	深度治理	2013
11	昌都	昌都光宇利民药业有限责任公司	深度治理	2013

表4 规模化畜禽养殖场（小区）污染治理项目

序号	地市	企业名称	治理措施	投运年份
1	拉 萨	自治区畜禽繁育中心拉萨市种鸡场	雨污分流＋干清粪＋资源化综合利用	2011
2	拉 萨	西藏民康生态科技有限公司养殖场	雨污分流＋干清粪＋资源化综合利用	2011
3	拉 萨	西藏高原乳业开发有限公司生猪场	雨污分流＋干清粪＋资源化综合利用	2011
4	日喀则	日喀则地区奶牛养殖示范园区	雨污分流＋干清粪＋资源化综合利用	2011
5	日喀则	仁布县达热瓦青稞酒业有限公司养殖场	雨污分流＋干清粪＋资源化综合利用	2011
6	林 芝	林芝县巴结村规模化养殖场	雨污分流＋干清粪＋资源化综合利用	2011
7	林 芝	林芝尼洋河养殖场	雨污分流＋干清粪＋资源化综合利用	2012

陕西省"十二五"主要污染物总量减排目标责任书

为贯彻落实《国民经济和社会发展第十二个五年规划纲要》、《国务院关于印发"十二五"节能减排综合性工作方案的通知》（国发〔2011〕26号）、《国务院关于加强环境保护重点工作的意见》（国发〔2011〕35号），落实目标责任，强化监督管理，确保实现污染减排约束性目标，经国务院授权，环境保护部与陕西省人民政府签订"十二五"主要污染物总量减排目标责任书。具体目标和要求如下：

一、2015年，全省化学需氧量和氨氮排放总量分别控制在52.7万吨、5.81万吨以内，比2010年的57.0万吨、6.44万吨分别减少7.6%、9.8%（其中，工业和生活化学需氧量、氨氮排放量分别控制在33.5万吨、4.34万吨以内，比2010年分别减少7.9%和9.6%）；二氧化硫和氮氧化物排放总量分别控制在87.3万吨、69.0万吨以内，比2010年的94.8万吨、76.6万吨分别减少7.9%、9.9%。

二、陕西省人民政府对本行政区污染减排负总责，应采取有效措施，确保总量削减目标和重点减排任务按期完成。

1. 2011年底前将国家下达的主要污染物排放总量控制指标和重点任务逐级分解到各级政府、有关部门和重点企业。

2. 将主要污染物排放总量控制目标纳入本行政区经济社会发展规划，制定年度减排计划并严格执行。

3. 严格控制新增污染物排放量，把主要污染物排放总量控制指标作为环评审批的前置条件。严格控制新建造纸、印染、农药、氮肥、食品饮料、煤电、钢铁、水泥等项目，新建项目按照最严格的环保要求建设治污设施。新建燃煤机组要配套建设高效脱硫脱硝设施；新建新型干法水泥窑要采用低氮燃烧技术并配套建设烟气脱硝设施；新建的钢铁烧结机、石油石化设备、有色冶炼设备、炼焦炉、燃煤锅炉等重点污染源要安装烟气脱硫设施。

4. 把调整经济结构、转变经济发展方式放在更加突出的位置，国家下达的淘汰落后产能任务要按期完成，加大小锅炉、小火电、小化工等的淘汰力度。核准审批新建项目要求关停的产能必须按期淘汰。

5. 到2015年，所有县级行政区及重点建制镇建成生活污水集中处理设施，完善城镇污水收集管网，城镇污水处理率达到80%。改造现有污水处理设施，提高脱氮除磷能力。城镇污水处理厂污泥无害化处理处置率达到60%，再生水回用率达到15%。强化垃圾渗滤液治理，实现达标排放。加大造纸、印染、化工、食品饮料等重点企业工艺技术改造和废水治理力度。单位工业增加值排放强度下降50%。80%以上规模化畜禽养殖场和养殖小区配套建设固体废物和废水贮存处理设施，实施废弃物资源化利用。

6. 到2015年，现役燃煤机组必须安装脱硫设施，不能稳定达标排放的要进行更新改造或淘汰，烟气脱硫设施要按照规定取消烟气旁路，30万千瓦以上燃煤机组全部实施脱硝改造；钢铁烧结机、球团设备及石油石化催化裂化装置全面实施烟气脱硫改造；现役新型干法水泥窑实施低氮燃烧技术改造，熟料生产规模在4000吨/日以上的生产线必须实施脱硝改造；全面推行机动车环保标志管理，基本淘汰2005年以前注册运营的"黄标车"，加快提升车用燃油品质。

7. 加强污染减排统计、监测和考核体系建设，提高机动车和农业源减排监管能力。

8. 列入本责任书的重点减排项目（见附件）应按期建成，并确保稳定运行。

三、环境保护部每年对本责任书的执行情况进行考核，结果报国务院批准后向社会公布。陕西省人民政府每年对各级政府、有关部门和重点企业污染减排情况进行考核，结果抄送环境保护部。

《陕西省"十二五"主要污染物总量减排目标责任书》一式两份，环境保护部、陕西省人民政府各保存一份。

环境保护部　　　　　　　　　　　　　陕西省人民政府

二〇一一年十二月二十日　　　　　　　二〇一一年十二月二十日

附件：

陕西省"十二五"主要污染物减排重点项目表

表1 城镇污水处理设施建设项目

序号	地市	项目名称	设计处理能力 （万吨/日）	负荷率 （%）	投运 年份
1	西 安	第二污水处理厂	30	75	2014
2	西 安	第六污水处理厂	10	60	2013
3	西 安	第三污水处理厂	15	75	2011
4	西 安	第十二污水处理厂	2.5	75	2011
5	西 安	第十污水处理厂	4	60	2013
6	西 安	第四污水处理厂	37.5	80	2013
7	西 安	第一污水处理厂	18	75	2014
8	安 康	白河县污水处理厂	0.7	60	2012
9	安 康	汉阴县城市污水处理厂	1	60	2013
10	安 康	岚皋县污水处理厂	0.7	60	2014
11	安 康	宁陕县城市污水处理厂	0.3	60	2014
12	安 康	平利县污水处理厂	0.8	60	2014
13	安 康	石泉县污水处理厂	1	60	2014
14	安 康	旬阳县污水处理厂	2	60	2014
15	安 康	镇坪县污水处理厂	0.5	60	2014
16	安 康	紫阳县污水处理厂	0.8	60	2014
17	宝 鸡	宝鸡市高新区污水处理厂	5	60	2011
18	宝 鸡	宝鸡市十里铺污水处理厂	5（回用水量）	—	2011
19	汉 中	城固县污水处理厂	3	75	2012
20	汉 中	佛坪县污水处理厂	0.2	75	2012
21	汉 中	留坝县污水处理厂	0.2	75	2012
22	汉 中	略阳县污水处理厂	1.5	60	2013
23	汉 中	勉县江北城市污水处理厂	3	75	2012
24	汉 中	宁强县污水处理厂	1	60	2013
25	汉 中	西乡县污水处理厂	3	75	2012
26	汉 中	洋县污水处理厂	2	75	2012
27	汉 中	镇巴县污水处理厂	1	60	2013
28	汉 中	汉中市江南污水处理厂	2.25	60	2012
29	商 洛	丹凤县污水处理厂	1	60	2013
30	商 洛	洛南县污水处理厂	1.2	75	2012
31	商 洛	山阳县污水处理厂	1	75	2012
32	商 洛	商南县污水处理厂	1	75	2012
33	商 洛	柞水县污水处理厂	0.8	75	2012
34	商 洛	镇安县城市污水处理厂	1	75	2012
35	铜 川	铜川市新耀污水处理厂	2（回用水量）	—	2011

序号	地市	项目名称	设计处理能力（万吨/日）	负荷率（%）	投运年份
36	渭南	华县污水处理厂	1（回用水量）	—	2015
37	渭南	华阴市污水处理厂（二期）	1	60	2014
38	渭南	渭南市第二污水处理厂	5	60	2014
39	渭南	渭南市排水有限责任公司	10	75	2012
40	渭南	渭南市排水有限责任公司	4（回用水量）	—	2015
41	渭南	庄里镇污水处理厂	1	60	2015
42	咸阳	三原玉龙污水处理厂有限公司	5	75	2013
43	咸阳	咸阳百晟水净化有限公司	20	75	2013
44	咸阳	咸阳市南郊污水处理厂	4	75	2011
45	咸阳	兴平市华陆水务有限公司	10	80	2013
46	咸阳	兴平市华陆水务有限公司	4（回用水量）	—	2011
47	延安	富县污水处理厂	0.8	75	2011
48	延安	甘泉县污水处理厂	0.3	75	2011
49	延安	黄陵县污水处理厂	0.5	75	2011
50	延安	黄龙县污水处理厂	0.3	60	2013
51	延安	洛川县污水处理厂	0.6	75	2011
52	延安	延川县污水处理厂	0.5	75	2011
53	延安	延长县污水处理厂	0.7	75	2011
54	延安	宜川县污水处理厂	0.4	75	2011
55	延安	子长县污水处理厂	1	75	2011
56	杨凌	杨凌华宇水质净化有限公司	6	60	2013
57	榆林	店塔镇集中式污水处理厂	0.3	60	2013
58	榆林	定边县城污水处理厂	1	75	2011
59	榆林	横山县城污水处理厂	0.5	75	2011
60	榆林	佳县城区污水处理厂	0.5	75	2012
61	榆林	清涧县城污水处理厂	0.6	75	2011
62	榆林	绥德县城污水处理厂	1	75	2011
63	榆林	吴堡县城污水处理厂	0.2	75	2011
64	榆林	子洲县城污水处理厂	0.5	75	2011

注：负荷率是指污水处理厂建成投运一年后的负荷率。

表2 造纸行业废水治理项目

序号	地市	企业名称	项目内容	投运年份
1	西安	西安市临潼区汉兴实业有限公司	生化法＋深度治理	2014
2	宝鸡	宝鸡科达特种纸业有限责任公司	生化法＋深度治理	2012
3	宝鸡	岐山县蔡家坡兴隆纸厂	生化法＋深度治理	2012
4	宝鸡	岐山县圣龙箱板纸有限公司	生化法＋深度治理	2012
5	渭南	蒲城五洋纸业有限公司	生化法＋深度治理	2012
6	渭南	蒲城县永丰利亚造纸有限公司	生化法＋深度治理	2011

序号	地市	企业名称	项目内容	投运年份
7	渭 南	陕西大荔安盛纸业有限公司	生化法＋深度治理	2013
8	咸 阳	陕西武功东方纸业集团有限公司	气浮＋生化＋深度治理	2013
9	咸 阳	陕西兴包企业集团有限责任公司	生化法＋深度治理	2013

表3 印染行业废水治理项目

序号	地市	企业名称	项目内容	投运年份
1	西 安	陕西五环（集团）实业有限责任公司	中水回用＋深度治理	2014
2	宝 鸡	千阳县荣盛茧丝绸有限公司	中水回用＋深度治理	2014
3	宝 鸡	宝鸡市宝凤纺织材料有限公司	中水回用＋深度治理	2013

表4 石油石化、化工行业废水治理项目

序号	地市	企业名称	项目内容	投运年份
1	西 安	中国石油化工股份有限公司西安石化分公司	含盐污水提标改造	2013
2	汉 中	洋县玉虎化工有限责任公司	生化法＋深度治理	2012
3	汉 中	西乡县精诚化工有限责任公司	生化法＋深度治理	2013
4	汉 中	陕西城化股份有限公司	生化法＋深度治理	2011
5	商 洛	丹凤县恒丹生物化工有限责任公司	生化法＋深度治理	2013
6	商 洛	山阳县丰瑞化工有限责任公司	生化法＋深度治理	2012
7	商 洛	山阳县康立生物化工有限责任公司	生化法＋深度治理	2012
8	商 洛	商洛华813隆丹高科生物产业有限责任公司	生化法＋深度治理	2012
9	榆 林	陕西延长石油（集团）有限责任公司榆林炼油厂	气浮、隔油＋生化处理	2011
10	咸 阳	长庆石化分公司	气浮、隔油＋生化处理	2015

表5 其他行业废水治理项目

序号	地市	企业名称	项目内容	投运年份
1	西 安	西安国维淀粉有限责任公司	生化法＋深度治理	2012
2	西 安	陕西永和豆浆食品有限公司	生化法＋深度治理	2013
3	宝 鸡	宝鸡华美果菜汁有限公司	生化法＋深度治理	2014
4	宝 鸡	陕西和氏乳品有限公司	生化法＋深度治理	2011
5	宝 鸡	陕西正和乳业有限公司	生化法＋深度治理	2011
6	宝 鸡	陕西秦宝牧业发展有限公司	生化法＋深度治理	2014
7	渭 南	陕西天源果业发展有限公司蒲城分公司	生化法＋深度治理	2014
8	渭 南	陕西黑猫焦化股份有限公司	生化法＋深度治理	2011
9	渭 南	西安亚秦有限公司蒲城分公司	生化法＋深度治理	2014

表6 规模化畜禽养殖场（小区）污染治理项目

序号	地市	企业名称	治理措施	投运年份
1	西 安	西安笨笨畜牧有限公司	雨污分流＋干清粪＋资源化综合利用	2012
2	西 安	西安罗曼实业有限公司高陵祖代鸡场	雨污分流＋干清粪＋资源化综合利用	2014
3	西 安	西安天源绿洲科技发展有限公司	雨污分流＋干清粪＋资源化综合利用	2011
4	西 安	长安区周家庄蛋鸡园区	雨污分流＋干清粪＋资源化综合利用	2012
5	西 安	高建民养猪场	雨污分流＋干清粪＋资源化综合利用	2014
6	安 康	安康市汉滨区阳晨牧业科技有限公司	雨污分流＋干清粪＋资源化综合利用	2012
7	安 康	高灯良繁种猪繁育场	雨污分流＋干清粪＋资源化综合利用	2013
8	安 康	岚皋县金松畜牧发展有限公司	雨污分流＋干清粪＋资源化综合利用	2013
9	安 康	双樟牧业公司	雨污分流＋干清粪＋资源化综合利用	2013
10	安 康	五千岭生态农业有限公司	雨污分流＋干清粪＋资源化综合利用	2012
11	安 康	向阳牧业公司	雨污分流＋干清粪＋资源化综合利用	2013
12	安 康	旬阳县汇鑫养殖场	雨污分流＋干清粪＋资源化综合利用	2013
13	安 康	旬阳县鑫兴养殖公司	雨污分流＋干清粪＋资源化综合利用	2013
14	宝 鸡	宝鸡市百利福良奶牛繁育场	雨污分流＋干清粪＋资源化综合利用	2013
15	宝 鸡	宝鸡泰林乳业有限公司	雨污分流＋干清粪＋资源化综合利用	2012
16	宝 鸡	宝鸡市田奔农业发展有限公司	雨污分流＋干清粪＋资源化综合利用	2013
17	宝 鸡	宝鸡万头奶牛标准化示范牧场	雨污分流＋干清粪＋资源化综合利用	2011
18	宝 鸡	岐山县秦宝牧业有限公司	雨污分流＋干清粪＋资源化综合利用	2013
19	汉 中	汉中军鑫农业发展有限公司	雨污分流＋干清粪＋资源化综合利用	2011
20	汉 中	汉中市赛忧牧业有限责任公司	雨污分流＋干清粪＋资源化综合利用	2012
21	汉 中	正隆养殖场	雨污分流＋干清粪＋资源化综合利用	2013
22	商 洛	商洛市商南永利科技养殖有限公司	雨污分流＋干清粪＋资源化综合利用	2012
23	商 洛	柞水县顺源畜禽养殖有限公司	雨污分流＋干清粪＋资源化综合利用	2012
24	铜 川	陕西大匠农科产业集团有限公司	雨污分流＋干清粪＋资源化综合利用	2014
25	铜 川	铜川市哼瑞种猪场	雨污分流＋干清粪＋资源化综合利用	2011
26	渭 南	庄里种鸡厂	雨污分流＋干清粪＋资源化综合利用	2012
27	渭 南	陕西蒲城犇犇养殖有限公司	雨污分流＋干清粪＋资源化综合利用	2012
28	渭 南	陕西石羊集团蒲城畜牧发展有限公司	雨污分流＋干清粪＋资源化综合利用	2012
29	咸 阳	西安现代农业综合开发总公司奶牛二场	雨污分流＋干清粪＋资源化综合利用	2014
30	咸 阳	咸阳海龙畜禽养殖有限公司	雨污分流＋干清粪＋资源化综合利用	2014
31	咸 阳	兴平市星光良种猪繁殖有限公司	雨污分流＋干清粪＋资源化综合利用	2011
32	杨 凌	陕西正大有限公司杨凌养殖示范中心	雨污分流＋干清粪＋资源化综合利用	2013
33	杨 凌	杨凌示范区良种奶牛繁育中心	雨污分流＋干清粪＋资源化综合利用	2011
34	延 安	丰裕种猪场	雨污分流＋干清粪＋资源化综合利用	2013
35	延 安	洛川县富百养殖场	雨污分流＋干清粪＋资源化综合利用	2011
36	延 安	延安张新治治平养殖有限公司	雨污分流＋干清粪＋资源化综合利用	2013
37	榆 林	南郊奶牛场	雨污分流＋干清粪＋资源化综合利用	2012
38	榆 林	横山县宏达养殖繁育有限责任公司	雨污分流＋干清粪＋资源化综合利用	2012
39	榆 林	榆阳区宏达养殖有限公司	雨污分流＋干清粪＋资源化综合利用	2012

表7 电力行业二氧化硫治理项目

序号	地市	企业名称	机组编号	装机容量（MW）	项目类型	综合脱硫效率（%）	投运年份
1	铜 川	华能铜川电厂	1	600	改建	90	2012
2	铜 川	华能铜川电厂	2	600	改建	90	2011
3	渭 南	大唐韩城第二发电有限责任公司	1	600	改建	90	2012
4	渭 南	大唐韩城第二发电有限责任公司	2	600	改建	90	2012
5	渭 南	大唐韩城第二发电有限责任公司	3	600	改建	90	2012
6	渭 南	大唐韩城第二发电有限责任公司	4	600	改建	90	2012

表8 电力行业氮氧化物治理项目

序号	地市	企业名称	机组编号	装机容量（MW）	综合脱硝效率（%）	投运年份
1	西 安	大唐灞桥热电厂	1	300	70	2012
2	西 安	大唐灞桥热电厂	2	300	70	2012
3	西 安	大唐户县第二热电厂	1	300	70	2012
4	西 安	大唐户县第二热电厂	2	300	70	2013
5	宝 鸡	国电宝鸡第二发电有限责任公司	1	300	70	2012
6	宝 鸡	国电宝鸡第二发电有限责任公司	2	300	70	2015
7	宝 鸡	国电宝鸡第二发电有限责任公司	3	300	70	2013
8	宝 鸡	国电宝鸡第二发电有限责任公司	4	300	70	2014
9	咸 阳	渭河发电有限责任公司	3	300	70	2013
10	咸 阳	渭河发电有限责任公司	4	300	70	2013
11	咸 阳	渭河发电有限责任公司	5	300	70	2014
12	咸 阳	渭河发电有限责任公司	6	300	70	2014
13	咸 阳	大唐彬长电厂	1	630	70	2012
14	咸 阳	大唐彬长电厂	2	630	70	2013
15	铜 川	华能铜川电厂	1	600	70	2012
16	铜 川	华能铜川电厂	2	600	70	2014
17	渭 南	陕西华电蒲城发电厂	1	330	70	2015
18	渭 南	陕西华电蒲城发电厂	2	330	70	2015
19	渭 南	陕西华电蒲城发电厂	3	330	70	2015
20	渭 南	陕西华电蒲城发电厂	4	330	70	2015
21	渭 南	陕西华电蒲城发电厂	5	660	70	2012
22	渭 南	陕西华电蒲城发电厂	6	660	70	2013
23	渭 南	大唐韩城第二发电有限责任公司	1	600	70	2014
24	渭 南	大唐韩城第二发电有限责任公司	2	600	70	2014
25	渭 南	大唐韩城第二发电有限责任公司	3	600	70	2013
26	渭 南	大唐韩城第二发电有限责任公司	4	600	70	2013
27	榆 林	国华锦界能源股份有限公司	1	600	70	2013
28	榆 林	国华锦界能源股份有限公司	2	600	70	2013
29	榆 林	国华锦界能源股份有限公司	3	600	70	2013

序号	地市	企业名称	机组编号	装机容量（MW）	综合脱硝效率（%）	投运年份
30	榆林	国华锦界能源股份有限公司	4	600	70	2013
31	榆林	陕西清水川发电有限公司	1	300	70	2012
32	榆林	陕西清水川发电有限公司	2	300	70	2013
33	榆林	陕西德源府谷能源有限公司	1	600	70	2013
34	榆林	陕西德源府谷能源有限公司	2	600	70	2013
35	榆林	神华神东电力有限责任公司郭家湾电厂	1	300	70	2012
36	榆林	神华神东电力有限责任公司郭家湾电厂	2	300	70	2012
37	汉中	大唐略阳发电有限责任公司	6	330	70	2013

表9 钢铁烧结机/球团二氧化硫治理项目

序号	地市	企业名称	生产设施编号	生产设施规模（m²或万吨）	综合脱硫效率（%）	投运年份
1	渭南	陕西龙门钢铁（集团）有限责任公司	1	265	70	2012

表10 石油石化行业催化裂化装置二氧化硫治理项目

序号	地市	企业名称	生产设施名称及编号	生产设施规模（万吨/年）	综合脱硫效率（%）	投运年份
1	西安	中国石油化工股份有限公司西安石化分公司	1	250	70	2014
2	咸阳	中国石油天然气股份有限公司长庆石化分公司	1	500	70	2013
3	榆林	陕西延长石油（集团）有限责任公司榆林炼油厂	1	300	70	2011
4	延安	陕西延长石油（集团）有限责任公司永坪炼油厂	1	200	70	2014
5	延安	陕西延长石油（集团）有限责任公司延安炼油厂	1	340	70	2014

表11 其他行业二氧化硫治理项目

序号	地市	企业名称	行业	项目内容和规模（万吨）	综合脱硫效率（%）	投运年份
1	渭南	陕西陕焦化工有限公司	焦化	165	90	2012
2	榆林	府谷县京府煤化有限责任公司	焦化	60	90	2014
3	榆林	神木县漠源镁业有限责任公司	有色	2	70	2013
4	榆林	神木县东风金属镁有限公司	有色	2	70	2013
5	榆林	府谷县金万通镁业有限责任公司	有色	2	70	2013
6	榆林	榆林市万源镁业（集团）有限责任公司	有色	2	70	2013
7	榆林	神木县兴杨镁业有限责任公司	有色	2	70	2013

甘肃省"十二五"主要污染物总量减排目标责任书

为贯彻落实《国民经济和社会发展第十二个五年规划纲要》、《国务院关于印发"十二五"节能减排综合性工作方案的通知》（国发〔2011〕26号）、《国务院关于加强环境保护重点工作的意见》（国发〔2011〕35号），落实目标责任，强化监督管理，确保实现污染减排约束性目标，经国务院授权，环境保护部与甘肃省人民政府签订"十二五"主要污染物总量减排目标责任书。具体目标和要求如下：

一、2015年，全省化学需氧量和氨氮排放总量分别控制在37.6万吨、3.94万吨以内，比2010年的40.2万吨、4.33万吨分别减少6.4%、8.9%（其中工业和生活化学需氧量、氨氮排放量分别控制在23.7万吨、3.38万吨以内，比2010年分别减少6.9%和8.7%）；二氧化硫和氮氧化物排放总量分别控制在63.4万吨、40.7万吨以内，比2010年的62.2万吨、42.0万吨分别增加2.0%、减少3.1%。

二、甘肃省人民政府对本行政区污染减排负总责，应采取有效措施，确保总量削减目标和重点减排任务按期完成。

1. 2011年底前将国家下达的主要污染物排放总量控制指标和重点任务逐级分解到各级政府、有关部门和重点企业。

2. 将主要污染物排放总量控制目标纳入本行政区经济社会发展规划，制定年度减排计划并严格执行。

3. 严格控制新增污染物排放量，把主要污染物排放总量控制指标作为环评审批的前置条件。严格控制新建造纸、印染、农药、氮肥、石化、煤电、钢铁、水泥等项目，新建项目按照最严格的环保要求建设治污设施。新建燃煤机组要配套建设高效脱硫脱硝设施；新建新型干法水泥窑要采用低氮燃烧技术并配套建设烟气脱硝设施；新建的钢铁烧结机、石油石化设备、有色冶炼设备、炼焦炉、燃煤锅炉等重点污染源要安装烟气脱硫设施。

4. 把调整经济结构、转变经济发展方式放在更加突出的位置，国家下达的淘汰落后产能任务要按期完成，加大小锅炉、小火电、小化工等的淘汰力度。核准审批新建项目要求关停的产能必须按期淘汰。

5. 到2015年，所有县级行政区及重点建制镇建成生活污水集中处理设施，完善城镇污水收集管网，城镇污水处理率达到70%。改造现有污水处理设施，提高脱氮除磷能力。城镇污水处理厂污泥无害化处理处置率达到50%，再生水回用率达到20%。强化垃圾渗滤液治理，实现达标排放。加大造纸、印染、化工、食品饮料等重点企业工艺技术改造和废水治理力度。全省单位工业增加值化学需氧量和氨氮排放强度分别下降50%。80%以上规模化畜禽养殖场和养殖小区配套建设固体废物和废水贮存处理设施，实施废弃物资源化利用。

6. 到2015年，现役燃煤机组必须安装脱硫设施，不能稳定达标排放的要进行更新改造或淘汰，烟气脱硫设施要按照规定取消烟气旁路，30万千瓦以上燃煤机组全部实施脱硝改造；钢铁烧结机、球团设备及石油石化催化裂化装置全面实施烟气脱硫改造；现役新型干法水泥窑实施低氮燃烧技术改造，熟料生产规模在4000吨/日以上的生产线必须实施脱硝改造；全面推行机动车环保标志管理，基本淘汰2005年以前注册运营的"黄标车"，加快提升车用燃油品质。

7. 加强污染减排统计、监测和考核体系建设，提高机动车和农业源减排监管能力。

8. 列入本责任书的重点减排项目（见附件）应按期建成，并确保稳定运行。

三、环境保护部每年对本责任书的执行情况进行考核，结果报国务院批准后向社会公布。甘肃省人民政府每年对各级政府、有关部门和重点企业污染减排情况进行考核，结果抄送环境保护部。

《甘肃省"十二五"主要污染物总量减排目标责任书》一式两份，环境保护部、甘肃省人民政府各保存一份。

环境保护部　　　　　　　　　　　　甘肃省人民政府

二〇一一年十月四日　　　　　　　　二〇一一年十二月三十日

附件：

甘肃省"十二五"主要污染物减排重点项目表

表1 城镇污水处理设施建设项目

序号	地市	项目名称	设计处理能力（万吨/日）	负荷率（%）	投运年份
1	兰 州	皋兰县城区污水厂	1	60	2014
2	兰 州	海石湾污水处理厂	2	60	2014
3	兰 州	红古区窑街污水处理厂	1.2	60	2014
4	兰 州	西固中水回用工程	4（回用水量）	—	2013
5	兰 州	西固区生活污水处理厂	10	60	2011
6	兰 州	盐场堡污水处理厂	4	60	2012
7	兰 州	雁儿湾污水处理厂	18	75	2011
8	兰 州	永登县城区污水处理厂	1.5	60	2012
9	兰 州	榆中县夏官营生活污水处理厂	1.5	60	2012
10	白 银	会宁县污水处理厂	1	60	2013
11	白 银	景泰县污水处理厂	0.9	60	2013
12	白 银	靖远县污水处理厂	1	60	2013
13	白 银	平川区污水处理厂	2.6	60	2012
14	定 西	岷县城区生活污水处理厂	0.9	60	2013
15	定 西	通渭县污水处理厂	0.8	60	2013
16	定 西	渭源县城区生活污水处理厂	0.8	60	2012
17	定 西	漳县污水处理厂	0.4	60	2014
18	甘 南	迭部污水处理厂	0.5	60	2012
19	甘 南	合作市污水处理及再生利用工程	0.35（中水回用）	—	2012
20	甘 南	临潭县城区污水处理厂	0.4	60	2013
21	甘 南	碌曲县城区生活污水处理厂	0.36	60	2012
22	甘 南	玛曲县污水处理厂	0.35	60	2014
23	甘 南	夏河县城区生活污水处理厂	0.5	60	2012
24	甘 南	舟曲县城区污水处理厂	0.45	60	2014
25	甘 南	卓尼县污水处理厂	0.35	60	2013
26	金 昌	永昌县城区生活污水处理厂	1.2	60	2011
27	酒 泉	阿克塞县城区生活污水处理厂	0.3	60	2014
28	酒 泉	瓜州县城市生活污水处理厂	0.7	60	2014
29	酒 泉	酒泉市城市生活污水处理厂	4	75	2011
30	酒 泉	酒泉市金塔县污水处理厂	0.6	60	2013
31	酒 泉	肃北县城区污水管网厂	0.4	60	2014
32	酒 泉	酒泉热电厂污水再生利用工程	2（回用水量）	—	2013
33	临 夏	东乡县污水处理厂	0.35	60	2014
34	临 夏	广河县城区生活污水处理厂	0.8	60	2013

序号	地市	项目名称	设计处理能力（万吨/日）	负荷率（%）	投运年份
35	临夏	和政县城区生活污水处理厂	1	60	2012
36	临夏	积石山县污水处理厂	0.5	60	2013
37	临夏	康乐县城污水处理厂	0.5	60	2014
38	临夏	临夏县污水处理厂	0.8	60	2014
39	陇南	成县污水处理厂	1.25	60	2011
40	陇南	宕昌县污水处理厂	0.6	60	2014
41	陇南	徽县城区污水处理厂	0.8	60	2014
42	陇南	康县污水处理厂	0.4	60	2014
43	陇南	礼县城区生活污水处理厂	1	60	2014
44	陇南	两当县污水处理厂	0.25	60	2013
45	陇南	文县县城污水处理厂	1	60	2014
46	陇南	西和县城区生活污水处理厂	1.7	60	2014
47	平凉	崇信县城区污水处理厂	0.8	60	2014
48	平凉	华亭县城区生活污水处理厂	1.4	60	2012
49	平凉	泾川县城区生活污水处理厂	1	60	2012
50	平凉	静宁县城区生活污水处理厂	1	60	2012
51	平凉	灵台县城区污水处理厂	0.6	60	2014
52	平凉	庄浪县污水处理厂	1	60	2014
53	庆阳	合水县城区污水处理厂	0.6	60	2013
54	庆阳	华池县城区生活污水处理厂	0.5	60	2012
55	庆阳	环县城区生活污水处理厂	0.7	60	2012
56	庆阳	宁县城区污水处理厂	0.5	60	2014
57	庆阳	庆城县城区生活污水处理厂	1	60	2012
58	庆阳	西峰区城市污水处理厂	2（回用水量）	—	2013
59	庆阳	镇原县污水处理厂	1.4	60	2014
60	庆阳	正宁县城区生活污水处理厂	0.7	60	2014
61	天水	甘谷县城区生活污水处理厂	1.3	60	2012
62	天水	麦积区污水处理厂	6	60	2011
63	天水	秦安县城区生活污水处理厂	1.5	60	2012
64	天水	清水县城区生活污水处理厂	1	60	2013
65	天水	天水市秦州区中水处理站	2.5（回用水量）	—	2014
66	天水	武山县城区生活污水处理厂	1	60	2013
67	天水	张川县城区生活污水处理厂	0.9	60	2014
68	武威	古浪县城区污水处理厂	1.2	60	2014
69	武威	民勤县城区污水处理及中水回用厂	1	60	2011
70	武威	天祝县城区生活污水处理厂	0.6	60	2013
71	武威	武威市凉州区黄羊镇污水处理厂	0.8	60	2011
72	武威	武威市污水处理厂	3（回用水量）	—	2014
73	张掖	高台县生活污水处理厂	0.6	60	2013
74	张掖	临泽县生活污水处理厂	0.8	60	2013
75	张掖	民乐县生活污水处理厂	1.2	60	2013

序号	地市	项目名称	设计处理能力（万吨/日）	负荷率（%）	投运年份
76	张 掖	山丹县城区生活污水处理厂	1.5	60	2013
77	张 掖	肃南县城区生活污水处理厂	0.3	60	2013

注：负荷率是指污水处理厂建成投运一年后的负荷率。

表2 造纸行业废水治理项目

序号	地市	企业名称	项目内容	投运年份
1	兰 州	兰州立祥纸业有限公司	生物处理＋深度处理	2013
2	平 凉	静宁县恒达有限责任公司原料分公司	预处理＋厌氧＋好氧＋深度处理	2012
3	平 凉	平凉市宝马纸业有限责任公司	碱回收＋深度处理	2011
4	平 凉	灵台县兴隆纸业有限责任公司	深度处理	2011
5	天 水	天水东方纸业有限公司	物化＋生化＋深度处理	2011
6	武 威	甘肃古浪惠思洁纸业有限公司	曝气生物滤池＋深度处理	2012
7	武 威	武威市全圣实业集团纸业有限责任公司	氧化沟＋深度处理	2013
8	张 掖	张掖市明阳纸业有限责任公司	碱回收＋深度处理	2013
9	张 掖	山丹县文兴纸业有限责任公司	物化＋生化＋深度处理	2014

表3 印染行业废水治理项目

序号	地市	企业名称	项目内容	投运年份
1	武 威	甘肃黄羊河亚麻有限责任公司	厌氧＋生物	2014
2	临 夏	广河县孙家洗毛厂	深度治理＋节水	2012
3	临 夏	广河县昌信工贸有限公司（甘肃省广河县三甲集华盛绒毛厂）	深度治理＋节水	2012
4	临 夏	广河县富荣畜产品工贸有限公司	深度治理＋节水	2012
5	临 夏	广河县银河毛纺织有限公司	深度治理＋节水	2012
6	临 夏	广河县佳美产品有限公司（广河县宗家洗毛厂）	深度治理＋节水	2014
7	临 夏	广河县良华畜产有限公司（马良义洗毛厂）	深度治理＋节水	2014
8	临 夏	广河县华通畜产品有限公司	深度治理＋节水	2014
9	临 夏	马如良洗毛厂	深度治理＋节水	2013
10	临 夏	广河县至诚畜产品有限公司（广河县华丰畜产品有限公司）	深度治理＋节水	2013
11	临 夏	甘肃省广河县宏达毛革厂（广河县金河洗绒厂）	深度治理＋节水	2013
12	临 夏	甘肃省广河兴达毛纺制革总公司	深度治理＋节水	2013

表4 石油石化、化工行业废水治理项目

序号	地市	企业名称	项目内容	投运年份
1	甘肃矿区	中核华原钛白股份有限公司	深度处理	2013
2	兰州	中国石油天然气股份有限公司兰州石化分公司（化肥）	工业废水治理及雨排水综合整治	2013
3	兰州	中国石油天然气股份有限公司兰州石化分公司（乙烯）	工业废水治理及雨排水综合整治	2013
4	兰州	中国石油天然气股份有限公司兰州石化分公司（橡胶）	工业废水治理及雨排水综合整治	2013
5	兰州	中国石油天然气股份有限公司兰州石化分公司石油化工厂	工业废水治理及雨排水综合整治	2013
6	白银	甘肃银光化学工业集团有限公司	深度处理	2012
7	金昌	金化集团有限公司	生化处理＋深度处理	2011
8	金昌	河西堡化工产业园污水处理厂	二级生化处理及生物活性炭吸附工艺＋深度处理	2014
9	酒泉	中国石油天然气股份有限公司玉门油田分公司炼油化工总厂	二级生化处理＋深度处理	2013
10	庆阳	中国石油天然气股份有限公司庆阳石化分公司新厂	气浮、混凝沉淀＋厌氧好氧	2013

表5 其他行业废水治理项目

序号	地市	企业名称	项目内容	投运年份
1	兰州	兰州庄园乳业有限责任公司	生化处理	2011
2	兰州	甘肃亨隆生物肥料有限公司	深度处理	2014
3	嘉峪关	甘肃酒钢集团宏兴钢铁股份有限公司	强化混凝＋过滤	2011
4	金昌	莫高公司金昌麦芽厂	水解酸化＋好氧＋MBR膜	2011
5	金昌	金昌永通麦芽有限公司	好氧处理、水解酸化和生物处理	2011
6	酒泉	甘肃秋良生化工程有限公司	厌氧好氧二级生化污水处理工艺	2014
7	酒泉	祁连山制药厂	混凝沉淀＋BSDS动态水解酸化＋A/O	2011
8	临夏	临夏州华安生物制品有限责任公司	超滤膜技术工艺	2014
9	临夏	甘肃宏良皮业有限公司	氧化沟＋深度处理	2011
10	陇南	甘肃金徽酒业集团有限公司	生化处理＋深度处理	2011
11	陇南	甘肃红川酒业有限责任公司	生化处理＋深度处理	2011
12	平凉	平凉市福利制革厂	工艺改造＋生化处理＋深度处理	2013
13	武威	甘肃达利食品有限公司	厌氧＋CASS	2011
14	武威	甘肃荣华实业集团股份有限公司	生物＋深度处理	2014
15	张掖	甘肃博峰肥牛有限责任公司	厌氧、好氧生化处理＋深度处理	2014
16	张掖	甘肃银河集团公司	厌氧、好氧生化处理＋深度处理	2013
17	张掖	甘肃西域恒昌马铃薯加工公司	厌氧、好氧生化处理＋深度处理	2013
18	张掖	高台中化番茄制品有限公司	水解酸化＋深层曝气活性污泥法＋气浮分离＋深度处理	2011

表6 规模化畜禽养殖场（小区）污染治理项目

序号	地市	企业名称	治理措施	投运年份
1	白 银	会宁县农园养殖有限公司	雨污分流＋干清粪＋畜禽粪便资源化利用	2012
2	白 银	靖远国鼎农业科技有限公司	雨污分流＋干清粪＋畜禽粪便资源化利用	2011
3	定 西	陇原中天生物有限公司（畜禽养殖）	雨污分流＋干清粪＋畜禽粪便资源化利用	2012
4	金 昌	金川集团有限公司服务分公司居佳乳品厂	雨污分流＋干清粪＋畜禽粪便资源化利用	2014
5	酒 泉	玉门油田农牧业有限责任公司	雨污分流＋干清粪＋畜禽粪便资源化利用	2014
6	临 夏	临夏市清源肉牛养殖场	雨污分流＋干清粪＋畜禽粪便资源化利用	2014
7	平 凉	灵台县康庄牧业有限公司	雨污分流＋干清粪＋畜禽粪便资源化利用	2011
8	平 凉	灵台县泾旸畜牧发展有限公司	雨污分流＋干清粪＋畜禽粪便资源化利用	2013
9	庆 阳	环县三江养殖场	雨污分流＋干清粪＋畜禽粪便资源化利用	2012
10	天 水	天水嘉信畜牧有限责任公司	三级沉淀和氧化塘生化处理后达标排放	2013
11	张 掖	甘肃博峰肥牛开发有限公司	雨污分流＋干清粪＋畜禽粪便资源化利用	2011
12	张 掖	山丹县品玉综合养殖有限公司	雨污分流＋干清粪＋畜禽粪便资源化利用	2013
13	张 掖	山丹县畜牧业新兴开发有限责任公司	雨污分流＋干清粪＋畜禽粪便资源化利用	2013
14	张 掖	张掖市希望牧业有限公司	雨污分流＋干清粪＋畜禽粪便资源化利用	2013
15	张 掖	双泉湖综合养殖场	雨污分流＋干清粪＋畜禽粪便资源化利用	2014

表7 电力行业二氧化硫治理项目

序号	地市	企业名称	机组编号	装机容量（MW）	项目类型	综合脱硫效率（%）	投运年份
1	嘉峪关	嘉峪关宏晟电热有限责任公司	1	125	新建	90	2014
2	嘉峪关	嘉峪关宏晟电热有限责任公司	2	125	新建	90	2014
3	白 银	国电靖远发电有限公司	1	220	新建	90	2014
4	白 银	国电靖远发电有限公司	3	220	新建	90	2014
5	白 银	大唐景泰发电厂	1	600	改建	90	2012
6	白 银	大唐景泰发电厂	2	600	改建	90	2013
7	兰 州	兰州西固热电有限责任公司	1	330	改建	90	2012
8	兰 州	兰州西固热电有限责任公司	2	330	改建	90	2013

表8 电力行业氮氧化物治理项目

序号	地市	企业名称	机组编号	装机容量（MW）	综合脱硝效率（%）	投运年份
1	平 凉	华能平凉发电有限责任公司	1	325	70	2014
2	平 凉	华能平凉发电有限责任公司	2	325	70	2014
3	平 凉	华能平凉发电有限责任公司	3	325	70	2014
4	平 凉	华能平凉发电有限责任公司	4	300	70	2015
5	平 凉	华能平凉发电有限责任公司	5	600	70	2012
6	平 凉	华能平凉发电有限责任公司	6	600	70	2013

序号	地市	企业名称	机组编号	装机容量（MW）	综合脱硝效率（%）	投运年份
7	平 凉	中国水电建设集团崇信发电有限公司	1	600	70	2014
8	平 凉	中国水电建设集团崇信发电有限公司	2	600	70	2014
9	白 银	靖远第二发电有限责任公司	5	320	70	2013
10	白 银	靖远第二发电有限责任公司	6	320	70	2013
11	白 银	靖远第二发电有限责任公司	7	330	70	2014
12	白 银	靖远第二发电有限责任公司	8	330	70	2014
13	白 银	大唐景泰发电厂	1	660	70	2014
14	白 银	大唐景泰发电厂	2	660	70	2014
15	金 昌	甘肃电投金昌发电有限责任公司	1	300	70	2014
16	金 昌	甘肃电投金昌发电有限责任公司	2	300	70	2013
17	张 掖	甘肃电投张掖发电有限责任公司	1	325	70	2014
18	张 掖	甘肃电投张掖发电有限责任公司	2	325	70	2014
19	嘉峪关	宏晟电热有限责任公司	新3	300	70	2013
20	嘉峪关	宏晟电热有限责任公司	新4	300	70	2013
21	兰 州	中铝兰州分公司自备电厂	1	300	70	2014
22	兰 州	中铝兰州分公司自备电厂	2	300	70	2014
23	兰 州	中铝兰州分公司自备电厂	3	300	70	2014
24	兰 州	甘肃大唐国际连城发电有限责任公司	3	300	70	2014
25	兰 州	甘肃大唐国际连城发电有限责任公司	4	300	70	2014
26	天 水	大唐甘谷发电厂	1	330	70	2014
27	天 水	大唐甘谷发电厂	2	330	70	2014

表9 钢铁烧结机/球团二氧化硫治理项目

序号	地市	企业名称	生产设施编号	生产设施规模（m² 或万吨）	综合脱硫效率（%）	投运年份
1	嘉峪关	酒钢集团	1	130	70	2014
2	嘉峪关	酒钢集团	2	130	70	2014
3	嘉峪关	酒钢集团	3	130	70	2013
4	金 昌	金昌铁业（集团）有限责任公司		98	70	2015

表10 石油石化行业催化裂化装置二氧化硫治理项目

序号	地市	企业名称	生产设施名称及编号	生产设施规模（万吨/年）	综合脱硫效率（%）	投运年份
1	兰 州	兰州石化分公司炼油厂	催化裂化	300	70	2011
2	兰 州	兰州石化分公司炼油厂	催化裂化	140	70	2013

表11 水泥行业氮氧化物治理项目

序号	地市	企业名称	生产设施编号	熟料生产规模（吨/日）	综合脱硝效率（%）	投运年份
1	兰 州	甘肃京兰水泥有限公司	1	4600	30	2014
2	白 银	中材甘肃水泥有限责任公司	1	4500	30	2014
3	平 凉	平凉海螺水泥有限责任公司	干法旋窑	2×4500	30	2014

表12 其他行业二氧化硫治理工程

序号	地市	企业名称	行业	项目内容和规模	综合脱硫效率（%）	投运年份
1	兰 州	酒钢集团榆中钢铁有限责任公司	焦化	4.3m焦炉	90	2014
2	金 昌	金川集团有限公司	有色	一期熔炼、铜熔炼烟气治理	70	2011
3	金 昌	金川集团有限公司	有色	合成炉烟气治理	70	2011
4	金 昌	金川集团有限公司	有色	闪速炉治理	70	2011
5	金 昌	金川集团有限公司	有色	顶吹炉烟气治理	70	2011
6	白 银	白银有色集团股份有限公司铜业公司	有色	对白银炉、转炉无组织排放烟气，新建活性焦干法脱硫设施进行治理	70	2012
7	白 银	白银有色集团股份有限公司西北铅锌冶炼厂	有色	对原有制酸系统进行改造	70	2014
8	白 银	白银有色集团股份有限公司第三冶炼厂	有色	新建制酸系统	70	2011

青海省"十二五"主要污染物总量减排目标责任书

为贯彻落实《国民经济和社会发展第十二个五年规划纲要》、《国务院关于印发"十二五"节能减排综合性工作方案的通知》（国发〔2011〕26号）、《国务院关于加强环境保护重点工作的意见》（国发〔2011〕35号），落实目标责任，强化监督管理，确保实现污染减排约束性目标，经国务院授权，环境保护部与青海省人民政府签订"十二五"主要污染物总量减排目标责任书。具体目标和要求如下：

一、2015年，全省化学需氧量和氨氮排放总量分别控制在12.3万吨、1.10万吨以内，比2010年的10.4万吨、0.96万吨分别增加18.0%、15.0%（其中，工业和生活化学需氧量、氨氮排放量分别控制在9.6万吨、1.00万吨以内，比2010年分别增加18.0%和15.0%）；二氧化硫和氮氧化物排放总量分别控制在18.3万吨、13.4万吨以内，比2010年的15.7万吨、11.6万吨分别增加16.7%、15.3%。

二、青海省人民政府对本行政区污染减排负总责，应采取有效措施，确保总量削减目标和重点减排任务按期完成。

1. 2011年底前将国家下达的主要污染物排放总量控制指标和重点任务逐级分解到各级政府、有关部门和重点企业。

2. 将主要污染物排放总量控制目标纳入本行政区经济社会发展规划，制定年度减排计划并严格执行。

3. 严格控制新增污染物排放量，把主要污染物排放总量控制指标作为环评审批的前置条件。严格控制新建造纸、印染、农药、氮肥、煤电、钢铁、水泥等项目，新建项目按照最严格的环保要求建设治污设施。新建燃煤机组要配套建设高效脱硫脱硝设施；新建新型干法水泥窑要采用低氮燃烧技术并配套建设烟气脱硝设施；新建的钢铁烧结机、石油石化设备、有色冶炼设备、炼焦炉、燃煤锅炉等重点污染源要安装烟气脱硫设施。

4. 把调整经济结构、转变经济发展方式放在更加突出的位置，国家下达的淘汰落后产能任务要按期完成，加大小锅炉、小火电、小化工等的淘汰力度。核准审批新建项目要求关停的产能必须按期淘汰。

5. 到2015年，有条件的县级行政区建成生活污水集中处理设施，完善城镇污水收集管网，城镇污水处理率达到60%。改造现有污水处理设施，提高脱氮除磷能力。城镇污水处理厂污泥无害化处理处置率达到40%，再生水回用率达到10%。强化垃圾渗滤液治理，实现达标排放。加大造纸、印染、化工、食品饮料等重点企业工艺技术改造和废水治理力度。50%以上规模化畜禽养殖场和养殖小区配套建设固体废物和废水贮存处理设施，实施废弃物资源化利用。

6. 到2015年，5万千瓦及以上现役燃煤机组必须安装脱硫设施，不能稳定达标排放的要进行更新改造或淘汰，30万千瓦以上燃煤机组全部实施脱硝改造；钢铁烧结机、球团设备及石油石化催化裂化装置全面实施烟气脱硫改造；现役新型干法水泥窑实施低氮燃烧技术改造，熟料生产规模在4000吨/日以上的生产线必须实施脱硝改造；全面推行机动车环保标志管理，基本淘汰2005年以前注册运营的"黄标车"，加快提升车用燃油品质。

7. 加强污染减排统计、监测和考核体系建设，提高机动车和农业源减排监管能力。

8. 列入本责任书的重点减排项目（见附件）应按期建成，并确保稳定运行。

三、环境保护部每年对本责任书的执行情况进行考核，结果报国务院批准后向社会公布。青海省人民政府每年对各级政府、有关部门和重点企业污染减排情况进行考核，结果抄送环境保护部。

《青海省"十二五"主要污染物总量减排目标责任书》一式两份，环境保护部、青海省人民政府各保存一份。

环境保护部　　　　　　　　　　　　　　青海省人民政府

二〇一一年十二月二十四日　　　　　　　二〇一一年十二月二十日

附件：

青海省"十二五"主要污染物减排重点项目表

表1 城镇污水处理设施建设项目

序号	地市	项目名称	设计处理能力（万吨/日）	负荷率（%）	投运年份
1	西　宁	湟中县多巴镇污水厂	0.62	60	2015
2	西　宁	湟中县甘河滩镇污水厂	0.5	60	2012
3	西　宁	大通县长宁镇污水厂	0.41	60	2014
4	西　宁	西宁市第一污水厂	3.5（再生水量）	—	2014
5	西　宁	西宁市第二污水处理厂	1.7（再生水量）	—	2015
6	果　洛	玛沁县城大武镇污水厂	0.4	60	2013
7	海　西	格尔木市污水处理厂中水回用工程	2.3（再生水量）	—	2012
8	海　西	天峻县污水处理厂	0.35	60	2014
9	海　西	大柴旦污水处理厂	0.2	60	2014
10	海　东	循化县污水处理厂	0.5	60	2012
11	海　北	西海镇污水处理厂	0.2	60	2012
12	黄　南	尖扎县污水处理厂	0.2	60	2014
13	黄　南	同仁县城隆务镇污水厂	0.5	60	2013
14	玉　树	玉树县城结古镇污水厂	1.2	60	2013

注：负荷率是指污水处理厂建成投运一年后的负荷率。

表2 印染行业废水治理项目

序号	地市	企业名称	项目内容	投运年份
1	西　宁	青海雪舟三绒集团	生化＋深度治理	2012
2	西　宁	青海藏羊机织地毯有限公司	生化＋深度治理	2011

表3 其他行业废水治理项目

序号	地市	企业名称	项目内容	投运年份
1	西　宁	青海小西牛生物乳业有限公司	生化＋深度治理	2012
2	西　宁	青海天露乳业有限责任公司	生化＋深度治理	2012
3	西　宁	青海青海湖乳业有限责任公司	生化＋深度治理	2011
4	西　宁	西宁鑫源屠宰肉食品加工有限公司	生化＋深度治理	2012
5	海　北	祁连山酒业有限公司	废水综合利用＋深度治理	2011
6	海　北	青海省奥凯煤业发展集团有限责任公司	废水综合利用＋深度治理	2012
7	海　东	青海互助威思顿精淀粉有限责任公司	生化＋深度治理	2012

表4 规模化畜禽养殖场（小区）污染治理项目

序号	地市	企业名称	治理措施	投运年份
1	西　宁	九道河乳肉牛繁育有限公司	雨污分流＋干清粪＋资源化综合利用	2013
2	西　宁	青海春源畜牧有限公司	雨污分流＋干清粪＋资源化综合利用	2013
3	西　宁	青海牧野农畜产业发展有限公司	雨污分流＋干清粪＋资源化综合利用	2012
4	西　宁	青海昶林粮贸有限公司韦家庄养殖基地	雨污分流＋干清粪＋资源化综合利用	2013
5	西　宁	湟中生寺牛羊养殖基地	雨污分流＋干清粪＋资源化综合利用	2013
6	海　北	三角城镇奶牛育种场	雨污分流＋干清粪＋资源化综合利用	2013
7	海　东	青海天露乳业有限责任公司	雨污分流＋干清粪＋资源化综合利用	2013
8	海　东	青海省互助八眉猪原种育繁场	雨污分流＋干清粪＋资源化综合利用	2013
9	海　东	民和天际肉牛养殖基地	雨污分流＋干清粪＋资源化综合利用	2013
10	海　东	前河卧田养牛场	雨污分流＋干清粪＋资源化综合利用	2013
11	海　东	循化县恒祥畜产品开发有限公司	雨污分流＋干清粪＋资源化综合利用	2013
12	海　东	青海杨光良种猪养殖有限公司	雨污分流＋干清粪＋资源化综合利用	2013
13	海　东	满坪镇福元养殖牛场	雨污分流＋干清粪＋资源化综合利用	2013
14	海　东	循化县文清牛羊养殖有限公司	雨污分流＋干清粪＋资源化综合利用	2013
15	海　西	乌兰县金泰养殖场	雨污分流＋干清粪＋资源化综合利用	2012
16	海　西	都兰县香日德镇香源村唐碧群养殖场	雨污分流＋干清粪＋资源化综合利用	2013
17	海　西	格尔木市郭勒木德镇宝库村奶牛养殖基地	雨污分流＋干清粪＋资源化综合利用	2013
18	黄　南	金农综合养殖场	雨污分流＋干清粪＋资源化综合利用	2013

表5 电力行业二氧化硫治理项目

序号	地市	企业名称	机组编号	装机容量（MW）	项目类别	综合脱硫效率（%）	投运年份
1	海　西	青海碱业有限公司	1	150	新建	90	2012
2	海　西	青海碱业有限公司	2	150	新建	90	2012
3	海　北	西部矿业股份有限公司唐湖电力分公司	1、2	270	新建	90	2012

表6 电力行业氮氧化物治理项目

序号	地市	企业名称	机组编号	装机容量（MW）	综合脱硝效率（%）	投运年份
1	西　宁	青海华电大通发电有限公司	1	300	70	2014
2	西　宁	青海华电大通发电有限公司	2	300	70	2013

表7 钢铁烧结机/球团二氧化硫治理项目

序号	地市	企业名称	生产设施编号	生产设施规模（m²或万吨）	综合脱硫效率（%）	投运年份
1	西　宁	西宁特殊钢股份有限公司	1	132	70	2013

表8 水泥行业氮氧化物治理项目

序号	地市	企业名称	生产设施编号	熟料生产规模（吨/日）	综合脱硝效率（%）	投运年份
1	西 宁	青海盐湖海纳化工有限公司	1	4600	30	2014

表9 其他行业二氧化硫治理项目

序号	地市	企业名称	行业	项目内容和规模	综合脱硫效率（%）	投运年份
1	海 西	青海庆华煤化有限责任公司	焦化	1号 4.3m焦炉	90	2011
2	海 西	青海庆华煤化有限责任公司	焦化	2号 4.3m焦炉	90	2011
3	西 宁	青海江仓能源发展有限责任公司	焦化	1号 4.3m焦炉	90	2011
4	西 宁	青海江仓能源发展有限责任公司	焦化	2号 4.3m焦炉	90	2011

宁夏回族自治区
"十二五"主要污染物总量减排目标责任书

为贯彻落实《国民经济和社会发展第十二个五年规划纲要》、《国务院关于印发"十二五"节能减排综合性工作方案的通知》（国发〔2011〕26号）、《国务院关于加强环境保护重点工作的意见》（国发〔2011〕35号），落实目标责任，强化监督管理，确保实现污染减排约束性目标，经国务院授权，环境保护部与宁夏回族自治区人民政府签订"十二五"主要污染物总量减排目标责任书。具体目标和要求如下：

一、2015年，全区化学需氧量和氨氮排放总量分别控制在22.6万吨、1.67万吨以内，比2010年的24.0万吨、1.82万吨分别减少6.0%、8.0%（其中，工业和生活化学需氧量、氨氮排放量分别控制在12.5万吨、1.47万吨以内，比2010年分别减少6.3%和8.0%）；二氧化硫和氮氧化物排放总量分别控制在36.9万吨、39.8万吨以内，比2010年的38.3万吨、41.8万吨分别减少3.6%、4.9%。

二、宁夏回族自治区人民政府对本行政区污染减排负总责，应采取有效措施，确保总量削减目标和重点减排任务按期完成。

1. 2011年底前将国家下达的主要污染物排放总量控制指标和重点任务逐级分解到各级政府、有关部门和重点企业。

2. 将主要污染物排放总量控制目标纳入本行政区经济社会发展规划，制定年度减排计划并严格执行。

3. 严格控制新增污染物排放量，把主要污染物排放总量控制指标作为环评审批的前置条件。严格控制新建造纸、印染、农药、氮肥、煤电、钢铁、水泥等项目，新建项目按照最严格的环保要求建设治污设施。新建燃煤机组要配套建设高效脱硫脱硝设施；新建新型干法水泥窑要采用低氮燃烧技术并配套建设烟气脱硝设施；新建的钢铁烧结机、石油石化设备、有色冶炼设备、炼焦炉、燃煤锅炉等重点污染源要安装烟气脱硫设施。

4. 把调整经济结构、转变经济发展方式放在更加突出的位置，国家下达的淘汰落后产能任务要按期完成，加大小锅炉、小火电、小化工、小淀粉等的淘汰力度。核准审批新建项目要求关停的产能必须按期淘汰。

5. 到2015年，重点建制镇建成生活污水集中处理设施，完善城镇污水收集管网，城镇污水处理率达到75%。改造现有污水处理设施，提高脱氮除磷能力。城镇污水处理厂污泥无害化处理处置率达到50%，再生水回用率达到20%。强化垃圾渗滤液治理，实现达标排放。加大造纸、印染、化工、农副食品等重点企业工艺技术改造和废水治理力度。全区单位工业增加值化学需氧量和氨氮排放强度分别下降50%。50%以上规模化畜禽养殖场和养殖小区配套建设废弃物处理设施，实施废弃物资源化利用。

6. 到2015年，现役燃煤机组必须安装脱硫设施，不能稳定达标排放的要进行更新改造或淘汰，烟气脱硫设施要按照规定取消烟气旁路，30万千瓦以上燃煤机组全部实施脱硝改造；钢铁烧结机、球团设备及石油石化催化裂化装置全面实施烟气脱硫改造；现役新型干法水泥窑实施低氮燃烧技术改造，熟料生产规模在4000吨/日以上的生产线必须实施脱硝改造；全面推行机动车环保标志管理，基本淘汰2005年以前注册运营的"黄标车"，加快提升车用燃油品质。

7. 加强污染减排统计、监测和考核体系建设，提高机动车和农业源减排监管能力。

8. 列入本责任书的重点减排项目（见附件）应按期建成，并确保稳定运行。

三、环境保护部每年对本责任书的执行情况进行考核，结果报国务院批准后向社会公布。宁夏回族自治区人民政府每年对各级政府、有关部门和重点企业污染减排情况进行考核，结果抄送环境保护部。

《宁夏回族自治区"十二五"主要污染物总量减排目标责任书》一式两份，环境保护部、宁夏回族自治区人民政府各保存一份。

环境保护部　　　　　　　　　　　　宁夏回族自治区人民政府

二〇一一年十二月四日　　　　　　　　二〇一一年十二月廿日

附件：

宁夏回族自治区"十二五"主要污染物减排重点项目表

表1 城镇污水处理设施建设项目

序号	地市	项目名称	设计处理能力（万吨/日）	负荷率（%）	投运年份
1	银 川	永宁（望远）污水处理厂	2	60	2013
2	银 川	灵武宁东污水处理厂	1.5	60	2013
3	银 川	银川市第二再生水厂	4（回用水量）	—	2014
4	银 川	银川市第四再生水厂	8（回用水量）	—	2015
5	固 原	隆德县污水处理厂	1	60	2013
6	石嘴山	石嘴山市第三再生水厂	2（回用水量）	—	2014
7	石嘴山	平罗县再生水厂	1.2（回用水量）	—	2015
8	石嘴山	石嘴山第三污水处理厂	2	60	2012
9	石嘴山	石嘴山第四污水处理厂	1	60	2014
10	吴 忠	同心县污水处理厂	1.5	60	2013
11	吴 忠	吴忠市第二再生水厂	1.5（回用水量）	—	2014
12	中 卫	海原县污水处理厂	1	60	2013
13	中 卫	中卫市第二污水处理厂	1.5	60	2012
14	中 卫	宁夏海原新区污水处理厂	1	60	2015

注：负荷率是指污水处理厂建成投运一年后的负荷率。

表2 造纸行业废水治理项目

序号	地市	企业名称	项目内容	投运年份
1	吴 忠	宁夏科进峡光纸业有限公司	生化处理＋深度治理	2012
2	吴 忠	宁夏昊盛纸业有限公司	生化处理＋深度治理	2012
3	中 卫	中冶美利纸业浆纸有限公司	生化处理＋深度治理	2012
4	中 卫	中冶美利纸业股份有限公司	生化处理＋深度治理	2012
5	银 川	宁夏美洁纸业股份有限公司	生化处理＋深度治理	2013
6	银 川	宁夏紫荆花纸业有限公司	生化处理＋深度治理	2013
7	石嘴山	宁夏沙湖纸业（集团）有限公司	生化处理＋深度治理	2013

表3 印染行业废水治理项目

序号	地市	企业名称	项目内容	投运年份
1	银 川	宁夏莱宝纺织有限公司	深度治理＋节水	2012
2	银 川	宁夏中银绒业股份有限公司	深度治理＋节水	2013
3	银 川	宁夏嘉源绒业集团有限公司	深度治理＋节水	2013
4	中 卫	中宁县三阳土特产购销有限公司	深度治理＋节水	2013

序号	地市	企业名称	项目内容	投运年份
5	中 卫	海原县毛纺厂	深度治理+节水	2014
6	中 卫	中宁县圣源绒毛有限公司	深度治理+节水	2013

表4 石油石化、化工行业废水治理项目

序号	地市	企业名称	项目内容	投运年份
1	银 川	中国石油天然气股份有限公司宁夏石化分公司炼油业务部	气浮、隔油+生化处理	2012
2	银 川	银川宝塔精细化工有限公司	气浮、隔油+生化处理	2012
3	银 川	宁夏宝塔灵州石化有限公司	气浮、隔油+生化处理	2012
4	石嘴山	宁夏坤辉气化有限公司	深度处理	2013
5	吴 忠	宁夏富荣化工有限公司	深度处理	2013
6	吴 忠	宁夏宁鲁石化有限公司	气浮、隔油+生化处理	2012
7	吴 忠	宁夏天峰化工有限公司	深度处理	2013
8	中 卫	宁夏兴尔泰化工有限公司	深度处理	2013
9	中 卫	中卫海鑫化工有限公司	深度处理	2014

表5 其他行业废水治理项目

序号	地市	企业名称	项目内容	投运年份
1	银 川	宁夏伊品生物科技股份有限公司	深度处理	2012
2	银 川	宁夏新月味精有限公司	深度处理	2012
3	固 原	宁夏佳立生物科技有限公司南台淀粉公司	综合利用	2012
4	固 原	泾源县金芋淀粉加工专业合作社	综合利用	2014
5	固 原	宁夏佳立生物科技有限公司新营淀粉公司	综合利用	2013
6	固 原	宁夏固原福宁广业有限责任公司西吉袁河淀粉分公司	综合利用	2013
7	固 原	宁夏银鸥超闲食品有限公司	深度处理	2012
8	固 原	固原宝佳利淀粉有限公司	综合利用	2012
9	固 原	宁夏佳立生物科技有限公司将台淀粉公司	综合利用	2013
10	固 原	宁夏佳利源薯业有限公司	深度处理	2012
11	固 原	隆德县杨河乡杨河村苏剑锋淀粉厂	综合利用	2013
12	固 原	隆德县杨河乡国祥淀粉厂	综合利用	2013
13	固 原	隆德县杨河乡银龙淀粉厂	综合利用	2013
14	固 原	西吉县兴源淀粉产业有限责任公司	综合利用	2013
15	固 原	西吉县美佳特粉业有限责任公司	综合利用	2012
16	固 原	冯文仓淀粉厂	综合利用	2013
17	固 原	固原六盘山淀粉有限公司	综合利用	2013
18	固 原	固原三鼎马铃薯制品有限责任公司	综合利用	2013
19	固 原	固原经济开发区西王淀粉制品厂	综合利用	2012

序号	地市	企业名称	项目内容	投运年份
20	固原	固原长城淀粉有限公司	综合利用	2012
21	固原	西吉县单家集金龙淀粉厂	综合利用	2014
22	固原	彭阳县石岔淀粉厂	综合利用	2014
23	固原	固原红峰淀粉有限公司	综合利用	2012
24	固原	西吉县晨林粉业有限公司	综合利用	2013
25	固原	固原成盛淀粉有限公司	综合利用	2014
26	固原	固原智诚淀粉有限公司	综合利用	2013
27	固原	固原市原州区张易镇汉兵淀粉厂	综合利用	2013
28	固原	固原远华马铃薯制品有限责任公司	综合利用	2012
29	固原	宁夏西海固国联马铃薯产业有限公司	深度处理	2014
30	固原	隆德县恒泰淀粉厂	综合利用	2013
31	石嘴山	宁夏昊凯生物科技有限公司	深度处理	2013
32	吴忠	宁夏万胜生物工程有限公司	深度处理	2013
33	吴忠	吴忠市天天乳业有限公司	深度处理	2012
34	吴忠	宁夏雪泉乳业有限公司	深度处理	2013
35	吴忠	宁夏圣花米来生物工程有限公司	深度处理	2012
36	中卫	宁夏通达果汁有限公司	深度处理	2012

表6 规模化畜禽养殖场（小区）污染治理项目

序号	地市	企业名称	治理措施	投运年份
1	银川	银川湖城万头猪场	资源化综合利用	2013
2	银川	宁夏恒泰元种禽有限公司	资源化综合利用	2012
3	银川	宁夏恒兴养殖业有限公司	资源化综合利用	2012
4	银川	宁夏澳利优奶牛养殖有限公司	资源化综合利用	2012
5	银川	宁夏友牧乳业有限公司	资源化综合利用	2013
6	银川	宁夏翔达牧业科技有限公司	资源化综合利用	2014
7	银川	宁夏晓鸣生态农牧有限公司	资源化综合利用	2014
8	银川	永宁县建明畜禽养殖场	资源化综合利用	2014
9	银川	永宁县天鹏牧业有限公司	资源化综合利用	2012
10	银川	永宁县杨和镇红星肉牛养殖合作社	资源化综合利用	2012
11	银川	纳德信肉牛养殖场	资源化综合利用	2014
12	银川	信旺奶牛开发有限公司	资源化综合利用	2012
13	银川	贺兰县鑫盛农牧开发有限公司（原名新胜村良种猪繁育场）	资源化综合利用	2014
14	银川	神卉生猪养殖专业合作社	资源化综合利用	2012
15	银川	灵武市兴业生猪养殖专业合作社	资源化综合利用	2012
16	银川	黄继福养殖场	资源化综合利用	2013
17	银川	宁夏灵农畜牧发展有限公司万头猪场	资源化综合利用	2012
18	银川	裕晟生猪养殖场	资源化综合利用	2014

序号	地市	企业名称	治理措施	投运年份
19	银 川	胡彦林肉牛养殖场	资源化综合利用	2014
20	石嘴山	金星肉牛养殖场	资源化综合利用	2012
21	吴 忠	吴忠市利通区金积镇夏进园区	资源化综合利用	2012
22	吴 忠	吴忠市利通区扁担沟黄沙窝奶牛合作社	资源化综合利用	2014
23	吴 忠	吴忠市利通区金积镇油粮桥村5队奶牛养殖园区	资源化综合利用	2013
24	吴 忠	吴忠市利通区马莲渠乡陈木闸村5.6队奶牛养殖园区	资源化综合利用	2014
25	吴 忠	吴忠市利通区郭桥乡涝河桥清真肉食品公司养殖基地	资源化综合利用	2012
26	吴 忠	吴忠市利通区金银滩镇富农奶牛养殖场	资源化综合利用	2012
27	吴 忠	吴忠市利通区马莲渠乡马永亮奶牛专业养殖合作社	资源化综合利用	2014
28	吴 忠	吴忠市利通区马莲渠乡雪泉乳业公司奶牛养殖场	资源化综合利用	2013
29	吴 忠	宁夏吴忠市利通区孙家滩周龙养殖场	资源化综合利用	2012
30	吴 忠	青铜峡市峡口镇畜牧科技示范园区	资源化综合利用	2013
31	吴 忠	科佶养殖厂	资源化综合利用	2014
32	吴 忠	玉泉村标准化生猪养殖场	资源化综合利用	2014
33	固 原	固原腾西牧业养殖有限公司	资源化综合利用	2013
34	固 原	隆德县方圆养殖有限公司	资源化综合利用	2012
35	中 卫	中卫市宣和镇第二园区	资源化综合利用	2013
36	中 卫	中卫市宣和镇第三园区	资源化综合利用	2012
37	中 卫	中卫市永康镇百万只鸡生态科技示范园区	资源化综合利用	2013
38	中 卫	中卫市敬农生态养鸡园区	资源化综合利用	2014
39	中 卫	中卫市宣和镇第一园区	资源化综合利用	2014
40	中 卫	中卫市佳昊生物科技有限公司	资源化综合利用	2012
41	中 卫	中卫市广泰综合养殖场	资源化综合利用	2013
42	中 卫	中卫市鑫源良种种猪繁育有限公司	资源化综合利用	2014
43	中 卫	中卫市万国企业有限公司	资源化综合利用	2013
44	中 卫	中卫市兴仁镇正合养猪场	资源化综合利用	2013
45	中 卫	宁夏夏华清真牛羊肉食品有限公司	资源化综合利用	2012
46	中 卫	中卫市徐祥养殖有限公司	资源化综合利用	2013
47	中 卫	中宁县迎鑫源生物环保养殖有限公司	资源化综合利用	2012
48	中 卫	中宁县盛源养殖场	资源化综合利用	2014
49	中 卫	中宁县陈立庆生猪养殖场	资源化综合利用	2014
50	中 卫	中宁县鸣沙镇兴峰肉牛产销合作社	资源化综合利用	2013

表7 电力行业二氧化硫治理项目

序号	地市	企业名称	机组编号	装机容量（MW）	项目类型	综合脱硫效率（%）	投运年份
1	石嘴山	国电石嘴山发电有限责任公司	1	330	改建	90	2012
2	石嘴山	国电石嘴山发电有限责任公司	2	330	改建	90	2013
3	石嘴山	国电石嘴山发电有限责任公司	3	330	改建	90	2014
4	石嘴山	国电石嘴山发电有限责任公司	4	330	改建	90	2012
5	中卫	宁夏中宁发电有限责任公司	1	330	改建	90	2013
6	中卫	宁夏中宁发电有限责任公司	2	330	改建	90	2014
7	石嘴山	宁夏西部聚氯乙烯有限公司热电分公司	1	150	改建	90	2012
8	石嘴山	宁夏西部聚氯乙烯有限公司热电分公司	2	150	改建	90	2013

表8 电力行业氮氧化物治理项目

序号	地市	企业名称	机组编号	装机容量（MW）	综合脱硝效率（%）	投运年份
1	石嘴山	国电石嘴山第一发电有限公司	1	330	70	2013
2	石嘴山	国电石嘴山第一发电有限公司	2	330	70	2014
3	石嘴山	国电石嘴山发电有限责任公司	1	330	70	2012
4	石嘴山	国电石嘴山发电有限责任公司	2	330	70	2013
5	石嘴山	国电石嘴山发电有限责任公司	3	330	70	2012
6	石嘴山	国电石嘴山发电有限责任公司	4	330	70	2014
7	石嘴山	中国国电集团公司大武口热电有限公司	1	330	70	2012
8	石嘴山	中国国电集团公司大武口热电有限公司	2	330	70	2012
9	固原	宁夏发电集团六盘山热电厂	1	330	70	2014
10	固原	宁夏发电集团六盘山热电厂	2	330	70	2013
11	中卫	宁夏中宁发电有限责任公司	1	330	70	2014
12	中卫	宁夏中宁发电有限责任公司	2	330	70	2014
13	吴忠	华能宁夏大坝发电有限责任公司	1	300	70	2015
14	吴忠	华能宁夏大坝发电有限责任公司	2	300	70	2015
15	吴忠	华能宁夏大坝发电有限责任公司	3	330	70	2015
16	吴忠	华能宁夏大坝发电有限责任公司	4	330	70	2015
17	吴忠	宁夏大唐国际大坝发电有限责任公司	5	600	70	2015
18	吴忠	宁夏大唐国际大坝发电有限责任公司	6	600	70	2015
19	吴忠	青铜峡铝业发电有限责任公司	1	330	70	2012
20	吴忠	青铜峡铝业发电有限责任公司	2	330	70	2013
21	宁东	华电宁夏灵武发电有限公司	1	600	70	2014
22	宁东	华电宁夏灵武发电有限公司	2	600	70	2014
23	宁东	宁夏发电集团有限责任公司马莲台发电厂	1	330	70	2013
24	宁东	宁夏发电集团有限责任公司马莲台发电厂	2	330	70	2014
25	宁东	宁夏国华宁东发电有限公司	1	330	70	2012
26	宁东	宁夏国华宁东发电有限公司	2	330	70	2013
27	宁东	国网能源宁夏煤电有限公司	1	660	70	2012

序号	地市	企业名称	机组编号	装机容量（MW）	综合脱硝效率（%）	投运年份
28	宁东	国网能源宁夏煤电有限公司	2	660	70	2013

表9 钢铁烧结机/球团二氧化硫治理项目

序号	地市	企业名称	生产设施编号	生产设施规模（m²或万吨）	综合脱硫效率（%）	投运年份
1	中卫	宁夏钢铁（集团）有限责任公司		156	70	2012

表10 石油石化行业催化裂化装置二氧化硫治理项目

序号	地市	企业名称	生产设施编号	生产设施规模（万吨/年）	综合脱硫效率（%）	投运年份
1	银川	中国石油天然气股份有限公司宁夏石化分公司（炼油业务部）	重油催化裂解	150	70	2013
2	银川	宁夏宝塔灵州石化有限公司	QZ-5	30	70	2013
3	银川	银川宝塔精细化工有限公司	QZ-1	80	70	2014

表11 水泥行业氮氧化物治理项目

序号	地市	企业名称	生产设施编号	熟料生产规模（吨/日）	综合脱硝效率（%）	投运年份
1	银川	宁夏赛马实业股份有限公司	YL-2	6970	30	2013
2	吴忠	宁夏青铜峡水泥股份有限公司	YL-1	4242	30	2013

表12 其他行业二氧化硫治理项目

序号	地市	企业名称	行业	项目内容和规模	综合脱硫效率（%）	投运年份
1	石嘴山	石嘴山市惠农旺鑫煤焦化有限公司	焦化	3.2m以上捣固焦	90	2013
2	石嘴山	石嘴山市金地焦化有限公司	焦化	3.2m以上捣固焦	90	2013
3	石嘴山	平罗县天源焦化有限公司	焦化	3.2m以上捣固焦	90	2013
4	石嘴山	宁夏众元煤焦化有限责任公司二分公司	焦化	3.2m以上捣固焦	90	2014
5	石嘴山	宁夏众元煤焦化有限责任公司	焦化	3.2m以上捣固焦	90	2013

新疆维吾尔自治区
"十二五"主要污染物总量减排目标责任书

为贯彻落实《国民经济和社会发展第十二个五年规划纲要》、《国务院关于印发"十二五"节能减排综合性工作方案的通知》（国发〔2011〕26号）、《国务院关于加强环境保护重点工作的意见》（国发〔2011〕35号），落实目标责任，强化监督管理，确保实现污染减排约束性目标，经国务院授权，环境保护部与新疆维吾尔自治区人民政府签订"十二五"主要污染物总量减排目标责任书。具体目标和要求如下：

一、2015年，全区化学需氧量、氨氮、二氧化硫和氮氧化物排放总量努力控制在56.9万吨（其中工业和生活26.2万吨）、4.06万吨（其中工业和生活3.08万吨）、63.1万吨和58.8万吨以内，与2010年持平，最大允许排放总量不得超过环境保护部核定的排放量。

二、新疆维吾尔自治区人民政府对本行政区污染减排负总责，应采取有效措施，确保总量削减目标和重点减排任务按期完成。

1. 2011年底前将国家下达的主要污染物排放总量控制指标和重点任务逐级分解到各级政

府、有关部门和重点企业。

2. 将主要污染物排放总量控制目标纳入本行政区经济社会发展规划，制定年度减排计划并严格执行。

3. 严格控制新增污染物排放量，把主要污染物排放总量控制指标作为环评审批的前置条件。严格控制新建造纸、印染、农药、氮肥、煤电、钢铁、水泥等项目，新建项目按照最严格的环保要求建设治污设施。新建燃煤机组要配套建设高效脱硫脱硝设施；新建新型干法水泥窑要采用低氮燃烧技术并配套建设烟气脱硝设施；新建的钢铁烧结机、石油石化设备、有色冶炼设备、炼焦炉、燃煤锅炉等重点污染源要安装烟气脱硫设施。

4. 把调整经济结构、转变经济发展方式放在更加突出的位置，国家下达的淘汰落后产能任务要按期完成，加大小锅炉、小火电、小化工等的淘汰力度。核准审批新建项目要求关停的产能必须按期淘汰。

5. 到2015年，有条件的县级行政区建成生活污水集中处理设施，完善城镇污水收集管网，城镇污水处理率达到70%。城镇污水处理厂污泥无害化处理处置率达到40%，再生水回用率达到15%。强化垃圾渗滤液治理，实现达标排放。加大造纸、化工、农副食品等重点企业工艺技术改造和废水治理力度，单位工业增加值排放强度下降50%。大力推进废水综合利用。80%以上规模化畜禽养殖场和养殖小区配套建设固体废物和废水贮存处理设施，实施废弃物资源化利用。

6. 到2015年，现役燃煤机组必须安装脱硫设施，不能稳定达标排放的要进行更新改造或淘汰，烟气脱硫设施要按照规定取消烟气旁路，30万千瓦以上燃煤机组全部实施脱硝改造；钢铁烧结机、球团设备及石油石化催化裂化装置全面实施烟气脱硫改造；现役新型干法水泥窑实施低氮燃烧技术改造，熟料生产规模在4000吨/日以上的生产线必须实施脱硝改造；全面推行机动车环保标志管理，基本淘汰2005年以前注册运营的"黄标车"，加快提升车用燃油品质。

7. 加强污染减排统计、监测和考核体系建设，提高机动车和农业源减排监管能力。

8. 列入本责任书的重点减排项目（见附件）应按期建成，并确保稳定运行。

三、环境保护部每年对本责任书的执行情况进行考核，结果报国务院批准后向社会公布。新疆维吾尔自治区人民政府每年对各级政府、有关部门和重点企业污染减排情况进行考核，结果抄送环境保护部。

《新疆维吾尔自治区"十二五"主要污染物总量减排目标责任书》一式两份，环境保护部、新疆维吾尔自治区人民政府各保存一份。

　　　　　　　环境保护部　　　　　　　　　　　　新疆维吾尔自治区人民政府

　　　　　　二〇一一年十二月二十日　　　　　　　二〇一一年十二月二十日

附件：

新疆维吾尔自治区"十二五"主要污染物减排重点项目表

表1 城镇污水处理设施建设项目

序号	地市	项目名称	设计处理能力（万吨/日）	负荷率（%）	投运年份
1	乌鲁木齐	河西污水处理厂	10	60	2012
2	乌鲁木齐	头屯河区污水处理厂	3	60	2012
3	乌鲁木齐	新化污水处理厂	1.5	60	2013
4	阿克苏	温宿县污水处理厂	0.25	60	2015
5	阿克苏	拜城县污水处理厂	0.44	60	2012
6	阿克苏	新和县污水处理厂	1.0	60	2011
7	阿克苏	库车污水处理厂	5.5	60	2014
8	巴音郭楞	尉犁县污水处理厂	0.33	60	2013
9	巴音郭楞	焉耆回族自治县污水处理厂	0.5	60	2011
10	巴音郭楞	和静县污水处理厂	0.1	60	2011
11	巴音郭楞	若羌县污水处理厂	0.39	60	2014
12	巴音郭楞	且末县污水处理厂	0.1	60	2014
13	巴音郭楞	和硕县污水处理厂	0.1	60	2012
14	巴音郭楞	博湖县污水处理厂	0.35	60	2011
15	博尔塔拉	精河县污水处理厂	0.53	60	2011
16	昌　吉	玛纳斯县污水处理厂	1	60	2012
17	昌　吉	奇台县污水处理厂	1	60	2012
18	昌　吉	木垒哈萨克自治县污水处理厂	0.15	60	2011
19	哈　密	巴里坤哈萨克自治县污水处理厂	0.05	60	2011
20	哈　密	伊吾县污水处理厂	0.18	60	2014
21	和　田	皮山县污水处理厂	0.15	60	2014
22	和　田	洛浦县污水处理厂	0.32	60	2014
23	和　田	墨玉县污水处理厂	1.2	60	2013
24	和　田	策勒县污水处理厂	0.35	60	2013
25	和　田	于田县污水处理厂	0.7	60	2013
26	和　田	民丰县污水处理厂	0.5	60	2013
27	喀　什	叶城县污水处理厂	1.5	60	2013
28	喀　什	麦盖提县污水处理厂	3.1	60	2013
29	喀　什	巴楚县污水处理厂	0.6	60	2013
30	喀　什	疏附县污水处理厂	0.78	60	2014
31	喀　什	疏勒县污水处理厂	3.0	60	2013
32	喀　什	英吉沙县污水处理厂	0.2	60	2013
33	喀　什	泽普县污水处理厂	1.0	60	2012
34	喀　什	岳普湖县污水处理厂	0.55	60	2012
35	喀　什	伽师县污水处理厂	0.6	60	2012

序号	地市	项目名称	设计处理能力（万吨/日）	负荷率（%）	投运年份
36	喀什	塔什库尔干塔吉克自治县污水处理厂	0.3	60	2015
37	克拉玛依	克拉玛依市第二污水厂	5	60	2013
38	克孜勒苏柯尔克孜	阿克陶县污水处理厂	0.43	60	2014
39	克孜勒苏柯尔克孜	阿合奇县污水处理厂	0.1	60	2014
40	克孜勒苏柯尔克孜	乌恰县污水处理厂	0.1	60	2014
41	塔城	沙湾县污水处理厂	0.3	60	2011
42	塔城	托里县污水处理厂	0.6	60	2014
43	吐鲁番	托克逊县污水处理厂	0.72	60	2013
44	伊犁	伊宁县污水处理厂	1.0	60	2012
45	伊犁	察布查尔锡伯自治县污水处理厂	0.3	60	2013
46	伊犁	霍城县污水处理厂	2.5	60	2012
47	伊犁	新源县污水处理厂	0.8	60	2012
48	伊犁	昭苏县污水处理厂	0.43	60	2012
49	伊犁	尼勒克县污水处理厂	1.2	60	2014
50	伊犁	巩留县污水处理厂	0.5	60	2012
51	伊犁	伊宁市排水改扩建三期工程	2.5	75	2013

注：负荷率是指污水处理厂建成投运一年后的负荷率。

表2 造纸行业废水治理项目

序号	地市	企业名称	项目内容	投运年份
1	乌鲁木齐	新疆银佳纸业有限责任公司	生化处理＋深度治理	2012
2	乌鲁木齐	新疆南湖纸业有限公司乌鲁木齐分公司	生化处理＋深度治理	2012
3	乌鲁木齐	乌鲁木齐佳美华造纸厂	生化处理＋深度治理	2012
4	乌鲁木齐	新疆远大纸业有限责任公司	生化处理＋深度治理	2012
5	乌鲁木齐	新疆沙驼股份有限公司	生化处理＋深度治理	2013
6	乌鲁木齐	乌鲁木齐县五星造纸厂	生化处理＋深度治理	2013
7	乌鲁木齐	新疆福宁纸业有限公司	生化处理＋深度治理	2013
8	乌鲁木齐	乌鲁木齐市红旗造纸厂	生化处理＋深度治理	2014
9	阿克苏	阿克苏市中园纸业有限责任公司	生化处理＋深度治理	2012
10	巴音郭楞	新疆和静县板纸有限公司	生化处理＋深度治理	2013
11	巴音郭楞	库尔勒天山纸业有限公司	生化处理＋深度治理	2014
12	喀什	伽师县中盛纸业有限责任公司	生化处理＋深度治理	2012
13	喀什	麦盖提县金得利造纸业有限责任公司	生化处理＋深度治理	2014

表3 印染行业废水治理项目

序号	地市	企业名称	项目内容	投运年份
1	克孜勒苏柯尔克孜	克州友谊羊绒实业有限公司	深度治理＋节水	2015
2	昌 吉	木垒县皮毛厂	深度治理＋节水	2014
3	昌 吉	新疆天山纺织（集团）有限公司	深度治理＋节水	2013
4	喀 什	麦盖提县中联棉纺有限责任公司	深度治理＋节水	2014
5	博尔塔拉	新疆博乐互益纺织有限公司	深度治理＋节水	2013

表4 石油石化、化工行业废水治理项目

序号	地市	企业名称	项目内容	投运年份
1	乌鲁木齐	中国石油天然气股份有限公司乌鲁木齐石化分公司	气浮、隔油＋生化处理	2013
2	阿克苏	中国石油化工股份有限公司塔河分公司	废水深度治理及回用工程	2013
3	喀 什	塔西南勘探开发公司塔西南化肥厂	深度处理	2015
4	伊 犁	新疆伊河矿冶有限责任公司	深度治理	2014
5	伊 犁	奎屯独石化园区污水处理厂	6万吨/日废水治理	2012
6	克拉玛依	中国石油天然气股份有限公司独山子石化分公司	气浮、隔油＋生化处理	2013
7	克拉玛依	中国石油天然气股份有限公司克拉玛依石化分公司	污水厂生化系统改造	2013
8	巴音郭楞	中国石油天然气股份有限公司塔里木石化分公司	气浮、隔油＋生化处理	2013

表5 其他行业废水治理项目

序号	地市	企业名称	项目内容	投运年份
1	乌鲁木齐	新疆天鹰实业有限公司	二级生化	2013
2	乌鲁木齐	乌鲁木齐东戈壁福泰肉制品有限责任公司	二级生化	2012
3	乌鲁木齐	新疆天康食品有限公司	二级生化	2012
4	乌鲁木齐	新疆金牛生物有限公司盖瑞乳业分公司	二级生化	2012
5	阿克苏	阿克苏恒泰棉浆有限公司	物理＋好氧生物处理	2012
6	阿克苏	中粮屯河拜城番茄制品有限公司	物理＋化学	2011
7	阿克苏	中粮屯河乌什果蔬制品有限公司	物化＋组合生物处理	2011
8	阿克苏	新疆中粮屯河阿克苏果业有责任公司	普通活性污泥法	2011
9	阿克苏	新疆拜城县万帮玉米淀粉制造有限公司	厌氧/好氧生物组合工艺	2014
10	巴音郭楞	新疆泰昌实业有限责任公司浆粕厂	物理＋好氧生物处理	2011
11	巴音郭楞	新疆海洲实业有限责任公司牛羊定点屠宰场	二级生化	2013
12	博尔塔拉	新疆博圣酒业酿造有限公司	DDGS四效蒸发	2011
13	昌 吉	玛纳斯澳洋科技有限责任公司	化学＋组合生物处理	2012

序号	地市	企业名称	项目内容	投运年份
14	昌 吉	玛纳斯新澳特种纤维有限责任公司	化学＋组合生物处理	2013
15	昌 吉	中粮新疆屯河股份有限公司奇台糖业分公司	生物接触氧化法	2012
16	昌 吉	中粮屯河股份有限公司玛纳斯番茄制品分公司	物理＋好氧生物处理	2012
17	昌 吉	玛纳斯祥云化纤有限公司	物理化学处理法	2012
18	昌 吉	玛纳斯舜泉化纤有限责任公司	二级生化	2012
19	塔 城	新疆银鹰化纤有限公司	物化＋生物	2012
20	塔 城	新疆天玉生物科技有限公司	厌氧/好氧生物组合工艺	2011
21	塔 城	塔城市天新酒业有限公司	DDG＋UASB＋回配调浆	2011
22	伊 犁	新疆天鹅浆粕有限责任公司	物化＋生物	2014
23	伊 犁	新疆四方实业股份有限公司	物化＋好氧生物处理	2012
24	伊 犁	安琪酵母（伊犁）有限公司	二级生化	2011
25	伊 犁	伊犁华蓝生物科技有限公司	生物处理法	2012
26	伊 犁	新疆马利食品有限公司	好氧生物处理	2012

表6 规模化畜禽养殖场（小区）污染治理项目

序号	地市	企业名称	治理措施	投运年份
1	阿克苏	鼎元牛业良种牛养殖基地	干清粪＋雨污分流＋废弃物资源化综合利用	2015
2	阿克苏	富康猪业养殖基地	干清粪＋雨污分流＋废弃物资源化综合利用	2015
3	阿克苏	三江养殖有限责任公司	干清粪＋雨污分流＋废弃物资源化综合利用	2015
4	阿克苏	阿克苏市天资源养鸡场	干清粪＋雨污分流＋废弃物资源化综合利用	2014
5	阿克苏	阿克苏市源源养殖场	干清粪＋雨污分流＋废弃物资源化综合利用	2013
6	阿克苏	富诚奶牛养殖基地	干清粪＋雨污分流＋废弃物资源化综合利用	2013
7	阿克苏	阿克苏身上永盛养殖场	干清粪＋雨污分流＋废弃物资源化综合利用	2011
8	阿克苏	古力巴克养殖区	干清粪＋雨污分流＋废弃物资源化综合利用	2011
9	巴音郭楞	焉耆县海宇农牧科技开发有限责任公司	干清粪＋雨污分流＋废弃物资源化综合利用	2014
10	巴音郭楞	刘海严养殖场	干清粪＋雨污分流＋废弃物资源化综合利用	2013
11	巴音郭楞	罗南平养殖场	干清粪＋雨污分流＋废弃物资源化综合利用	2012
12	巴音郭楞	博湖县伯宁畜牧公司	干清粪＋雨污分流＋废弃物资源化综合利用	2012
13	巴音郭楞	轮台县广丰生猪养殖场	干清粪＋雨污分流＋废弃物资源化综合利用	2011
14	巴音郭楞	轮台县盛龙有限责任公司	干清粪＋雨污分流＋废弃物资源化综合利用	2011
15	昌 吉	昌吉佳弘畜牧科技有限公司	干清粪＋雨污分流＋废弃物资源化综合利用	2015
16	昌 吉	新疆天康畜牧科技有限公司	干清粪＋雨污分流＋废弃物资源化综合利用	2015
17	昌 吉	关继航养殖场	干清粪＋雨污分流＋废弃物资源化综合利用	2015
18	昌 吉	呼图壁县泰昆养殖有限公司	干清粪＋雨污分流＋废弃物资源化综合利用	2015
19	昌 吉	天山农牧业发展有限公司	干清粪＋雨污分流＋废弃物资源化综合利用	2014
20	昌 吉	新建绿星种猪养殖有限公司	干清粪＋雨污分流＋废弃物资源化综合利用	2014
21	昌 吉	西部物业玛管处牛场	干清粪＋雨污分流＋废弃物资源化综合利用	2014

序号	地市	企业名称	治理措施	投运年份
22	昌吉	昌吉天粮科技牧业有限责任公司	干清粪＋雨污分流＋废弃物资源化综合利用	2014
23	昌吉	呼图壁县牡丹畜牧业发展有限公司	干清粪＋雨污分流＋废弃物资源化综合利用	2014
24	昌吉	奇台县金奇种植繁育有限责任公司	干清粪＋雨污分流＋废弃物资源化综合利用	2013
25	昌吉	玛纳斯县包家店牛场	干清粪＋雨污分流＋废弃物资源化综合利用	2013
26	昌吉	雷开桥牛场	干清粪＋雨污分流＋废弃物资源化综合利用	2013
27	昌吉	东城镇咬牙沟绿色养殖场	干清粪＋雨污分流＋废弃物资源化综合利用	2013
28	昌吉	张奋兵肉牛养殖场	干清粪＋雨污分流＋废弃物资源化综合利用	2013
29	昌吉	智峰育肥牛场	干清粪＋雨污分流＋废弃物资源化综合利用	2012
30	昌吉	路玉忠牛场	干清粪＋雨污分流＋废弃物资源化综合利用	2012
31	昌吉	振家养殖场	干清粪＋雨污分流＋废弃物资源化综合利用	2012
32	昌吉	乐土驿镇泰昆肉鸡养殖基地	干清粪＋雨污分流＋废弃物资源化综合利用	2012
33	昌吉	吉木萨尔镇润源奶牛厂	干清粪＋雨污分流＋废弃物资源化综合利用	2012
34	昌吉	王勇肉牛养殖场	干清粪＋雨污分流＋废弃物资源化综合利用	2012
35	昌吉	陶积沛养殖场	干清粪＋雨污分流＋废弃物资源化综合利用	2012
36	昌吉	天康种猪场	干清粪＋雨污分流＋废弃物资源化综合利用	2012
37	昌吉	玛纳斯县园艺场奶牛养殖场	干清粪＋雨污分流＋废弃物资源化综合利用	2011
38	昌吉	北五岔镇粮站猪场	干清粪＋雨污分流＋废弃物资源化综合利用	2011
39	昌吉	朗青牛场	干清粪＋雨污分流＋废弃物资源化综合利用	2011
40	昌吉	陈新柱养殖场	干清粪＋雨污分流＋废弃物资源化综合利用	2011
41	昌吉	威特畜牧业发展公司	干清粪＋雨污分流＋废弃物资源化综合利用	2011
42	昌吉	贾河新养殖场	干清粪＋雨污分流＋废弃物资源化综合利用	2011
43	昌吉	呼图壁县神牛畜牧有限公司	干清粪＋雨污分流＋废弃物资源化综合利用	2011
44	哈密	伊吾县高产优质奶牛养殖中心	干清粪＋雨污分流＋废弃物资源化综合利用	2012
45	哈密	农牧兴达公司	干清粪＋雨污分流＋废弃物资源化综合利用	2011
46	喀什	李瑛畜禽养殖场	干清粪＋雨污分流＋废弃物资源化综合利用	2013
47	喀什	张玉林畜禽养殖场	干清粪＋雨污分流＋废弃物资源化综合利用	2012
48	喀什	范宜德畜禽养殖场	干清粪＋雨污分流＋废弃物资源化综合利用	2011
49	喀什	邹远金畜禽养殖场	干清粪＋雨污分流＋废弃物资源化综合利用	2011
50	克拉玛依	克拉玛依区养殖基地	干清粪＋雨污分流＋废弃物资源化综合利用	2014
51	克拉玛依	曙光新区养殖基地	干清粪＋雨污分流＋废弃物资源化综合利用	2014
52	克拉玛依	天地农牧公司养猪场	干清粪＋雨污分流＋废弃物资源化综合利用	2011
53	克拉玛依	克拉玛依瑞恒畜牧开发有限公司种猪场	干清粪＋雨污分流＋废弃物资源化综合利用	2011
54	吐鲁番	吐鲁番佳民养殖有限公司	干清粪＋雨污分流＋废弃物资源化综合利用	2013
55	吐鲁番	新疆金凤凰农业科技有限公司	干清粪＋雨污分流＋废弃物资源化综合利用	2011
56	伊犁	伊犁同康农牧发展有限公司	干清粪＋雨污分流＋废弃物资源化综合利用	2014
57	伊犁	新疆新纪元农牧业发展有限公司	干清粪＋雨污分流＋废弃物资源化综合利用	2012
58	伊犁	伊宁向新禽业有限责任公司	干清粪＋雨污分流＋废弃物资源化综合利用	2011

表7 电力行业二氧化硫治理项目

序号	地市	企业名称	机组编号	装机容量（MW）	项目类型	综合脱硫效率（%）	投运年份
1	昌 吉	新疆阜康能源开发有限公司（鲁能）	1	150	新建	90	2013
2	昌 吉	新疆阜康能源开发有限公司（鲁能）	2	150	新建	90	2014
3	昌 吉	华能阜康天池电厂	1	135	新建	90	2012
4	昌 吉	华能阜康天池电厂	2	135	新建	90	2012

表8 电力行业氮氧化物治理项目

序号	地市	企业名称	机组编号	装机容量（MW）	综合脱硝效率（%）	投运年份
1	乌鲁木齐	国电红雁池发电有限责任公司	1	330	70	2013
2	乌鲁木齐	国电红雁池发电有限责任公司	2	330	70	2015
3	乌鲁木齐	华电乌鲁木齐热电厂	1	330	70	2013
4	乌鲁木齐	华电乌鲁木齐热电厂	2	330	70	2014
5	乌鲁木齐	神华新疆米东煤矸石热电厂	1	300	70	2013
6	乌鲁木齐	神华新疆米东煤矸石热电厂	2	300	70	2014
7	昌 吉	新疆天山电力股份有限公司玛纳斯发电公司	7	300	70	2013
8	昌 吉	新疆天山电力股份有限公司玛纳斯发电公司	8	300	70	2014

表9 钢铁烧结机/球团二氧化硫治理项目

序号	地市	企业名称	生产设施编号	生产设施规模（m²或万吨）	综合脱硫效率（%）	投运年份
1	乌鲁木齐	宝钢集团新疆八一钢铁有限公司		265	70	2013
2	乌鲁木齐	宝钢集团新疆八一钢铁有限公司		265	70	2013
3	伊 犁	新疆伊犁钢铁有限责任公司		90	70	2012
4	阿勒泰	富蕴县宏泰铁冶有限责任公司		128	70	2013

表10 石油石化行业催化裂化装置二氧化硫治理项目

序号	地市	企业名称	生产设施名称及编号	生产设施规模（万吨/年）	综合脱硫效率（%）	投运年份
1	乌鲁木齐	乌鲁木齐石化公司	蜡催装置	80	70	2013
2	乌鲁木齐	乌鲁木齐石化公司	重油催化裂化	140	70	2014
3	克拉玛依	独山子石化公司	Ⅰ催化装置	80	70	2014

表11 其他行业二氧化硫治理项目

序号	地市	企业名称	行业	项目内容和规模	综合脱硫效率（%）	投运年份
1	阿克苏	新疆国际煤焦化有限责任公司	焦化	1# 4.3m炼焦炉脱硫	90	2011
2	阿克苏	新疆国际煤焦化有限责任公司	焦化	2# 4.3m炼焦炉脱硫	90	2012
3	阿克苏	新疆天缘煤焦化有限责任公司	焦化	1# 4.3m炼焦炉硫黄回收	90	2012
4	阿克苏	新疆天缘煤焦化有限责任公司	焦化	2# 4.3m炼焦炉硫黄回收	90	2013
5	阿克苏	新疆天缘煤焦化有限责任公司	焦化	3# 4.3m炼焦炉硫黄回收	90	2014
6	阿克苏	新疆天缘煤焦化有限责任公司	焦化	4# 4.3m炼焦炉硫黄回收	90	2012
7	阿勒泰	新疆新鑫矿业喀拉通克铜镍矿	有色	20万吨/年烟气制酸	70	2011
8	阿勒泰	新疆联合鑫旺铜业有限公司	有色	2万吨/年烟气制酸	70	2012
9	哈 密	新疆众鑫矿业有限责任公司	有色	6万吨/年烟气制酸	70	2011

新疆生产建设兵团
"十二五"主要污染物总量减排目标责任书

为贯彻落实《国民经济和社会发展第十二个五年规划纲要》、《国务院关于印发"十二五"节能减排综合性工作方案的通知》（国发〔2011〕26号）、《国务院关于加强环境保护重点工作的意见》（国发〔2011〕35号），落实目标责任，强化监督管理，确保实现污染减排约束性目标，经国务院授权，环境保护部与新疆生产建设兵团签订"十二五"主要污染物总量减排目标责任书。具体目标和要求如下：

一、2015年，兵团化学需氧量、氨氮、二氧化硫和氮氧化物排放总量努力控制在9.5万吨（其中工业和生活4.7万吨）、0.51万吨（其中工业和生活0.25万吨）、9.6万吨和8.8万吨以内，与2010年持平，最大允许排放总量不得超过环境保护部核定的排放量。

二、新疆生产建设兵团对本辖区污染减排负总责，应采取有效措施，确保总量削减目标和重点减排任务按期完成。

1. 2011年底前将国家下达的主要污染物排放总量指标和重点任务逐级分解到各师团、部门和重点企业。

2. 将主要污染物排放总量控制目标纳入本辖区经济社会发展规划，制定年度减排计划并严格执行。

3. 严格控制新增污染物排放量，把主要污染物排放总量控制指标作为环评审批的前置条件。严格控制新建造纸、印染、农药、氮肥等项目，新建项目按照最严格的环保要求建设治污设施。新建燃煤机组要配套建设高效脱硫脱硝设施；新建新型干法水泥窑要采用低氮燃烧技术并配套建设烟气脱硝设施；新建的钢铁烧结机、石油石化设备、有色冶炼设备、炼焦炉、燃煤锅炉等重点污染源要安装烟气脱硫设施。

4. 把调整经济结构、转变经济发展方式放在更加突出的位置，国家下达的淘汰落后产能任务要按期完成，加大小锅炉、小火电、小化工等的淘汰力度。核准审批新建项目要求关停的产能必须按期淘汰。

5. 到2015年，所辖城镇建成城镇污水集中处理设施，完善城镇污水收集管网，城镇污水处理率达到70%。城镇污水处理厂污泥无害化处理处置率达到45%，再生水回用率达到15%。强化垃圾渗滤液治理，实现达标排放。加大造纸、化工、食品饮料等重点企业工艺技术改造和废水治理力度。80%以上规模化畜禽养殖场和养殖小区配套建设固体废物和废水贮存处理设施，实施废弃物资源化利用。

6. 到2015年，现役燃煤机组必须安装脱硫设施，不能稳定达标排放的要进行更新改造或淘汰，烟气脱硫设施要按照规定取消烟气旁路，30万千瓦以上燃煤机组全部实施脱硝改造；钢铁烧结机、球团设备及石油石化催化裂化装置全面实施烟气脱硫改造；现役新型干法水泥窑实施低氮燃烧技术改造，熟料生产规模在4000吨/日以上的生产线必须实施脱硝改造。

7. 加强污染减排统计、监测和考核体系建设，提高农业源减排监管能力。

8. 列入本责任书的重点减排项目（见附件）应按期建成，并确保稳定运行。

三、环境保护部每年对本责任书的执行情况进行考核，结果报国务院批准后向社会公布。新疆生产建设兵团每年对各师团、有关部门和重点企业污染减排情况进行考核，结果抄送环境保护部。

  《新疆生产建设兵团"十二五"主要污染物总量减排目标责任书》一式两份，环境保护部、新疆生产建设兵团各保存一份。

环境保护部   新疆生产建设兵团

二〇一一年十二月九日   二〇一一年十二月二十日

附件:

新疆生产建设兵团"十二五"主要污染物减排重点项目表

表1 城镇污水处理设施建设项目

序号	地市	项目名称	设计处理能力 （万吨/日）	负荷率 （%）	投运年份
1	阿拉尔	阿拉尔供排水有限责任公司	1	60	2011
2	图木舒克	农三师图木舒克市污水处理厂扩建工程	2.5	60	2014
3	五家渠	农六师五家渠市污水处理厂	3	60	2013
4	石河子	新疆石河子市污水处理厂	10	60	2014

注：负荷率是指污水处理厂建成投运一年后的负荷率。

表2 造纸行业废水治理项目

序号	师团	企业名称	项目内容	投运年份
1	农二师	农二师天力纸业有限责任公司	生化处理	2013
2	农六师	五家渠市卫康纸业有限公司	生化处理	2012

表3 其他行业废水治理项目

序号	师团	企业名称	项目内容	投运年份
1	农二师	新疆冠农番茄制品有限公司	物化＋生化	2011
2	农二师	新疆中基番茄制品有限公司天河分公司	物化＋生化	2011
3	农二师	新疆中基番茄制品有限公司天通分公司	物化＋生化	2011
4	农四师	新疆天山雪马铃薯开发有限公司	生化处理	2012
5	农四师	昭苏县雪龙精淀粉有限责任公司	生化处理	2012
6	农六师	五家渠中基番茄制品有限公司芳草湖分公司	生化处理	2011
7	农六师	新疆天达生物工程有限公司	物化＋生化	2011
8	农六师	五家渠中基番茄制品有限公司五家渠分公司	物化＋生化	2011
9	农七师	新疆伊力特糖业有限公司	二级生化	2011
10	农七师	新疆柳沟红番茄制品有限公司	物化＋生化	2011
11	农七师	新疆北纬阳光番茄制品有限责任公司	物化＋生化	2011
12	农九师	新疆绿翔糖业有限公司	物化＋生化	2011

表4 规模化畜禽养殖场（小区）污染治理项目

序号	师团	企业名称	治理措施	投运年份
1	农一师	五团奶牛养殖一场、二场、三场	干清粪＋废弃物资源化利用	2014

序号	师团	企业名称	治理措施	投运年份
2	农一师	阿克苏新农乳业有限责任公司奶牛养殖一场、二场、三场	干清粪+废弃物资源化利用	2014
3	农二师	三十团良种奶牛繁育中心	干清粪+废弃物资源化利用	2014
4	农六师	芳草湖八戒缘养殖小区	干清粪+废弃物资源化利用	2014
5	农六师	一〇三团五连奶牛场	干清粪+废弃物资源化利用	2014
6	农七师	农七师一二三团澳利亚牧业有限公司一牧场	干清粪+废弃物资源化利用	2014
7	农七师	农七师一二四团养牛场	干清粪+废弃物资源化利用	2014
8	农七师	农七师一二五团奥利亚牧业有限公司二牛场、三牛场	干清粪+废弃物资源化利用	2014
9	农七师	农七师一二六团澳牛场	干清粪+废弃物资源化利用	2014
10	农七师	农七师一三〇团奥利奥养牛场	干清粪+废弃物资源化利用	2014
11	农七师	农七师一三一团天锦奶牛场	干清粪+废弃物资源化利用	2014
12	农八师	农八师147团第二、三奶牛场	干清粪+废弃物资源化利用	2014
13	农八师	148团三牛场	干清粪+废弃物资源化利用	2014
14	农八师	149团新疆石河子娃哈哈启力生物技术有限公司一牛场、二牛场	干清粪+废弃物资源化利用	2014
15	农八师	农八师150团第一牛场	干清粪+废弃物资源化利用	2014
16	农八师	新疆西部牧业良繁玉中心牛场	干清粪+废弃物资源化利用	2014
17	农十二师	西山农牧场天康牛场	干清粪+废弃物资源化利用	2014
18	农十二师	五一农场养殖小区	干清粪+废弃物资源化利用	2014
19	农十二师	五一农场现代化千头牛场	干清粪+废弃物资源化利用	2014

表5 电力行业二氧化硫治理项目

序号	师团	企业名称	机组编号	装机容量（MW）	项目类型	综合脱硫效率（%）	投运年份
1	石河子	新疆天富南热电股份有限公司	1	125	新建	85	2011
2	石河子	新疆天富南热电股份有限公司	2	125	新建	85	2011
3	农三师	图木舒克前海热电有限公司	1	50	新建	75	2011
4	农三师	图木舒克前海热电有限公司	2	50	新建	75	2011
5	农七师	奎屯热电厂二电厂	1	25	新建	75	2011
6	农七师	奎屯热电厂二电厂	2	25	新建	75	2011
7	农七师	奎屯锦疆热电公司	1	125	新建	85	2011
8	农七师	奎屯锦疆热电公司	2	125	新建	85	2011

表6 其他行业二氧化硫治理项目

序号	师团	企业名称	行业	项目内容和规模	综合脱硫效率（%）	投运年份
1	农七师	新疆大黄山鸿基焦化有限责任公司	焦化	1# 4.3m炼焦炉脱硫	90	2011
2	农七师	新疆大黄山鸿基焦化有限责任公司	焦化	2# 4.3m炼焦炉脱硫	90	2011

第二篇　中央企业"十二五"主要污染物总量减排目标责任书

中国石油天然气集团公司
"十二五"主要污染物总量减排目标责任书

为贯彻落实《国民经济和社会发展第十二个五年规划纲要》、《国务院关于印发"十二五"节能减排综合性工作方案的通知》（国发〔2011〕26号）、《国务院关于加强环境保护重点工作的意见》（国发〔2011〕35号），落实目标责任，强化监督管理，确保实现污染减排约束性指标，经国务院授权，环境保护部与中国石油天然气集团公司签订"十二五"主要污染物总量减排目标责任书。具体目标和要求如下：

一、2015年，中国石油天然气集团公司化学需氧量和氨氮排放总量分别控制在3.02万吨、1.26万吨以内，比2010年的3.43万吨、1.40万吨分别减少12%、10%；二氧化硫和氮氧化物排放总量分别控制在21.33万吨、16.78万吨以内，比2010年的24.24万吨、18.64万吨分别减少12%、10%。

二、中国石油天然气集团公司应采取有效措施，确保总量削减目标和重点减排项目按期完成。

1. 2011年底前将国家下达的主要污染物总量减排任务分解到分公司和有关企业。

2. 严格控制新增污染物排放量，新（扩）建以煤炭为燃料的动力站、催化裂化装置必须建设高效烟气脱硫设施，新建采油、炼油、石油化工企业要配套建设污水处理设施，达标排放，并满足总量控制指标要求。

3. 加快提升车用燃油品质，按照国家要求的时限供应符合国家标准的车用燃油，重点区域应根据地方要求供应符合更高国家标准的车用燃油。配合国家柴油车SCR装置推广进程，按照国家相关标准在所属加油站配套建设尿素加注站。

4. 加大小炼油、小乙烯设备淘汰力度，列入国家淘汰名录和核准审批新建项目要求关停的产能，必须按期关停。

5. 2015年，现有催化裂化装置全面实施烟气脱硫改造；改进尾气硫回收工艺，提高硫黄回收率，二氧化硫排放浓度不能稳定达标的，建设硫黄回收尾气脱硫设施；严格控制石油焦使用过程的二氧化硫排放，加强石油焦流向管理，建立使用和销售台账。采油企业要完善隔油、气浮等污水处理设施；炼油企业要完善含油、含酚及催化分馏塔废水处理设施，强化厌氧、好氧处理工艺；乙烯企业要完善废水预处理、生化处理及污泥安全处理处置。对进入城市污水处理设施的企业废水，必须经处理后达到间接排放限值要求。对污水处理设施产生的污泥，应按照国家有关规定进行无害化处理处置，属于危险废物的，要按照危险废物的管理规定进行妥善处理。

6. 2015年，现役燃煤锅炉必须安装脱硫设施，不能稳定达标排放的进行升级改造或淘汰。所有燃煤机组必须采取高效低氮燃烧技术，单机容量30万千瓦及以上、东部地区及其他省会城市20万千瓦及以上的现役燃煤机组全部实行烟气脱硝改造，确保稳定达标排放。

7. 所有燃煤电站锅炉、催化裂化装置、硫黄回收尾气必须安装污染物烟气在线自动监测装置，炼油、乙烯企业污水外排口要安装在线监测系统，并与环保部门联网；污水处理设施要安装运行监控系统，并加强设施的运行维护。

8. 列入本责任书的减排项目（见附件）应按期建成，并确保稳定运行。

三、环境保护部每年对本责任书的执行情况进行考核，结果报国务院批准后向社会公布。中国石油天然气集团公司对列入本责任书的项目加强监督管理。

《中国石油天然气集团公司"十二五"主要污染物总量减排目标责任书》一式两份，环境保护部、中国石油天然气集团公司各保存一份，并将复印件送至项目所在地的省级环境保护行政主管部门。

环境保护部

中国石油天然气集团公司

二〇一一年十二月十四日

二〇一一年　　月　日

附件:

表1 炼油、乙烯企业废水治理项目

序号	省份	企业名称	项目内容	投运年份
1	河北	中石油华北石化分公司	气浮、隔油+生化处理	2014
2	辽宁	中石油锦西石化分公司	气浮、隔油+生化处理	2012
3	辽宁	中石油抚顺石化分公司石油二厂	生化处理	2013
4	辽宁	中石油抚顺石化分公司洗涤剂化工厂	气浮、隔油+生化处理	2014
5	辽宁	中石油抚顺石化分公司石油三厂	气浮、隔油+生化处理	2014
6	吉林	吉林石化公司污水处理厂	深度治理升级改造	2015
7	黑龙江	大庆石化分公司（化肥）	腈纶污水处理厂完善改造	2015
8	黑龙江	中石油大庆炼化分公司（马鞍山）	化工废水治理设施升级改造	2012
9	陕西	中石油长庆石化分公司	气浮、隔油+生化处理	2015
10	甘肃	中石油庆阳石化分公司新厂	气浮、混凝沉淀+厌氧+好氧	2013
11	甘肃	中石油兰州石化分公司（化肥）	工业废水治理及雨排水综合整治	2013
12	甘肃	中石油兰州石化分公司（乙烯）	工业废水治理及雨排水综合整治	2013
13	甘肃	中石油兰州石化分公司（橡胶）	工业废水治理及雨排水综合整治	2013
14	甘肃	中石油兰州石化分公司石油化工厂	工业废水治理及雨排水综合整治	2013
15	甘肃	中石油玉门油田分公司炼油化工总厂	二级生化处理+深度处理	2013
16	宁夏	中石油宁夏石化分公司炼油业务部	气浮、隔油+生化处理	2012
17	新疆	中石油乌鲁木齐石化分公司	气浮、隔油+生化处理	2013
18	新疆	中石油独山子石化分公司	气浮、隔油+生化处理	2013
19	新疆	中石油克拉玛依石化分公司	污水厂生化系统改造	2013
20	新疆	中石油塔里木石化分公司	气浮、隔油+生化处理	2013

表2 催化裂化烟气二氧化硫治理项目

序号	省份	企业名称	生产装置名称及编号	规模（万吨/年）	综合脱硫效率（%）	投运年份
1	河 北	华北石化分公司	二催化	120	70	2014
2	河 北	华北石化分公司	三催化	160	70	2014
3	辽 宁	抚顺石化分公司	石油二厂催化	120	70	2014
4	辽 宁	抚顺石化分公司	石油二厂重油催化	150	70	2014
5	辽 宁	大连石化分公司	140万吨/年催化	140	70	2014
6	辽 宁	大连石化分公司	350万吨/年重油催化裂化	350	70	2013
7	辽 宁	大连西太平洋石油化工有限公司	催化裂化	300	70	2013
8	辽 宁	锦西石化分公司	催化装置	100	70	2012
9	辽 宁	锦西石化分公司	重油催化	180	70	2013
10	辽 宁	辽河石化分公司	催化装置		70	2012
11	黑龙江	大庆石化分公司	一套重油催化	100	70	2014
12	黑龙江	大庆炼化分公司	一套ARGG	100	70	2013
13	黑龙江	大庆炼化分公司	二套ARGG	180	70	2014
14	黑龙江	哈尔滨石化分公司	二催化装置	60	70	2013
15	黑龙江	哈尔滨石化分公司	三催化装置	120	70	2014
16	陕 西	长庆石化分公司	催化裂化装置	500	70	2013
17	甘 肃	兰州石化分公司	140万吨催化裂化	140	70	2013
18	甘 肃	兰州石化分公司	300万吨催化裂化	300	70	2011
19	宁 夏	宁夏石化分公司	炼油业务催化裂化	260	70	2013
20	新 疆	独山子石化分公司	Ⅰ催化装置	80	70	2014
21	新 疆	乌鲁木齐石化分公司	蜡催装置	80	70	2013
22	新 疆	乌鲁木齐石化分公司	重油催化裂化	140	70	2014

中国石油化工集团公司
"十二五"主要污染物总量减排目标责任书

为贯彻落实《国民经济和社会发展第十二个五年规划纲要》、《国务院关于印发"十二五"节能减排综合性工作方案的通知》（国发〔2011〕26号）、《国务院关于加强环境保护重点工作的意见》（国发〔2011〕35号），落实目标责任，强化监督管理，确保实现污染减排约束性目标，经国务院授权，环境保护部与中国石油化工集团公司签订"十二五"主要污染物总量减排目标责任书。具体目标和要求如下：

一、2015年，中国石油化工集团公司化学需氧量和氨氮排放总量分别控制在3.62万吨、1.09万吨以内，比2010年的4.11万吨、1.21万吨分别减少12%、10%；二氧化硫和氮氧化物排放总量分别控制在34.93万吨、19.52万吨以内，比2010年的39.69万吨、21.69万吨分别减少12%、10%。

二、中国石油化工集团公司应采取有效措施，确保总量削减目标和重点减排项目按期完成。

1. 2011年底前将国家下达的主要污染物总量减排任务分解到分公司和有关企业。

2. 严格控制新增污染物排放量，新（扩）建以煤炭为燃料的动力站、催化裂化装置必须建设高效烟气脱硫设施，新建采油、炼油、石油化工企业要配套建设污水处理设施，达标排放，并满足总量控制指标要求。

3. 加快提升车用燃油品质，按照国家要求的时限供应符合国家标准的车用燃油，重点区域应根据地方要求供应符合更高国家标准的车用燃油。配合国家柴油车SCR装置推广进程，按照国家相关标准在所属加油站配套建设尿素加注站。

4. 加大小炼油、小乙烯设备淘汰力度，列入国家淘汰名录和核准审批新建项目要求关停的产能，必须按期关停。

5. 2015年，现有催化裂化装置全面实施烟气脱硫改造；改进尾气硫回收工艺，提高硫黄回收率，二氧化硫排放浓度不能稳定达标的，建设硫黄回收尾气脱硫设施；严格控制石油焦使用过程的二氧化硫排放，加强石油焦流向管理，建立使用和销售台账。采油企业要完善隔油、气浮等污水处理设施；炼油企业要完善含油、含酚及催化分馏塔废水处理设施，强化厌氧、好氧处理工艺；乙烯企业要完善废水预处理、生化处理及污泥安全处理处置。对进入城市污水处理设施的企业废水，必须经处理后达到间接排放限值要求。对污水处理设施产生的污泥，应按照国家有关规定进行无害化处理处置，属于危险废物的，要按照危险废物的管理规定进行妥善处理。

6. 2015年，现役燃煤锅炉必须安装脱硫设施，不能稳定达标排放的进行升级改造或淘汰。所有燃煤机组必须采取高效低氮燃烧技术，单机容量30万千瓦及以上、东部地区及其他省会城市20万千瓦及以上的现役燃煤机组全部实行烟气脱硝改造，确保稳定达标排放。

7. 所有燃煤电站锅炉、催化裂化装置、硫黄回收尾气必须安装污染物烟气在线自动监测装置，炼油、乙烯企业污水外排口要安装在线监测系统，并与环保部门联网；污水处理设施要安装运行监控系统，并加强设施的运行维护。

8. 列入本责任书的减排项目（见附件）应按期建成，并确保稳定运行。

三、环境保护部每年对本责任书的执行情况进行考核，结果报国务院批准后向社会公布。中国石油化工集团公司对列入本责任书的项目加强监督管理。

《中国石油化工集团公司"十二五"主要污染物总量减排目标责任书》一式两份，环境保护部、中国石油化工集团公司各保存一份，并将复印件送至项目所在地的省级环境保护行政主管部门。

环境保护部   中国石油化工集团公司

二〇一一年十二月二十日   二〇一一年八月二日

附件：

表1 炼油、乙烯企业废水治理项目

序号	省份	企业名称	项目内容	投运年份
1	北京	燕山石化分公司	污水处理厂深度处理工程	2014
2	北京	催化剂奥达分公司	污水处理系统升级完善	2013
3	天津	天津石化分公司	小乙烯污水回用工程	2013
4	河北	石家庄炼化分公司	化纤污水处理厂提标改造工程	2013
5	河北	石家庄炼化分公司	炼油污水处理厂异地改造工程	2014
6	上海	上海石化	污水处理系统扩能改造	2014
7	上海	上海石化	污水深度处理及回用工程二期	2014
8	上海	高桥石化分公司	废水深度处理及回用工程	2013
9	江苏	扬子石化有限公司	废水深度处理及回用工程	2014
10	江苏	金陵石化分公司	炼油污水深度处理及回用工程	2014
11	浙江	镇海炼化分公司	炼油达标污水回用工程	2013
12	浙江	镇海炼化分公司	乙烯达标污水回用工程	2013
13	安徽	安庆石化分公司	污水处理厂改造及部分回用工程	2013
14	江西	九江石化	新建含盐污水处理工程	2014
15	江西	九江石化	低盐污水深度处理及回用工程	2014
16	山东	齐鲁石化分公司	乙烯污水处理厂深度处理及回用工程	2014
17	山东	催化剂齐鲁分公司	低氨氮污水处理工程	2012
18	山东	胜利油田分公司	采油污水提标改造及深度处理工程	2015
19	河南	河南油田分公司	新庄油田污水深度处理及回用工程	2013
20	河南	河南油田分公司	王集油田污水深度处理工程	2014
21	河南	河南油田分公司	采油一厂污水提标改造工程	2012
22	河南	河南油田分公司	采油二厂污水提标改造工程	2013
23	河南	河南油田分公司石蜡精细化工厂	污水处理厂提标改造工程	2013
24	河南	洛阳石化分公司	炼油污水处理厂提标改造工程	2012
25	湖北	湖北化肥分公司	尿素废水水解回收及污水处理改造工程	2013
26	湖北	润滑油武汉分公司	污水深度处理和冷凝水回用工程	2013
27	湖南	长岭炼化分公司	污水处理厂提标改造工程	2013
28	湖南	催化剂长岭分公司	低氨氮污水处理工程	2012
29	湖南	巴陵石化分公司	供排水事业部提标改造工程	2014
30	湖南	巴陵石化分公司	化肥事业部废水处理改造工程	2013
31	广东	广州石化分公司	炼油污水污污分治工程	2013
32	广东	茂名石化分公司	达标污水回用工程	2014
33	陕西	西安石化分公司	含盐污水提标改造	2013
34	新疆	塔河分公司	废水深度治理及回用工程	2013

表2 催化裂化烟气二氧化硫治理项目

序号	省份	企业名称	生产装置名称及编号	规模（万吨/年）	综合脱硫效率（%）	投运年份
1	北京	燕山分公司	第二催化裂化装置	80	70	2011
2	北京	燕山分公司	第三催化裂化装置	200	70	2011
3	天津	天津分公司	蜡油催化裂化装置	130	70	2014
4	河北	石家庄炼化	第一催化裂化装置	90	70	2014
5	河北	沧州分公司	催化裂化装置	120	70	2014
6	上海	高桥分公司	1#催化裂化装置	90	70	2014
7	上海	高桥分公司	2#催化裂化装置	60	70	2014
8	上海	高桥分公司	3#催化裂化装置	140	70	2014
9	江苏	金陵分公司	第一催化裂化装置	130	70	2014
10	江苏	扬子石化	催化裂化装置	200	70	2014
11	浙江	镇海炼化分公司	第一催化裂化装置	180	70	2012
12	浙江	镇海炼化分公司	第二催化裂化装置	300	70	2014
13	安徽	安庆分公司	催化裂化装置	140	70	2014
14	安徽	安庆分公司	催化裂解装置	70	70	2014
15	江西	九江分公司	1#催化裂化装置	100	70	2014
16	江西	九江分公司	2#催化裂化装置	100	70	2014
17	山东	胜利油田石化厂	重油催化裂化装置	90	70	2015
18	山东	齐鲁分公司	第一催化裂化装置	80	70	2014
19	山东	济南分公司	第一催化裂化装置	80	70	2014
20	山东	济南分公司	第二催化裂化装置	140	70	2014
21	山东	青岛石化	重油催化裂化装置	140	70	2014
22	山东	青岛炼化公司	蜡油催化裂化装置	290	70	2014
23	河南	洛阳分公司	第一催化裂化装置	160	70	2014
24	河南	洛阳分公司	第二催化裂化装置	140	70	2014
25	湖北	荆门分公司	催化裂化装置	120	70	2014
26	湖北	荆门分公司	催化裂解装置	80	70	2014
27	湖北	武汉分公司	第一催化裂化装置	110	70	2014
28	湖北	武汉分公司	第二催化裂化装置	100	70	2014
29	湖南	巴陵石化	催化裂化装置	120	70	2015
30	湖南	长岭分公司	第一催化裂化装置	120	70	2014
31	广东	茂名分公司	2#催化裂化装置	100	70	2014
32	广东	茂名分公司	3#催化裂化装置	140	70	2014
33	广东	广州分公司	重油催化裂化装置	100	70	2011
34	广东	广州分公司	蜡油催化裂化装置	200	70	2014
35	广东	湛江东兴公司	2#催化裂化装置	120	70	2014
36	海南	海南炼化公司	重油催化裂化装置	280	70	2014

国家电网公司
"十二五"主要污染物总量减排目标责任书

　　为贯彻落实《国民经济和社会发展第十二个五年规划纲要》、《国务院关于印发"十二五"节能减排综合性工作方案的通知》（国发〔2011〕26号）、《国务院关于加强环境保护重点工作的意见》（国发〔2011〕35号），落实目标责任，强化监督管理，确保实现污染减排约束性目标，经国务院授权，环境保护部与国家电网公司签订"十二五"主要污染物总量减排目标责任书。具体目标和要求如下：

　　一、2015年，国家电网公司现役机组（2010年底前投运）二氧化硫和氮氧化物排放总量分别控制在6.93万吨、7.81万吨以内，比2010年的10.10万吨、14.62万吨分别减少31.4%、46.6%。

　　二、国家电网公司应采取有效措施，确保总量削减目标和重点减排项目按期完成。

　　1.2011年底前，将国家下达的主要大气污染物总量减排任务分解到企业和机组。

　　2.严格控制新增污染物排放量，控制燃煤硫分，优化燃煤电厂发展空间布局，新（扩）

建燃煤机组必须同步建设无烟气旁路的高效脱硫、脱硝设施。

3. 加大小火电机组淘汰力度，列入国家淘汰名录和核准审批新建项目要求关停的小火电机组，必须按期关停。

4. 2015年，现役燃煤机组不能稳定达标排放的进行更新改造或淘汰。所有机组必须采取高效低氮燃烧技术，单机容量30万千瓦及以上燃煤机组全部加装脱硝设施，确保稳定达标排放。

5. 所有火电厂必须安装污染物烟气在线自动监测装置，加强运行维护，确保数据准确和正常运行，并与环保部门联网。

6. 列入本责任书的减排项目（见附件）必须按期建成，并确保稳定运行。

三、环境保护部每年对本责任书的执行情况进行考核，结果报国务院批准后向社会公布。国家电网公司对列入本责任书的项目加强监督管理。

《国家电网公司"十二五"主要污染物总量减排目标责任书》一式两份，环境保护部、国家电网公司各保存一份，并将复印件送至项目所在地的省级环境保护行政主管部门。

环境保护部   国家电网公司

二〇一一年十二月四日   二〇一一年 月 日

附件：

表1 二氧化硫治理项目

序号	省份	地市	企业名称	机组编号	装机容量（MW）	综合脱硫效率（%）	投运年份
1	天 津	滨海新区	天津大港华实发电有限责任公司	1	328.5	90	2011
2	天 津	滨海新区	天津大港华实发电有限责任公司	2	328.5	90	2011
3	新 疆	昌 吉	新疆阜康电厂	1	150	90	2013
4	新 疆	昌 吉	新疆阜康电厂	2	150	90	2013

表2 氮氧化物治理项目

序号	省份	地市	企业名称	机组编号	装机容量（MW）	综合脱硝效率（%）	投运年份
1	天 津	滨海新区	大港华实发电有限责任公司	1	328.5	70	2013
2	天 津	滨海新区	大港华实发电有限责任公司	2	328.5	70	2014
3	天 津	滨海新区	大港发电厂	3	328.5	70	2013
4	天 津	滨海新区	大港广安津能	4	328.5	70	2014
5	河 北	秦皇岛	秦皇岛电厂	3	320	70	2014
6	河 北	秦皇岛	秦皇岛电厂	4	320	70	2013
7	山 西	朔 州	神头二电厂	1	500	70	2013
8	山 西	朔 州	神头二电厂	2	500	70	2012
9	山 西	忻 州	河曲电厂	1	600	70	2013
10	山 西	忻 州	河曲电厂	2	600	70	2012
11	陕 西	榆 林	府谷电厂	1	600	70	2013
12	陕 西	榆 林	府谷电厂	2	600	70	2013
13	宁 夏	灵 武	鸳鸯湖电厂	1	660	70	2012
14	宁 夏	灵 武	鸳鸯湖电厂	2	660	70	2013

中国华能集团公司
"十二五"主要污染物总量减排目标责任书

　　为贯彻落实《国民经济和社会发展第十二个五年规划纲要》、《国务院关于印发"十二五"节能减排综合性工作方案的通知》（国发〔2011〕26号）、《国务院关于加强环境保护重点工作的意见》（国发〔2011〕35号），落实目标责任，强化监督管理，确保实现污染减排约束性目标，经国务院授权，环境保护部与中国华能集团公司签订"十二五"主要污染物总量减排目标责任书。具体目标和要求如下：

　　一、2015年，中国华能集团公司二氧化硫和氮氧化物排放总量分别控制在83.19万吨、90.56万吨以内，比2010年的99.04万吨、146.07万吨分别减少16.0%、38.0%。

　　二、中国华能集团公司应采取有效措施，确保总量削减目标和重点减排项目按期完成。

　　1.2011年底前，将国家下达的主要大气污染物总量减排任务分解到企业和机组。

　　2.严格控制新增污染物排放量，控制燃煤硫分，优化燃煤电厂发展空间布局，新（扩）建燃煤机组必须同步建设无烟气旁路的高效脱硫、脱硝设施。

3. 加大小火电机组淘汰力度，列入国家淘汰名录和核准审批新建项目要求关停的小火电机组，必须按期关停。

4. 2015年，现役燃煤机组不能稳定达标排放的进行更新改造或淘汰。所有机组必须采取高效低氮燃烧技术，单机容量30万千瓦及以上燃煤机组全部加装脱硝设施，确保稳定达标排放。

5. 所有火电厂必须安装污染物烟气在线自动监测装置，加强运行维护，确保数据准确和正常运行，并与环保部门联网。

6. 列入本责任书的减排项目（见附件）必须按期建成，并确保稳定运行。

三、环境保护部每年对本责任书的执行情况进行考核，结果报国务院批准后向社会公布。中国华能集团公司对列入本责任书的项目加强监督管理。

《中国华能集团公司"十二五"主要污染物总量减排目标责任书》一式两份，环境保护部、中国华能集团公司各保存一份，并将复印件送至项目所在地的省级环境保护行政主管部门。

环境保护部　　　　　　　　　　　　　中国华能集团公司

二〇一一年十二月　日　　　　　　　　二〇一一年十二月六日

附件：

表1 二氧化硫治理项目

序号	省份	地市	企业名称	机组编号	装机容量（MW）	综合脱硫效率（%）	项目类型	投运年份
1	内蒙古	呼伦贝尔	伊敏煤电公司	3	600	85	新建	2014
2	内蒙古	呼伦贝尔	伊敏煤电公司	4	600	85	新建	2014

表2 氮氧化物治理项目

序号	省份	地市	企业名称	机组编号	装机容量（MW）	综合脱硝效率（%）	投运年份
1	天津		杨柳青热电厂	5	300	70	2014
2	天津		杨柳青热电厂	6	300	70	2013
3	天津		杨柳青热电厂	7	300	70	2012
4	天津		杨柳青热电厂	8	300	70	2013
5	河北	石家庄	上安电厂	1	300	70	2015
6	河北	石家庄	上安电厂	2	300	70	2015
7	河北	石家庄	上安电厂	3	300	70	2013
8	河北	石家庄	上安电厂	4	300	70	2015
9	河北	石家庄	上安电厂	5	600	70	2014
10	河北	石家庄	上安电厂	6	600	70	2012
11	河北	邯郸	邯峰电厂	1	660	70	2013
12	河北	邯郸	邯峰电厂	2	660	70	2014
13	山西	晋中	榆社发电公司	3	300	70	2013
14	山西	晋中	榆社发电公司	4	300	70	2014
15	内蒙古	鄂尔多斯	达拉特旗发电厂	1	330	70	2015
16	内蒙古	鄂尔多斯	达拉特旗发电厂	2	330	70	2015
17	内蒙古	鄂尔多斯	达拉特旗发电厂	3	330	70	2015
18	内蒙古	鄂尔多斯	达拉特旗发电厂	4	330	70	2015
19	内蒙古	鄂尔多斯	达拉特旗发电厂	5	330	70	2015
20	内蒙古	鄂尔多斯	达拉特旗发电厂	6	330	70	2015
21	内蒙古	鄂尔多斯	达拉特旗发电厂	7	600	70	2013
22	内蒙古	鄂尔多斯	达拉特旗发电厂	8	600	70	2014
23	内蒙古	乌海	海勃湾发电厂	5	330	70	2013
24	内蒙古	乌海	海勃湾发电厂	6	330	70	2014
25	内蒙古	包头	包头第一热电厂	新1	300	70	2013
26	内蒙古	包头	包头第一热电厂	新2	300	70	2014
27	内蒙古	包头	包头第二热电厂	3	300	70	2013
28	内蒙古	包头	包头第二热电厂	4	300	70	2014
29	内蒙古	包头	包头第三热电厂	1	300	70	2013
30	内蒙古	包头	包头第三热电厂	2	300	70	2014

序号	省份	地市	企业名称	机组编号	装机容量（MW）	综合脱硝效率（%）	投运年份
31	内蒙古	呼和浩特	金桥电厂	1	300	70	2013
32	内蒙古	呼和浩特	金桥电厂	2	300	70	2014
33	内蒙古	锡林郭勒	上都电厂	1	600	35	2013
34	内蒙古	锡林郭勒	上都电厂	2	600	35	2013
35	内蒙古	锡林郭勒	上都电厂	3	600	35	2014
36	内蒙古	锡林郭勒	上都电厂	4	600	35	2014
37	内蒙古	呼伦贝尔	伊敏煤电公司	1	500	35	2015
38	内蒙古	呼伦贝尔	伊敏煤电公司	2	500	35	2015
39	内蒙古	呼伦贝尔	伊敏煤电公司	3	600	35	2013
40	内蒙古	呼伦贝尔	伊敏煤电公司	4	600	35	2014
41	内蒙古	巴彦淖尔	乌拉山电厂	1	300	70	2015
42	内蒙古	巴彦淖尔	乌拉山电厂	2	300	70	2015
43	内蒙古	巴彦淖尔	北方临河电厂	1	300	70	2015
44	内蒙古	巴彦淖尔	北方临河电厂	2	300	70	2015
45	辽宁	丹东	丹东电厂	1	350	70	2012
46	辽宁	丹东	丹东电厂	2	350	70	2013
47	辽宁	营口	营口电厂	1	320	70	2013
48	辽宁	营口	营口电厂	2	320	70	2013
49	辽宁	营口	营口电厂	3	600	70	2013
50	辽宁	营口	营口电厂	4	600	70	2013
51	辽宁	大连	大连电厂	1	350	70	2013
52	辽宁	大连	大连电厂	2	350	70	2013
53	辽宁	大连	大连电厂	3	350	70	2012
54	辽宁	大连	大连电厂	4	350	70	2012
55	吉林	长春	九台电厂	1	660	70	2013
56	吉林	长春	九台电厂	2	660	70	2014
57	黑龙江	大庆	新华发电公司	6	330	70	2014
58	黑龙江	鹤岗	鹤岗发电公司	1	300	35	2014
59	黑龙江	鹤岗	鹤岗发电公司	2	300	35	2014
60	黑龙江	鹤岗	鹤岗发电公司	3	600	70	2014
61	上海	宝山	石洞口第二电厂	1	600	70	2012
62	上海	宝山	石洞口第二电厂	2	600	70	2013
63	上海	宝山	石洞口第一电厂	1	325	70	2013
64	上海	宝山	石洞口第一电厂	2	325	70	2013
65	上海	宝山	石洞口第一电厂	3	325	70	2014
66	上海	宝山	石洞口第一电厂	4	325	70	2014
67	江苏	南通	南通电厂	1	352	70	2013
68	江苏	南通	南通电厂	2	352	70	2012
69	江苏	南通	南通电厂	3	350	70	2014
70	江苏	南通	南通电厂	4	350	70	2013

序号	省份	地市	企业名称	机组编号	装机容量（MW）	综合脱硝效率（%）	投运年份
71	江 苏	苏 州	太仓电厂	1	320	70	2012
72	江 苏	苏 州	太仓电厂	2	320	70	2013
73	江 苏	苏 州	太仓电厂	3	630	70	2013
74	江 苏	苏 州	太仓电厂	4	630	70	2013
75	江 苏	淮 安	淮阴发电厂	3	330	70	2012
76	江 苏	淮 安	淮阴发电厂	4	330	70	2013
77	江 苏	淮 安	淮阴发电厂	5	330	70	2013
78	江 苏	淮 安	淮阴发电厂	6	330	70	2014
79	福 建	福 州	福州电厂	3	350	70	2012
80	福 建	福 州	福州电厂	4	350	70	2012
81	江 西	赣 州	瑞金电厂	1	350	70	2013
82	江 西	赣 州	瑞金电厂	2	350	70	2014
83	江 西	吉 安	井冈山电厂	1	300	70	2013
84	江 西	吉 安	井冈山电厂	2	300	70	2014
85	安 徽	巢 湖	巢湖电厂	1	600	70	2013
86	安 徽	巢 湖	巢湖电厂	2	600	70	2014
87	山 东	德 州	德州电厂	1	330	70	2015
88	山 东	德 州	德州电厂	2	320	70	2015
89	山 东	德 州	德州电厂	3	300	70	2014
90	山 东	德 州	德州电厂	4	320	70	2014
91	山 东	德 州	德州电厂	5	700	70	2015
92	山 东	德 州	德州电厂	6	700	70	2015
93	山 东	淄 博	辛店电厂	5	300	70	2014
94	山 东	淄 博	辛店电厂	6	300	70	2014
95	山 东	威 海	威海发电公司	3	320	70	2015
96	山 东	威 海	威海发电公司	4	320	70	2015
97	山 东	日 照	日照电厂	1	350	70	2015
98	山 东	日 照	日照电厂	2	350	70	2014
99	山 东	日 照	日照电厂	3	680	70	2014
100	山 东	日 照	日照电厂	4	680	70	2015
101	山 东	济 宁	嘉祥发电公司	1	330	70	2014
102	山 东	济 宁	嘉祥发电公司	2	330	70	2015
103	山 东	莱 芜	莱芜电厂	4	330	70	2015
104	山 东	莱 芜	莱芜电厂	5	330	70	2015
105	山 东	聊 城	聊城热电公司	7	330	70	2015
106	山 东	聊 城	聊城热电公司	8	330	70	2015
107	山 东	济 宁	运河发电公司	5	330	70	2014
108	山 东	济 宁	运河发电公司	6	330	70	2015
109	河 南	济 源	沁北发电公司	1	600	70	2013
110	河 南	济 源	沁北发电公司	2	600	70	2014
111	河 南	济 源	沁北发电公司	3	600	70	2015

序号	省份	地市	企业名称	机组编号	装机容量（MW）	综合脱硝效率（%）	投运年份
112	河南	济源	沁北发电公司	4	600	70	2012
113	湖北	武汉	武汉阳逻电厂	1	300	70	2015
114	湖北	武汉	武汉阳逻电厂	2	300	70	2015
115	湖北	武汉	武汉阳逻电厂	3	300	70	2014
116	湖北	武汉	武汉阳逻电厂	4	300	70	2014
117	湖北	武汉	武汉阳逻电厂	5	600	70	2013
118	湖北	武汉	武汉阳逻电厂	6	600	70	2013
119	湖南	岳阳	岳阳电厂	1	362.5	70	2012
120	湖南	岳阳	岳阳电厂	2	362.5	70	2012
121	湖南	岳阳	岳阳电厂	3	300	70	2014
122	湖南	岳阳	岳阳电厂	4	300	70	2013
123	广东	汕头	汕头电厂	1	300	70	2014
124	广东	汕头	汕头电厂	2	300	70	2014
125	广东	汕头	汕头电厂	3	600	70	2013
126	海南	海口	海口发电厂	8	330	70	2014
127	海南	海口	海口发电厂	9	330	70	2015
128	重庆		珞璜电厂	1	360	70	2013
129	重庆		珞璜电厂	2	360	70	2014
130	重庆		珞璜电厂	3	360	70	2013
131	重庆	·	珞璜电厂	4	360	70	2014
132	重庆		珞璜电厂	5	600	70	2012
133	重庆		珞璜电厂	6	600	70	2012
134	云南	曲靖	滇东发电厂	1	600	70	2015
135	云南	曲靖	滇东发电厂	2	600	70	2013
136	云南	曲靖	滇东发电厂	3	600	70	2014
137	云南	曲靖	滇东发电厂	4	600	70	2014
138	云南	曲靖	雨旺能源有限公司	1	600	70	2013
139	陕西	铜川	铜川电厂	1	600	70	2012
140	陕西	铜川	铜川电厂	2	600	70	2014
141	甘肃	平凉	平凉电厂	1	325	70	2014
142	甘肃	平凉	平凉电厂	2	325	70	2014
143	甘肃	平凉	平凉电厂	3	325	70	2014
144	甘肃	平凉	平凉电厂	4	300	70	2015
145	甘肃	平凉	平凉电厂	5	600	70	2012
146	甘肃	平凉	平凉电厂	6	600	70	2013
147	宁夏	吴忠	大坝电厂	1	300	70	2015
148	宁夏	吴忠	大坝电厂	2	300	70	2015
149	宁夏	吴忠	大坝电厂	3	300	70	2015
150	宁夏	吴忠	大坝电厂	4	300	70	2015

中国大唐集团公司
"十二五"主要污染物总量减排目标责任书

为贯彻落实《国民经济和社会发展第十二个五年规划纲要》、《国务院关于印发"十二五"节能减排综合性工作方案的通知》（国发〔2011〕26号）、《国务院关于加强环境保护重点工作的意见》（国发〔2011〕35号），落实目标责任，强化监督管理，确保实现污染减排约束性目标，经国务院授权，环境保护部与中国大唐集团公司签订"十二五"主要污染物总量减排目标责任书。具体目标和要求如下：

一、2015年，中国大唐集团公司二氧化硫和氮氧化物排放总量分别控制在74.61万吨、82.70万吨以内，比2010年的88.82万吨、136.02万吨分别减少16.0%、39.2%。

二、中国大唐集团公司应采取有效措施，确保总量削减目标和重点减排项目按期完成。

1.2011年底前，将国家下达的主要大气污染物总量减排任务分解到企业和机组。

2. 严格控制新增污染物排放量，控制燃煤硫分，优化燃煤电厂发展空间布局，新（扩）建燃煤机组必须同步建设无烟气旁路的高效脱硫、脱硝设施。

3. 加大小火电机组淘汰力度,列入国家淘汰名录和核准审批新建项目要求关停的小火电机组,必须按期关停。

4. 2015年,现役燃煤机组不能稳定达标排放的进行更新改造或淘汰。所有机组必须采取高效低氮燃烧技术,单机容量30万千瓦及以上燃煤机组全部加装脱硝设施,确保稳定达标排放。

5. 所有火电厂必须安装污染物烟气在线自动监测装置,加强运行维护,确保数据准确和正常运行,并与环保部门联网。

6. 列入本责任书的减排项目(见附件)必须按期建成,并确保稳定运行。

三、环境保护部每年对本责任书的执行情况进行考核,结果报国务院批准后向社会公布。中国大唐集团公司对列入本责任书的项目加强监督管理。

《中国大唐集团公司"十二五"主要污染物总量减排目标责任书》一式两份,环境保护部、中国大唐集团公司各保存一份,并将复印件送至项目所在地的省级环境保护行政主管部门。

环境保护部   中国大唐集团公司

二〇一一年　　月　日   二〇一一年　　月　日

附件：

表1 二氧化硫治理项目

序号	省份	地市	企业名称	机组编号	装机容量（MW）	综合脱硫效率（%）	项目类型	投运年份
1	陕西	韩城	大唐韩城第二发电有限责任公司	1	600	90	改建	2012
2	陕西	韩城	大唐韩城第二发电有限责任公司	2	600	90	改建	2012
3	陕西	韩城	大唐韩城第二发电有限责任公司	3	600	90	改建	2012
4	陕西	韩城	大唐韩城第二发电有限责任公司	4	600	90	改建	2012
5	山西	晋城	阳城国际发电有限公司	5	600	90	改建	2012
6	山西	晋城	阳城国际发电有限公司	6	600	90	改建	2012
7	山西	晋城	大唐阳城发电有限公司	7	600	90	改建	2012
8	山西	晋城	大唐阳城发电有限公司	8	600	90	改建	2012

表2 氮氧化物治理项目

序号	省份	地市	企业名称	机组编号	装机容量（MW）	综合脱硝效率（%）	投运年份
1	广东	汕头	广东大唐国际潮州发电有限公司	1	600	70	2014
2	广东	汕头	广东大唐国际潮州发电有限公司	2	600	70	2013
3	广东	汕头	广东大唐国际潮州发电有限公司	3	1000	70	2012
4	广东	汕头	广东大唐国际潮州发电有限公司	4	1000	70	2013
5	河北	唐山	河北大唐国际丰润热电有限公司	1	300	70	2014
6	河北	唐山	河北大唐国际丰润热电有限公司	2	300	70	2015
7	河北	唐山	河北大唐国际唐山热电有限公司	1	300	70	2014
8	河北	唐山	河北大唐国际唐山热电有限公司	2	300	70	2015
9	河北	唐山	河北大唐国际王滩发电有限责任公司	1	600	70	2015
10	河北	唐山	河北大唐国际王滩发电有限责任公司	2	600	70	2013
11	河北	张家口	大唐国际发电股份有限公司张家口发电厂	1	300	70	2014
12	河北	张家口	大唐国际发电股份有限公司张家口发电厂	2	300	70	2014
13	河北	张家口	大唐国际发电股份有限公司张家口发电厂	3	300	70	2013
14	河北	张家口	大唐国际发电股份有限公司张家口发电厂	4	300	70	2014
15	河北	张家口	大唐国际发电股份有限公司张家口发电厂	5	300	70	2013

序号	省份	地市	企业名称	机组编号	装机容量（MW）	综合脱硝效率（%）	投运年份
16	河北	张家口	大唐国际发电股份有限公司张家口发电厂	6	300	70	2013
17	河北	张家口	大唐国际发电股份有限公司张家口发电厂	7	300	70	2015
18	河北	张家口	大唐国际发电股份有限公司张家口发电厂	8	300	70	2013
19	河北	邯郸	大唐马头热电有限公司	9	300	70	2013
20	河北	邯郸	大唐马头热电有限公司	10	300	70	2014
21	山西	大同	山西大唐国际云冈热电有限责任公司	3	300	70	2013
22	山西	大同	山西大唐国际云冈热电有限责任公司	4	300	70	2013
23	山西	运城	山西大唐国际运城发电有限责任公司	1	600	70	2014
24	山西	运城	山西大唐国际运城发电有限责任公司	2	600	70	2013
25	山西	朔州	山西大唐国际神头发电有限责任公司	3	500	70	2013
26	山西	朔州	山西大唐国际神头发电有限责任公司	4	500	70	2014
27	内蒙古	呼和浩特	内蒙古大唐国际托克托发电有限责任公司	1	600	70	2013
28	内蒙古	呼和浩特	内蒙古大唐国际托克托发电有限责任公司	2	600	70	2014
29	内蒙古	呼和浩特	内蒙古大唐国际托克托发电有限责任公司	3	600	70	2015
30	内蒙古	呼和浩特	内蒙古大唐国际托克托发电有限责任公司	4	600	70	2012
31	内蒙古	呼和浩特	内蒙古大唐国际托克托发电有限责任公司	5	600	70	2015
32	内蒙古	呼和浩特	内蒙古大唐国际托克托发电有限责任公司	6	600	70	2014
33	内蒙古	呼和浩特	内蒙古大唐国际托克托发电有限责任公司	7	600	70	2012
34	内蒙古	呼和浩特	内蒙古大唐国际托克托发电有限责任公司	8	600	70	2013
35	内蒙古	呼和浩特	内蒙古大唐国际呼和浩特热电有限公司	1	300	70	2013
36	内蒙古	呼和浩特	内蒙古大唐国际呼和浩特热电有限公司	2	300	70	2014
37	天津	蓟县	天津大唐国际盘山发电有限公司	3	600	70	2013
38	天津	蓟县	天津大唐国际盘山发电有限公司	4	600	70	2014
39	福建	宁德	福建大唐国际宁德发电有限责任公司	1	660	70	2012
40	福建	宁德	福建大唐国际宁德发电有限责任公司	2	660	70	2013

序号	省份	地市	企业名称	机组编号	装机容量（MW）	综合脱硝效率（%）	投运年份
41	福建	宁德	福建大唐国际宁德发电有限责任公司	3	600	70	2013
42	福建	宁德	福建大唐国际宁德发电有限责任公司	4	600	70	2012
43	江苏	南通	江苏大唐国际吕四港发电有限责任公司	1	660	70	2013
44	江苏	南通	江苏大唐国际吕四港发电有限责任公司	2	660	70	2012
45	江苏	南通	江苏大唐国际吕四港发电有限责任公司	3	660	70	2012
46	江苏	南通	江苏大唐国际吕四港发电有限责任公司	4	660	70	2013
47	江苏	徐州	江苏徐塘发电有限责任公司	4	300	70	2012
48	江苏	徐州	江苏徐塘发电有限责任公司	5	300	70	2013
49	江苏	徐州	江苏徐塘发电有限责任公司	6	330	70	2015
50	江苏	徐州	江苏徐塘发电有限责任公司	7	330	70	2014
51	浙江	宁波	浙江大唐乌沙山发电有限责任公司	1	600	70	2014
52	浙江	宁波	浙江大唐乌沙山发电有限责任公司	2	600	70	2014
53	浙江	宁波	浙江大唐乌沙山发电有限责任公司	3	600	70	2013
54	湖南	湘潭	大唐湘潭发电有限责任公司	1	300	70	2012
55	湖南	湘潭	大唐湘潭发电有限责任公司	2	300	70	2015
56	湖南	湘潭	大唐湘潭发电有限责任公司	3	600	70	2014
57	湖南	湘潭	大唐湘潭发电有限责任公司	4	600	70	2013
58	湖南	娄底	大唐华银电力股份有限公司金竹山火力发电分公司	1	600	70	2014
59	湖南	娄底	大唐华银电力股份有限公司金竹山火力发电分公司	2	600	70	2013
60	湖南	株洲	大唐华银株洲发电有限公司	3	310	70	2014
61	湖南	株洲	大唐华银株洲发电有限公司	4	310	70	2012
62	湖南	常德	大唐石门发电有限责任公司	1	300	70	2013
63	湖南	常德	大唐石门发电有限责任公司	2	300	70	2014
64	湖南	耒阳	大唐耒阳发电厂	3	300	70	2013
65	湖南	耒阳	大唐耒阳发电厂	4	300	70	2014
66	广西	来宾	大唐桂冠合山发电有限责任公司	1	330	70	2013
67	广西	来宾	大唐桂冠合山发电有限责任公司	2	330	70	2014
68	山西	太原	大唐太原第二热电厂	10	300	70	2013
69	山西	太原	大唐太原第二热电厂	11	300	70	2014
70	山西	晋城	阳城国际发电有限责任公司	1	350	70	2013
71	山西	晋城	阳城国际发电有限责任公司	2	350	70	2013
72	山西	晋城	阳城国际发电有限责任公司	3	350	70	2013
73	山西	晋城	阳城国际发电有限责任公司	4	350	70	2014
74	山西	晋城	阳城国际发电有限责任公司	5	350	70	2014
75	山西	晋城	阳城国际发电有限责任公司	6	350	70	2014

序号	省份	地市	企业名称	机组编号	装机容量（MW）	综合脱硝效率（%）	投运年份
76	山西	晋城	大唐阳城发电有限责任公司	7	600	70	2012
77	安徽	淮南	大唐淮南洛河发电厂	1	320	70	2015
78	安徽	淮南	大唐淮南洛河发电厂	2	320	70	2015
79	安徽	淮南	大唐淮南洛河发电厂	3	300	70	2014
80	安徽	淮南	大唐淮南洛河发电厂	4	300	70	2013
81	安徽	淮南	大唐淮南洛河发电厂	5	600	70	2013
82	安徽	淮南	大唐淮南洛河发电厂	6	600	70	2012
83	安徽	淮南	淮南田家庵发电厂	5	300	70	2014
84	安徽	淮南	淮南田家庵发电厂	6	300	70	2013
85	安徽	马鞍山	马鞍山当涂发电有限责任公司	1	660	70	2012
86	安徽	马鞍山	马鞍山当涂发电有限责任公司	2	660	70	2013
87	河南	三门峡	三门峡华阳发电有限责任公司	1	300	70	2015
88	河南	三门峡	三门峡华阳发电有限责任公司	2	300	70	2013
89	河南	三门峡	大唐三门峡发电有限责任公司	3	600	70	2014
90	河南	三门峡	大唐三门峡发电有限责任公司	4	600	70	2015
91	河南	洛阳	大唐洛阳热电厂	5	300	70	2014
92	河南	洛阳	大唐洛阳热电厂	6	300	70	2013
93	河南	许昌	许昌龙岗发电有限责任公司	1	350	70	2013
94	河南	许昌	许昌龙岗发电有限责任公司	2	350	70	2013
95	河南	信阳	大唐信阳华豫发电有限公司	1	300	70	2013
96	河南	信阳	大唐信阳华豫发电有限公司	2	300	70	2014
97	河南	信阳	大唐信阳发电有限责任公司	3	660	70	2012
98	河南	信阳	大唐信阳发电有限责任公司	4	660	70	2012
99	河南	安阳	大唐安阳发电有限责任公司	1	300	70	2013
100	河南	安阳	大唐安阳发电有限责任公司	2	300	70	2013
101	河南	安阳	大唐安阳发电有限责任公司	9	300	70	2015
102	河南	安阳	大唐安阳发电有限责任公司	10	300	70	2015
103	河南	洛阳	大唐洛阳首阳山发电厂	3	300	70	2014
104	河南	洛阳	大唐洛阳首阳山发电厂	4	300	70	2013
105	吉林	辽源	大唐辽源热电厂	3	330	70	2013
106	吉林	辽源	大唐辽源热电厂	4	330	70	2014
107	吉林	珲春	大唐珲春发电厂	3	330	70	2015
108	吉林	珲春	大唐珲春发电厂	4	330	70	2015
109	黑龙江	七台河	大唐七台河发电有限责任公司	1	350	70	2015
110	黑龙江	七台河	大唐七台河发电有限责任公司	2	350	70	2015
111	黑龙江	七台河	大唐七台河发电有限责任公司	3	600	70	2013
112	黑龙江	七台河	大唐七台河发电有限责任公司	4	600	70	2014
113	陕西	渭南	大唐韩城第二发电有限责任公司	1	600	70	2014
114	陕西	渭南	大唐韩城第二发电有限责任公司	2	600	70	2014
115	陕西	渭南	大唐韩城第二发电有限责任公司	3	600	70	2013
116	陕西	渭南	大唐韩城第二发电有限责任公司	4	600	70	2013

序号	省份	地市	企业名称	机组编号	装机容量（MW）	综合脱硝效率（%）	投运年份
117	陕西	西安	大唐户县第二热电厂	1	300	70	2012
118	陕西	西安	大唐户县第二热电厂	2	300	70	2013
119	陕西	西安	大唐灞桥热电厂	1	300	70	2012
120	陕西	西安	大唐灞桥热电厂	2	300	70	2012
121	陕西	咸阳	大唐彬长发电有限责任公司	1	630	70	2012
122	陕西	咸阳	大唐彬长发电有限责任公司	2	630	70	2013
123	陕西	汉中	大唐略阳发电有限责任公司	6	330	70	2013
124	山东	滨州	大唐鲁北发电有限责任公司	1	330	70	2013
125	山东	滨州	大唐鲁北发电有限责任公司	2	330	70	2015
126	贵州	六盘水	大唐贵州发耳发电有限责任公司	1	600	70	2013
127	贵州	六盘水	大唐贵州发耳发电有限责任公司	2	600	70	2013
128	贵州	六盘水	大唐贵州发耳发电有限责任公司	3	600	70	2014
129	贵州	六盘水	大唐贵州发耳发电有限责任公司	4	600	70	2015
130	甘肃	兰州	甘肃连城发电有限责任公司	3	300	70	2014
131	甘肃	兰州	甘肃连城发电有限责任公司	4	300	70	2014
132	甘肃	白银	大唐景泰发电厂	1	660	70	2014
133	甘肃	白银	大唐景泰发电厂	2	660	70	2014
134	甘肃	天水	大唐甘谷发电厂	1	330	70	2014
135	甘肃	天水	大唐甘谷发电厂	2	330	70	2014
136	宁夏	吴忠	宁夏大唐国际大坝发电有限责任公司	5	600	70	2015
137	宁夏	吴忠	宁夏大唐国际大坝发电有限责任公司	6	600	70	2015

中国华电集团公司
"十二五"主要污染物总量减排目标责任书

　　为贯彻落实《国民经济和社会发展第十二个五年规划纲要》、《国务院关于印发"十二五"节能减排综合性工作方案的通知》（国发〔2011〕26号）、《国务院关于加强环境保护重点工作的意见》（国发〔2011〕35号），落实目标责任，强化监督管理，确保实现污染减排约束性目标，经国务院授权，环境保护部与中国华电集团公司签订"十二五"主要污染物总量减排目标责任书。具体目标和要求如下：

　　一、2015年，中国华电集团公司二氧化硫和氮氧化物排放总量分别控制在75.86万吨、69.49万吨以内，比2010年的90.31万吨、101.45万吨分别减少16.0%、31.5%。

　　二、中国华电集团公司应采取有效措施，确保总量削减目标和重点减排项目按期完成。

　　1.2011年底前，将国家下达的主要大气污染物总量减排任务分解到企业和机组。

　　2. 严格控制新增污染物排放量，控制燃煤硫分，优化燃煤电厂发展空间布局，新（扩）建燃煤机组必须同步建设无烟气旁路的高效脱硫、脱硝设施。

3. 加大小火电机组淘汰力度，列入国家淘汰名录和核准审批新建项目要求关停的小火电机组，必须按期关停。

4. 2015年，现役燃煤机组不能稳定达标排放的进行更新改造或淘汰。所有机组必须采取高效低氮燃烧技术，单机容量30万千瓦及以上燃煤机组全部加装脱硝设施，确保稳定达标排放。

5. 所有火电厂必须安装污染物烟气在线自动监测装置，加强运行维护，确保数据准确和正常运行，并与环保部门联网。

6. 列入本责任书的减排项目（见附件）必须按期建成，并确保稳定运行。

三、环境保护部每年对本责任书的执行情况进行考核，结果报国务院批准后向社会公布。中国华电集团公司对列入本责任书的项目加强监督管理。

《中国华电集团公司"十二五"主要污染物总量减排目标责任书》一式两份，环境保护部、中国华电集团公司各保存一份，并将复印件送至项目所在地的省级环境保护行政主管部门。

环境保护部   中国华电集团公司

二〇一一年十二月十日   二〇一一年   月   日

318

附件：

表1 二氧化硫治理项目

序号	省份	地市	企业名称	机组编号	装机容量（MW）	项目类型	综合脱硫效率（%）	投运年份
1	山东	潍坊	潍坊发电有限公司	1	330	改建	90	2012
2	山东	潍坊	潍坊发电有限公司	2	330	改建	90	2013
3	山东	潍坊	潍坊发电有限公司	3	670	改建	90	2014
4	山东	潍坊	潍坊发电有限公司	4	670	改建	90	2014
5	山东	枣庄	十里泉发电厂	6	330	改建	90	2012
6	山东	枣庄	十里泉发电厂	7	300	改建	90	2013
7	山东	枣庄	华电滕州新源热电有限公司	1	150	改建	90	2012
8	山东	枣庄	华电滕州新源热电有限公司	2	150	改建	90	2013
9	山东	枣庄	华电滕州新源热电有限公司	3	315	改建	90	2014
10	山东	枣庄	华电滕州新源热电有限公司	4	315	改建	90	2014
11	黑龙江	齐齐哈尔	富拉尔基发电总厂	1	200	新建	90	2015
12	黑龙江	齐齐哈尔	富拉尔基发电总厂	2	200	新建	90	2014
13	黑龙江	齐齐哈尔	富拉尔基发电总厂	3	200	新建	90	2014
14	黑龙江	齐齐哈尔	富拉尔基发电总厂	4	200	新建	90	2013
15	黑龙江	齐齐哈尔	富拉尔基发电总厂	5	200	新建	90	2013
16	黑龙江	齐齐哈尔	富拉尔基发电总厂	6	200	新建	90	2013
17	黑龙江	哈尔滨	华电能源哈尔滨第三发电厂	1	200	新建	90	2014
18	黑龙江	哈尔滨	华电能源哈尔滨第三发电厂	2	200	新建	90	2013
19	黑龙江	哈尔滨	华电能源哈尔滨第三发电厂	3	600	新建	90	2011
20	黑龙江	牡丹江	华电能源牡丹江第二发电厂	5	210	新建	90	2015
21	黑龙江	牡丹江	华电能源牡丹江第二发电厂	6	210	新建	90	2014
22	新疆	喀什	喀什二期发电有限责任公司	1	50	新建	90	2012
23	新疆	喀什	喀什二期发电有限责任公司	2	50	新建	90	2013
24	贵州	铜仁	贵州大龙发电有限公司	1	300	改建	90	2012
25	贵州	铜仁	贵州大龙发电有限公司	2	300	改建	90	2011
26	贵州	毕节	贵州大方发电有限公司	1	300	改建	90	2011
27	贵州	毕节	贵州大方发电有限公司	2	300	改建	90	2012
28	贵州	毕节	贵州大方发电有限公司	3	300	改建	90	2011
29	贵州	毕节	贵州大方发电有限公司	4	300	改建	90	2013
30	广西	贵港	贵港发电有限公司	1	630	改建	90	2013
31	广西	贵港	贵港发电有限公司	2	630	改建	90	2012
32	湖北	襄阳	襄阳发电有限责任公司	5	600	改建	90	2014
33	湖北	襄阳	襄阳发电有限责任公司	6	600	改建	90	2013
34	四川	广安	四川广安发电有限责任公司	61	600	改建	90	2012
35	四川	广安	四川广安发电有限责任公司	62	600	改建	90	2013
36	内蒙古	包头	包头东华热电有限公司	1	300	改建	90	2013
37	内蒙古	包头	包头东华热电有限公司	2	300	改建	90	2014

序号	省份	地市	企业名称	机组编号	装机容量（MW）	项目类型	综合脱硫效率（%）	投运年份
38	山　西	忻　州	忻州广宇煤电有限公司	1	135	改建	90	2012
39	山　西	忻　州	忻州广宇煤电有限公司	2	135	改建	90	2012

表2　氮氧化物治理项目

序号	省份	地市	企业名称	机组编号	装机容量（MW）	综合脱硝效率（%）	投运年份
1	山　东	济　宁	华电国际电力股份有限公司邹县发电厂	1	335	70	2014
2	山　东	济　宁	华电国际电力股份有限公司邹县发电厂	2	335	70	2014
3	山　东	济　宁	华电国际电力股份有限公司邹县发电厂	3	335	70	2015
4	山　东	济　宁	华电国际电力股份有限公司邹县发电厂	4	335	70	2014
5	山　东	济　宁	华电国际电力股份有限公司邹县发电厂	5	600	70	2015
6	山　东	济　宁	华电国际电力股份有限公司邹县发电厂	6	600	70	2013
7	山　东	济　宁	华电邹县发电有限公司	7	1000	70	2014
8	山　东	济　宁	华电邹县发电有限公司	8	1000	70	2014
9	山　东	莱　芜	华电国际电力股份有限公司莱城发电厂	1	300	70	2014
10	山　东	莱　芜	华电国际电力股份有限公司莱城发电厂	2	300	70	2014
11	山　东	莱　芜	华电国际电力股份有限公司莱城发电厂	3	300	70	2013
12	山　东	莱　芜	华电国际电力股份有限公司莱城发电厂	4	300	70	2014
13	山　东	枣　庄	华电国际电力股份有限公司十里泉发电厂	6	330	70	2014
14	山　东	枣　庄	华电国际电力股份有限公司十里泉发电厂	7	300	70	2014
15	山　东	青　岛	华电青岛发电有限公司	1	300	70	2014
16	山　东	青　岛	华电青岛发电有限公司	2	300	70	2013
17	山　东	青　岛	华电青岛发电有限公司	3	300	70	2012
18	山　东	青　岛	华电青岛发电有限公司	4	300	70	2014
19	山　东	济　南	华电章丘发电有限公司	3	300	70	2014
20	山　东	济　南	华电章丘发电有限公司	4	300	70	2013
21	山　东	枣　庄	华电滕州新源热电有限公司	3	315	70	2014
22	山　东	枣　庄	华电滕州新源热电有限公司	4	315	70	2013
23	山　东	潍　坊	华电潍坊发电有限公司	1	330	70	2014
24	山　东	潍　坊	华电潍坊发电有限公司	2	330	70	2014
25	山　东	潍　坊	华电潍坊发电有限公司	3	670	70	2014

序号	省份	地市	企业名称	机组编号	装机容量（MW）	综合脱硝效率（%）	投运年份
26	山东	潍坊	华电潍坊发电有限公司	4	670	70	2013
27	山东	烟台	莱州电厂	1	1000	70	2014
28	山东	烟台	莱州电厂	2	1000	70	2014
29	山东	淄博	淄博热电有限公司	6	330	70	2014
30	天津		天津军粮城发电有限公司	5	200	70	2014
31	天津		天津军粮城发电有限公司	6	200	70	2014
32	天津		天津军粮城发电有限公司	7	200	70	2013
33	天津		天津军粮城发电有限公司	8	200	70	2013
34	江苏	苏州	望亭发电厂	11	310	70	2015
35	江苏	苏州	望亭发电厂	14	330	70	2013
36	江苏	扬州	江苏华电扬州发电有限公司	6	330	70	2013
37	江苏	扬州	江苏华电扬州发电有限公司	7	330	70	2014
38	福建	福州	福建华电可门发电有限公司	1	600	70	2012
39	福建	福州	福建华电可门发电有限公司	2	600	70	2013
40	河北	石家庄	河北华电裕华热电有限公司	1	300	70	2014
41	河北	石家庄	河北华电裕华热电有限公司	2	300	70	2013
42	辽宁	铁岭	辽宁华电铁岭发电有限公司	1	300	70	2015
43	辽宁	铁岭	辽宁华电铁岭发电有限公司	2	300	70	2015
44	辽宁	铁岭	辽宁华电铁岭发电有限公司	3	300	70	2015
45	辽宁	铁岭	辽宁华电铁岭发电有限公司	4	300	70	2015
46	辽宁	铁岭	辽宁华电铁岭发电有限公司	5	600	70	2013
47	辽宁	铁岭	辽宁华电铁岭发电有限公司	6	600	70	2012
48	黑龙江	佳木斯	华电能源佳木斯热电厂	1	300	70	2013
49	黑龙江	佳木斯	华电能源佳木斯热电厂	2	300	70	2014
50	黑龙江	哈尔滨	哈尔滨热电有限责任公司	7	300	70	2014
51	黑龙江	哈尔滨	哈尔滨热电有限责任公司	8	300	70	2013
52	黑龙江	哈尔滨	华电能源哈尔滨第三发电厂	3	600	70	2015
53	黑龙江	哈尔滨	华电能源哈尔滨第三发电厂	4	600	70	2014
54	黑龙江	牡丹江	华电能源牡丹江第二发电厂	8	300	70	2015
55	黑龙江	牡丹江	华电能源牡丹江第二发电厂	9	300	70	2014
56	黑龙江	齐齐哈尔	黑龙江华电齐齐哈尔热电有限公司	1	300	70	2013
57	黑龙江	齐齐哈尔	黑龙江华电齐齐哈尔热电有限公司	2	300	70	2013
58	湖北	黄石	湖北西塞山发电有限公司	1	330	70	2014
59	湖北	黄石	湖北西塞山发电有限公司	2	330	70	2013
60	湖北	黄石	湖北西塞山发电有限公司	3	680	70	2012
61	湖北	襄阳	湖北襄阳发电有限责任公司	1	300	70	2015
62	湖北	襄阳	湖北襄阳发电有限责任公司	2	300	70	2015
63	湖北	襄阳	湖北襄阳发电有限责任公司	3	300	70	2015
64	湖北	襄阳	湖北襄阳发电有限责任公司	4	300	70	2015
65	湖北	襄阳	湖北襄阳发电有限责任公司	5	600	70	2014
66	湖北	襄阳	湖北襄阳发电有限责任公司	6	600	70	2013

序号	省份	地市	企业名称	机组编号	装机容量（MW）	综合脱硝效率（%）	投运年份
67	湖南	常德	湖南华电石门发电有限公司	3	300	70	2015
68	湖南	常德	湖南华电石门发电有限公司	4	300	70	2014
69	安徽	宿州	安徽华电宿州发电有限公司	1	630	70	2014
70	安徽	宿州	安徽华电宿州发电有限公司	2	630	70	2014
71	安徽	芜湖	安徽华电芜湖发电有限公司	1	660	70	2014
72	安徽	芜湖	安徽华电芜湖发电有限公司	2	660	70	2014
73	四川	广安	四川广安发电有限责任公司	31	300	70	2014
74	四川	广安	四川广安发电有限责任公司	32	300	70	2014
75	四川	广安	四川广安发电有限责任公司	33	300	70	2014
76	四川	广安	四川广安发电有限责任公司	34	300	70	2014
77	四川	广安	四川广安发电有限责任公司	61	600	70	2012
78	四川	广安	四川广安发电有限责任公司	62	600	70	2013
79	四川	宜宾	四川华电珙县发电有限公司	2	600	70	2014
80	云南	昆明	云南华电昆明发电有限公司	1	300	70	2013
81	云南	昆明	云南华电昆明发电有限公司	2	300	70	2014
82	贵州	铜仁	贵州华电大龙发电有限公司	1	300	70	2014
83	贵州	铜仁	贵州华电大龙发电有限公司	2	300	70	2015
84	贵州	毕节	贵州大方发电有限公司	1	300	70	2012
85	贵州	毕节	贵州大方发电有限公司	2	300	70	2013
86	贵州	毕节	贵州大方发电有限公司	3	300	70	2014
87	贵州	毕节	贵州大方发电有限公司	4	300	70	2015
88	贵州	贵阳	贵州华电塘寨发电公司	1	600	70	2013
89	贵州	贵阳	贵州华电塘寨发电公司	2	600	70	2013
90	陕西	渭南	陕西华电蒲城发电有限责任公司	1	330	70	2015
91	陕西	渭南	陕西华电蒲城发电有限责任公司	2	330	70	2015
92	陕西	渭南	陕西华电蒲城发电有限责任公司	3	330	70	2015
93	陕西	渭南	陕西华电蒲城发电有限责任公司	4	330	70	2015
94	陕西	渭南	陕西华电蒲城发电有限责任公司	5	660	70	2012
95	陕西	渭南	陕西华电蒲城发电有限责任公司	6	660	70	2013
96	内蒙古	包头	包头东华热电有限公司	1	300	70	2013
97	内蒙古	包头	包头东华热电有限公司	2	300	70	2014
98	内蒙古	包头	内蒙古华电包头发电有限公司	1	600	70	2013
99	内蒙古	包头	内蒙古华电包头发电有限公司	2	600	70	2014
100	内蒙古	锡林郭勒	白音华金山发电有限公司	1	600	70	2014
101	内蒙古	锡林郭勒	白音华金山发电有限公司	2	600	70	2012
102	宁夏	灵武	华电宁夏灵武发电有限公司	1	600	70	2014
103	宁夏	灵武	华电宁夏灵武发电有限公司	2	600	70	2014
104	宁夏	中卫	宁夏中宁发电有限责任公司	1	330	70	2014
105	宁夏	中卫	宁夏中宁发电有限责任公司	2	330	70	2014
106	青海	西宁	青海华电大通发电有限公司	1	300	70	2014
107	青海	西宁	青海华电大通发电有限公司	2	300	70	2013

序号	省份	地市	企业名称	机组编号	装机容量（MW）	综合脱硝效率（%）	投运年份
108	新 疆	乌鲁木齐	华电新疆发电有限公司乌鲁木齐热电厂	1	330	70	2013
109	新 疆	乌鲁木齐	华电新疆发电有限公司乌鲁木齐热电厂	2	330	70	2014
110	新 疆	昌 吉	昌吉热电厂	1	330	70	2014
111	新 疆	昌 吉	昌吉热电厂	2	330	70	2014
112	广 西	贵 港	中国华电集团贵港发电有限公司	1	630	70	2013
113	广 西	贵 港	中国华电集团贵港发电有限公司	2	630	70	2012
114	河 南	新 乡	华电新乡发电有限公司（宝山）	1	660	70	2014
115	河 南	新 乡	华电新乡发电有限公司（宝山）	2	660	70	2014
116	河 南	漯 河	华电漯河发电有限公司	1	330	70	2014
117	河 南	漯 河	华电漯河发电有限公司	2	330	70	2014
118	河 南	新 乡	华电渠东发电有限公司	1	330	70	2013
119	河 南	新 乡	华电渠东发电有限公司	2	330	70	2013
120	山 西	长 治	武乡和信发电有限公司	1	600	70	2014
121	山 西	长 治	武乡和信发电有限公司	2	600	70	2014
122	山 西	忻 州	忻州广宇煤电有限公司	1	135	70	2012
123	山 西	忻 州	忻州广宇煤电有限公司	2	135	70	2012

中国国电集团公司
"十二五"主要污染物总量减排目标责任书

　　为贯彻落实《国民经济和社会发展第十二个五年规划纲要》、《国务院关于印发"十二五"节能减排综合性工作方案的通知》（国发〔2011〕26号）、《国务院关于加强环境保护重点工作的意见》（国发〔2011〕35号），落实目标责任，强化监督管理，确保实现污染减排约束性目标，经国务院授权，环境保护部与中国国电集团公司签订"十二五"主要污染物总量减排目标责任书。具体目标和要求如下：

　　一、2015年，中国国电集团公司二氧化硫和氮氧化物排放总量分别控制在80.06万吨、80.55万吨以内，比2010年的95.31万吨、130.13万吨分别减少16.0%、38.1%。

　　二、中国国电集团公司应采取有效措施，确保总量削减目标和重点减排项目按期完成。

　　1. 2011年底前，将国家下达的主要大气污染物总量减排任务分解到企业和机组。

　　2. 严格控制新增污染物排放量，控制燃煤硫分，优化燃煤电厂发展空间布局，新（扩）建燃煤机组必须同步建设无烟气旁路的高效脱硫、脱硝设施。

3. 加大小火电机组淘汰力度，列入国家淘汰名录和核准审批新建项目要求关停的小火电机组，必须按期关停。

4. 2015年，现役燃煤机组不能稳定达标排放的进行更新改造或淘汰。所有机组必须采取高效低氮燃烧技术，单机容量30万千瓦及以上燃煤机组全部加装脱硝设施，确保稳定达标排放。

5. 所有火电厂必须安装污染物烟气在线自动监测装置，加强运行维护，确保数据准确和正常运行，并与环保部门联网。

6. 列入本责任书的减排项目（见附件）必须按期建成，并确保稳定运行。

三、环境保护部每年对本责任书的执行情况进行考核，结果报国务院批准后向社会公布。中国国电集团公司对列入本责任书的项目加强监督管理。

《中国国电集团公司"十二五"主要污染物总量减排目标责任书》一式两份，环境保护部、中国国电集团公司各保存一份，并将复印件送至项目所在地的省级环境保护行政主管部门。

环境保护部　　　　　　　　　　　　　　中国国电集团公司

二〇一一年十二月十日　　　　　　　　　　二〇一一年　　月　　日

附件：

表1 二氧化硫治理项目

序号	省份	地市	企业名称	机组编号	装机容量（MW）	项目类型	综合脱硫效率（%）	投运年份
1	吉林	吉林	国电龙华吉林热电厂	8	125	新建	90	2012
2	吉林	吉林	国电龙华吉林热电厂	9	125	新建	90	2012
3	吉林	吉林	国电龙华吉林热电厂	10	220	新建	90	2013
4	吉林	吉林	国电龙华吉林热电厂	11	200	新建	90	2014
5	吉林	四平	国电双辽发电有限公司	1	300	新建	90	2013
6	吉林	四平	国电双辽发电有限公司	2	300	新建	90	2013
7	吉林	四平	国电双辽发电有限公司	3	300	新建	90	2011
8	吉林	四平	国电双辽发电有限公司	4	300	新建	90	2011
9	黑龙江	双鸭山	国电双鸭山发电有限公司	2	200	新建	90	2012
10	黑龙江	双鸭山	国电双鸭山发电有限公司	5	600	新建	90	2012
11	黑龙江	双鸭山	国电双鸭山发电有限公司	6	600	新建	90	2012
12	甘肃	白银	国电靖远发电有限公司	1	220	新建	90	2014
13	甘肃	白银	国电靖远发电有限公司	3	220	新建	90	2014
14	江西	九江	中国国电集团九江发电厂	3	210	新建	90	2013
15	江西	九江	中国国电集团九江发电厂	4	210	新建	90	2014
16	湖北	武汉	国电苏家湾发电有限责任公司	10	100	新建	90	2012
17	新疆	乌鲁木齐	国电新疆红雁池发电有限公司	9	110	新建	90	2014
18	安徽	宿州	国电宿州热电有限公司	3	135	新建	90	2013

表2 氮氧化物治理项目

序号	省份	地市	企业名称	机组编号	装机容量（MW）	综合脱硝效率（%）	投运年份
1	河北	张家口	国电怀安热电有限公司	1	330	70	2012
2	河北	张家口	国电怀安热电有限公司	2	330	70	2013
3	河北	承德	国电承德热电有限公司	1	330	70	2012
4	河北	承德	国电承德热电有限公司	2	330	70	2013
5	河北	邯郸	国电河北龙山发电有限责任公司	1	600	70	2013
6	河北	邯郸	国电河北龙山发电有限责任公司	2	600	70	2014
7	河北	衡水	河北衡丰发电有限公司	1	300	70	2013
8	河北	衡水	河北衡丰发电有限公司	2	300	70	2012
9	山西	太原	中国国电集团公司太原第一热电厂	11	300	70	2013
10	山西	太原	中国国电集团公司太原第一热电厂	12	300	70	2015
11	山西	太原	中国国电集团公司太原第一热电厂	13	300	70	2012
12	山西	太原	中国国电集团公司太原第一热电厂	14	300	70	2012
13	山西	大同	国电电力大同发电有限责任公司	7	600	70	2012
14	山西	大同	国电电力大同发电有限责任公司	8	600	70	2013

序号	省份	地市	企业名称	机组编号	装机容量（MW）	综合脱硝效率（%）	投运年份
15	山西	大同	国电电力大同发电有限责任公司	9	660	70	2012
16	山西	大同	国电电力大同发电有限责任公司	10	660	70	2013
17	山西	晋中	国电榆次热电有限公司	1	330	70	2013
18	山西	晋中	国电榆次热电有限公司	2	330	70	2012
19	内蒙古	鄂尔多斯	国电内蒙古东胜热电有限公司	1	330	70	2014
20	内蒙古	鄂尔多斯	国电内蒙古东胜热电有限公司	2	330	70	2012
21	内蒙古	鄂尔多斯	内蒙古国电能源投资有限公司准大发电厂	1	300	70	2012
22	内蒙古	鄂尔多斯	内蒙古国电能源投资有限公司准大发电厂	2	300	70	2015
23	内蒙古	阿拉善	内蒙古国电能源投资有限公司乌斯太热电厂	1	300	70	2012
24	内蒙古	阿拉善	内蒙古国电能源投资有限公司乌斯太热电厂	2	300	70	2015
25	内蒙古	呼和浩特	内蒙古国电能源投资有限公司新金山电厂	1	300	70	2012
26	内蒙古	呼和浩特	内蒙古国电能源投资有限公司新金山电厂	2	300	70	2013
27	内蒙古	乌兰察布	内蒙古国电能源投资有限公司新丰热电厂	1	300	70	2013
28	内蒙古	乌兰察布	内蒙古国电能源投资有限公司新丰热电厂	2	300	70	2015
29	辽宁	大连	国电电力大连庄河发电有限责任公司	1	600	70	2012
30	辽宁	大连	国电电力大连庄河发电有限责任公司	2	600	70	2013
31	辽宁	沈阳	国电康平发电有限公司	1	600	70	2013
32	辽宁	沈阳	国电康平发电有限公司	2	600	70	2014
33	黑龙江	双鸭山	国电双鸭山发电有限公司	5	600	70	2014
34	黑龙江	双鸭山	国电双鸭山发电有限公司	6	600	70	2013
35	吉林	四平	国电双辽发电有限公司	1	300	70	2013
36	吉林	四平	国电双辽发电有限公司	2	300	70	2013
37	吉林	四平	国电双辽发电有限公司	3	300	70	2014
38	吉林	四平	国电双辽发电有限公司	4	300	70	2015
39	吉林	吉林	国电吉林江南热电有限公司	1	330	70	2012
40	上海	浦东新区	上海外高桥第二发电有限责任公司	5	360	70	2013
41	上海	浦东新区	上海外高桥第二发电有限责任公司	6	360	70	2012
42	江苏	常州	国电常州发电有限公司	1	630	70	2012
43	江苏	常州	国电常州发电有限公司	2	630	70	2013
44	江苏	南通	南通天生港发电有限公司	1	330	70	2012
45	江苏	南通	南通天生港发电有限公司	2	330	70	2013
46	江苏	泰州	国电泰州发电有限公司	1	1000	70	2013
47	江苏	泰州	国电泰州发电有限公司	2	1000	70	2012

序号	省份	地市	企业名称	机组编号	装机容量（MW）	综合脱硝效率（%）	投运年份
48	江苏	无锡	江阴苏龙发电有限责任公司	5	330	70	2014
49	江苏	无锡	江阴苏龙发电有限责任公司	6	330	70	2013
50	江苏	镇江	中国国电集团公司谏壁发电厂	7	330	70	2013
51	江苏	镇江	中国国电集团公司谏壁发电厂	8	330	70	2014
52	江苏	镇江	中国国电集团公司谏壁发电厂	9	330	70	2015
53	江苏	镇江	中国国电集团公司谏壁发电厂	10	330	70	2012
54	江苏	镇江	中国国电集团公司谏壁发电有限公司	11	330	70	2012
55	江苏	镇江	中国国电集团公司谏壁发电有限公司	12	330	70	2011
56	浙江	宁波	国电浙江北仑第一发电有限公司	1	600	70	2013
57	浙江	宁波	国电浙江北仑第一发电有限公司	2	600	70	2014
58	安徽	蚌埠	国电蚌埠发电有限公司	1	630	70	2012
59	安徽	蚌埠	国电蚌埠发电有限公司	2	630	70	2014
60	安徽	铜陵	国电铜陵发电有限公司	1	600	70	2014
61	江西	九江	中国国电集团公司九江发电厂	5	350	70	2013
62	江西	九江	中国国电集团公司九江发电厂	6	350	70	2012
63	江西	宜春	国电丰城发电有限公司	1	300	70	2015
64	江西	宜春	国电丰城发电有限公司	2	300	70	2013
65	江西	宜春	国电丰城发电有限公司	3	340	70	2014
66	江西	宜春	国电丰城发电有限公司	4	340	70	2014
67	江西	上饶	国电黄金埠发电有限公司	1	650	70	2013
68	江西	上饶	国电黄金埠发电有限公司	2	650	70	2014
69	福建	福州	国电福州发电有限公司	1	600	70	2013
70	福建	福州	国电福州发电有限公司	2	600	70	2013
71	福建	泉州	国电泉州热电有限公司	1	300	70	2013
72	福建	泉州	国电泉州热电有限公司	2	300	70	2013
73	山东	菏泽	山东菏泽发电厂	3	300	70	2013
74	山东	菏泽	山东菏泽发电厂	4	300	70	2014
75	山东	菏泽	山东菏泽发电厂	5	330	70	2015
76	山东	菏泽	山东菏泽发电厂	6	330	70	2013
77	山东	聊城	国电聊城发电有限公司	1	600	70	2014
78	山东	聊城	国电聊城发电有限公司	2	600	70	2015
79	山东	聊城	山东中华发电有限公司聊城发电厂	1	600	70	2013
80	山东	聊城	山东中华发电有限公司聊城发电厂	2	600	70	2014
81	山东	临沂	国电费县发电有限公司	1	650	70	2013
82	山东	临沂	国电费县发电有限公司	2	650	70	2014
83	山东	泰安	国电山东石横发电厂	1	315	70	2013
84	山东	泰安	国电山东石横发电厂	2	315	70	2013
85	山东	泰安	国电山东石横发电厂	3	315	70	2015
86	山东	泰安	国电山东石横发电厂	4	315	70	2015
87	山东	泰安	国电山东石横发电厂	5	330	70	2014

序号	省份	地市	企业名称	机组编号	装机容量（MW）	综合脱硝效率（%）	投运年份
88	山东	泰安	国电山东石横发电厂	6	330	70	2014
89	山东	烟台	国电蓬莱发电有限公司	1	330	70	2013
90	山东	烟台	国电蓬莱发电有限公司	2	330	70	2014
91	河南	商丘	国电民权发电有限公司	1	600	70	2014
92	河南	商丘	国电民权发电有限公司	2	600	70	2015
93	河南	郑州	国电荥阳煤电一体化有限公司	1	600	70	2012
94	河南	郑州	国电荥阳煤电一体化有限公司	2	600	70	2013
95	湖北	荆门	国电长源电力股份有限公司荆门热电厂	6	600	70	2013
96	湖北	荆门	国电长源电力股份有限公司荆门热电厂	7	600	70	2014
97	湖北	武汉	国电长源第一发电有限责任公司	12	330	70	2014
98	湖北	孝感	湖北汉川发电有限公司	1	330	70	2014
99	湖北	孝感	湖北汉川发电有限公司	2	330	70	2014
100	湖北	孝感	湖北汉新发电有限公司	3	330	70	2012
101	湖北	孝感	湖北汉新发电有限公司	4	300	70	2012
102	湖南	益阳	湖南益阳发电有限责任公司	1	330	70	2013
103	湖南	益阳	湖南益阳发电有限责任公司	2	330	70	2015
104	湖南	益阳	湖南益阳发电有限责任公司	3	600	70	2012
105	湖南	益阳	湖南益阳发电有限责任公司	4	600	70	2011
106	广西	桂林	国电永福发电有限公司	3	320	70	2013
107	广西	桂林	国电永福发电有限公司	4	320	70	2014
108	重庆	万盛区	国电恒泰重庆发电有限责任公司	1	300	70	2014
109	重庆	万盛区	国电恒泰重庆发电有限责任公司	2	300	70	2013
110	四川	成都	国电成都金堂厂	1	600	70	2013
111	四川	成都	国电成都金堂厂	2	600	70	2014
112	四川	达州	国电达州发电有限公司	1	300	70	2015
113	四川	达州	国电达州发电有限公司	2	300	70	2013
114	四川	达州	国电深能四川华蓥山发电有限公司	31	300	70	2014
115	四川	达州	国电深能四川华蓥山发电有限公司	32	300	70	2015
116	贵州	安顺	国电安顺发电有限责任公司	1	300	70	2014
117	贵州	安顺	国电安顺发电有限责任公司	2	300	70	2013
118	贵州	安顺	国电安顺发电有限责任公司	3	300	70	2012
119	贵州	安顺	国电安顺发电有限责任公司	4	300	70	2015
120	贵州	鸭溪	贵州鸭溪发电有限公司	1	300	70	2012
121	贵州	鸭溪	贵州鸭溪发电有限公司	2	300	70	2013
122	贵州	鸭溪	贵州鸭溪发电有限公司	3	300	70	2014
123	贵州	鸭溪	贵州鸭溪发电有限公司	4	300	70	2015
124	云南	昆明	国电阳宗海发电有限公司	3	300	70	2014
125	云南	昆明	国电阳宗海发电有限公司	4	300	70	2015
126	云南	曲靖	国电宣威发电有限责任公司	7	300	70	2012
127	云南	曲靖	国电宣威发电有限责任公司	8	300	70	2013

序号	省份	地市	企业名称	机组编号	装机容量（MW）	综合脱硝效率（%）	投运年份
128	云南	曲靖	国电宣威发电有限责任公司	9	300	70	2014
129	云南	曲靖	国电宣威发电有限责任公司	10	300	70	2012
130	云南	曲靖	国电宣威发电有限责任公司	11	300	70	2013
131	云南	曲靖	国电宣威发电有限责任公司	12	300	70	2012
132	陕西	宝鸡	陕西宝鸡第二发电有限责任公司	1	300	70	2012
133	陕西	宝鸡	陕西宝鸡第二发电有限责任公司	2	300	70	2015
134	陕西	宝鸡	陕西宝鸡第二发电有限责任公司	3	300	70	2013
135	陕西	宝鸡	陕西宝鸡第二发电有限责任公司	4	300	70	2014
136	宁夏	石嘴山	国电石嘴山第一发电有限公司	1	350	70	2013
137	宁夏	石嘴山	国电石嘴山第一发电有限公司	2	330	70	2014
138	宁夏	石嘴山	国电石嘴山发电有限责任公司	1	330	70	2012
139	宁夏	石嘴山	国电石嘴山发电有限责任公司	2	330	70	2013
140	宁夏	石嘴山	国电石嘴山发电有限责任公司	3	330	70	2012
141	宁夏	石嘴山	国电石嘴山发电有限责任公司	4	330	70	2014
142	宁夏	石嘴山	中国国电集团公司大武口热电有限公司	1	330	70	2012
143	宁夏	石嘴山	中国国电集团公司大武口热电有限公司	2	330	70	2012
144	宁夏	吴忠	青铜峡铝业发电有限责任公司	1	330	70	2012
145	宁夏	吴忠	青铜峡铝业发电有限责任公司	2	330	70	2012
146	新疆	乌鲁木齐	国电红雁池发电有限责任公司	1	330	70	2013
147	新疆	乌鲁木齐	国电红雁池发电有限责任公司	2	330	70	2015

中国电力投资集团公司
"十二五"主要污染物总量减排目标责任书

　　为贯彻落实《国民经济和社会发展第十二个五年规划纲要》、《国务院关于印发"十二五"节能减排综合性工作方案的通知》（国发〔2011〕26号）、《国务院关于加强环境保护重点工作的意见》（国发〔2011〕35号），落实目标责任，强化监督管理，确保实现污染减排约束性目标，经国务院授权，环境保护部与中国电力投资集团公司签订"十二五"主要污染物总量减排目标责任书。具体目标和要求如下：

　　一、2015年，中国电力投资集团公司二氧化硫和氮氧化物排放总量分别控制在55.87万吨、49.84万吨以内，比2010年的66.51万吨、78.61万吨分别减少16.0%、36.6%。

　　二、中国电力投资集团公司应采取有效措施，确保总量削减目标和重点减排项目按期完成。

　　1. 2011年底前，将国家下达的主要大气污染物总量减排任务分解到企业和机组。

　　2. 严格控制新增污染物排放量，控制燃煤硫分，优化燃煤电厂发展空间布局，新（扩）建燃煤机组必须同步建设无烟气旁路的高效脱硫、脱硝设施。

3. 加大小火电机组淘汰力度，列入国家淘汰名录和核准审批新建项目要求关停的小火电机组，必须按期关停。

4. 2015年，现役燃煤机组不能稳定达标排放的进行更新改造或淘汰。所有机组必须采取高效低氮燃烧技术，单机容量30万千瓦及以上燃煤机组全部加装脱硝设施，确保稳定达标排放。

5. 所有火电厂必须安装污染物烟气在线自动监测装置，加强运行维护，确保数据准确和正常运行，并与环保部门联网。

6. 列入本责任书的减排项目（见附件）必须按期建成，并确保稳定运行。

三、环境保护部每年对本责任书的执行情况进行考核，结果报国务院批准后向社会公布。中国电力投资集团公司对列入本责任书的项目加强监督管理。

《中国电力投资集团公司"十二五"主要污染物总量减排目标责任书》一式两份，环境保护部、中国电力投资集团公司各保存一份，并将复印件送至项目所在地的省级环境保护行政主管部门。

环境保护部　　　　　　　　　　　　　中国电力投资集团公司

二〇一一年十二月二十日　　　　　　　二〇一一年十二月六日

附件：

表1 二氧化硫治理项目

序号	省份	地市	企业名称	机组编号	装机容量（MW）	项目类型	综合脱硫效率（%）	投运年份
1	贵 州	黔东南	黔东电力有限公司	1	600	改建	90	2012
2	贵 州	黔东南	黔东电力有限公司	2	600	改建	90	2013
3	贵 州	毕 节	纳雍发电总厂	1	300	改建	90	2011
4	贵 州	毕 节	纳雍发电总厂	2	300	改建	90	2011
5	贵 州	毕 节	纳雍发电总厂	3	300	改建	90	2012
6	贵 州	毕 节	纳雍发电总厂	4	300	改建	90	2012
7	贵 州	毕 节	纳雍发电总厂	5	300	改建	90	2013
8	贵 州	毕 节	纳雍发电总厂	6	300	改建	90	2013
9	贵 州	毕 节	纳雍发电总厂	7	300	改建	90	2014
10	贵 州	毕 节	纳雍发电总厂	8	300	改建	90	2014
11	贵 州	毕 节	黔北发电总厂	5	300	改建	90	2011
12	贵 州	毕 节	黔北发电总厂	6	300	改建	90	2012
13	贵 州	毕 节	黔北发电总厂	7	300	改建	90	2013
14	贵 州	毕 节	黔北发电总厂	8	300	改建	90	2014

表2 氮氧化物治理项目

序号	省份	地市	企业名称	机组编号	装机容量（MW）	综合脱硝效率（%）	投运年份
1	辽 宁	抚 顺	辽宁东方发电公司	1	350	70	2013
2	辽 宁	抚 顺	辽宁东方发电公司	2	350	70	2012
3	辽 宁	阜 新	阜新发电公司	3	350	70	2012
4	辽 宁	阜 新	阜新发电公司	4	350	70	2014
5	辽 宁	铁 岭	清河发电公司	9	600	70	2013
6	江 苏	苏 州	常熟发电有限公司	1	330	70	2012
7	江 苏	苏 州	常熟发电有限公司	2	330	70	2013
8	江 苏	苏 州	常熟发电有限公司	3	330	70	2014
9	江 苏	苏 州	常熟发电有限公司	4	300	70	2015
10	上 海		外高桥发电公司	1	300	70	2014
11	上 海		外高桥发电公司	2	300	70	2015
12	上 海		外高桥发电公司	3	300	70	2013
13	上 海		外高桥发电公司	4	300	70	2014
14	上 海		吴泾发电公司	11	300	70	2013
15	上 海		吴泾发电公司	12	300	70	2014
16	山 西	运 城	河津发电分公司	1	350	70	2014
17	山 西	运 城	河津发电分公司	2	350	70	2013
18	山 西	运 城	蒲洲发电分公司	1	300	70	2013

序号	省份	地市	企业名称	机组编号	装机容量（MW）	综合脱硝效率（%）	投运年份
19	山西	运城	蒲洲发电分公司	2	300	70	2014
20	山西	临汾	山西临汾热电公司	1	300	70	2012
21	河南	平顶山	姚孟发电公司	3	300	70	2014
22	河南	平顶山	姚孟发电公司	4	300	70	2014
23	河南	平顶山	姚孟发电公司	5	600	70	2014
24	河南	平顶山	姚孟发电公司	6	600	70	2013
25	河南	新乡	新乡豫新发电公司	6	300	70	2015
26	河南	新乡	新乡豫新发电公司	7	300	70	2014
27	河南	开封	开封京源发电公司	1	600	70	2013
28	河南	开封	开封京源发电公司	2	600	70	2014
29	安徽	淮南	平圩发电公司	1	600	70	2013
30	安徽	淮南	平圩发电公司	2	630	70	2013
31	安徽	淮南	平圩发电公司	3	640	70	2014
32	安徽	淮南	平圩发电公司	4	640	70	2015
33	安徽	芜湖	芜湖发电厂	1	660	70	2014
34	安徽	淮南	田集发电厂	1	630	70	2013
35	安徽	淮南	田集发电厂	2	630	70	2014
36	江西	鹰潭	贵溪发电公司	5	300	70	2013
37	江西	鹰潭	贵溪发电公司	6	300	70	2014
38	江西	景德镇	景德镇发电公司	1	660	70	2012
39	吉林	白山	白山热电公司	1	300	70	2013
40	吉林	白山	白山热电公司	2	300	70	2014
41	吉林	白城	白城发电公司	1	660	70	2013
42	吉林	白城	白城发电公司	2	660	70	2014
43	重庆		白鹤电力有限公司	1	300	70	2013
44	重庆		白鹤电力有限公司	2	300	70	2014
45	重庆		合川发电有限公司	1	300	70	2012
46	重庆		合川发电有限公司	2	300	70	2013
47	湖北	黄冈	大别山发电公司	1	640	70	2013
48	湖北	黄冈	大别山发电公司	2	640	70	2014
49	内蒙古	通辽	通辽第二发电厂	5	600	70	2013
50	内蒙古	通辽	霍林河坑口公司	1	600	70	2013
51	内蒙古	通辽	霍林河坑口公司	2	600	70	2015
52	内蒙古	赤峰	元宝山发电公司	2	600	70	2015
53	内蒙古	赤峰	元宝山发电公司	3	600	70	2013
54	内蒙古	赤峰	元宝山发电公司	4	600	70	2014
55	贵州	黔东南	黔东电力有限公司	1	600	70	2014
56	贵州	黔东南	黔东电力有限公司	2	600	70	2015
57	贵州	毕节	纳雍发电总厂	1	300	70	2013
58	贵州	毕节	纳雍发电总厂	2	300	70	2014
59	贵州	毕节	纳雍发电总厂	3	300	70	2015

序号	省份	地市	企业名称	机组编号	装机容量（MW）	综合脱硝效率（%）	投运年份
60	贵州	毕节	纳雍发电总厂	4	300	70	2015
61	贵州	毕节	纳雍发电总厂	5	300	70	2014
62	贵州	毕节	纳雍发电总厂	6	300	70	2014
63	贵州	毕节	纳雍发电总厂	7	300	70	2015
64	贵州	毕节	纳雍发电总厂	8	300	70	2015
65	贵州	毕节	黔北发电总厂	5	300	70	2013
66	贵州	毕节	黔北发电总厂	6	300	70	2014
67	贵州	毕节	黔北发电总厂	7	300	70	2015
68	贵州	毕节	黔北发电总厂	8	300	70	2015
69	贵州	毕节	黔西电厂	1	300	70	2012
70	贵州	毕节	黔西电厂	2	300	70	2013
71	贵州	毕节	黔西电厂	3	300	70	2014
72	贵州	毕节	黔西电厂	4	300	70	2015